미래 건축주가 꼭 읽어야 할 필독서

재미있는 건축시공

정 창 길

머 리 말

책의 구성은 각 공정별 공사와 "공사 뒷이야기"와 "경험의 한수", "가다가 뒤돌아보았네!"로 구성했으며, 건축 관련서적에도 없는 내용들과 전문서적에는 나왔으나 꼭 챙겨야 하는 공정들과 하자가 자주 발생할 수 있는 공정들을 좀더 세밀하게 보강하여 집필하였습니다.

특히 "가다가 뒤돌아보았네!"는 건축의 역사와 필자의 공사경험을 과거추억에 비추어 재미를 드리고자 했습니다. "경험의 한수"는 깜박하고 지나쳐 하자발생으로 낭패 본 경험의 수입니다. "공사 뒷이야기"는 공사 중에 생길 수 있는 것과 소소한 에피소드를 전하고자 했습니다.

"아무도 읽지 않는 책은 휴지다."라는 마음으로 누구나 쉽게 읽을 수 있고 재미있게 읽을 수 있도록 인문학과 기술에 인생철학까지 접목해 써보았습니다.

이번 책은 초판보다는 좀더 쉽게 글을 썼으며, 건축주 입장의 눈높이에 맞게 자세하고 실질적인 도움이 되도록 기술했습니다. '무식하였기에 용감했다'는 말처럼 독학으로 배운 건축지식은 기존의 관점을 탈피한 다른 관점에서 접근할 수가 있었습니다. 그러나 현재의 건축지식은 절대적인 것이 아닐 수 있습니다.

현재 나에게는 "참"이 미래에 다른 분에게는 "거짓"이 될 수도 있습니다. 건축기술과 나의 경험들에 혹시 잘못된 내용이 있다면 열린 마음으로 고개 숙여 겸허히 받아들이겠습니다. 그간 추위와 더위 속에도 변함없이 같이 일해준 각 하도급체 사장님과 현장에 투입된 모든 작업자와 건축물을 아름답게 설계해주신 설계사님께도 고마운 마음을 전하고 싶습니다.

그리고 투덜대며 노트북 사용법을 알려주는 딸의 복수(?)가 시작되었다. 옛날에 내가 말한 그대로 공부해라! 그것도 모르냐! 정말 딸을 쥐어박고 싶을 정도였다. 그래도 딸내미 사랑한다. 아빠의 노후를 부탁해...

저 자

Contents

현관문 열고

1970년대가 되어서야 비로소 중앙난방으로 단열을 했고 수도와 배수가 한군데 모인 싱크대 위에 그 당시 결혼혼수품 1순위인 가스레인지까지 설치되었다.

밤이 되면 무서워 노래 부르며 볼일을 보았던 화장실과 누나가 부엌에서 몰래 숨어 목욕하던 욕실마저도 실내로 들어왔다. 아궁이에 불 피우던 부엌은 주방이라는 이름으로 다시 태어났다.

2017년. 지문과 안구인식을 하자 자동문이 열리고 복도에 센서등이 켜진다. 계단과 벽타일, 계단의 난간 밑에 페인트, 그것을 지나 엘리베이터를 타고 현관문에 도착하여 번호 키를 누르면 현관문이 열린다.

신발장을 지나 현관, 거실, 부엌, 방, 그 안에 가득히 채워져 있는 모든 물건은 마치 처음부터 있었던 것처럼 느껴지는 것들은 어느 것 하나도 우연히 이루진 것은 없었으며 모든 것에 희, 노, 애, 락의 '삶'의 역사가 있었다.

수천 년 역사 중에 내가 살았던 1960년대부터 지금까지의 발전 속도는 그 어느 시대보다 빨랐으며 정신을 차릴 수 없을 정도였다. 특히 건축의 역사는 아마도 '벽 변천의 역사'라고도 할 수 있다. 머나먼 과거부터 발전되고, 사라지고 사라졌다고 생각했는데 홀연히 다시 나타나고, 먼 과거나 미래에도 벽 마감재의 선택은 '벽'이 존재하는 한 이러한 과정이 반복될 것이다.

필자는 건축을 배우려고 서적이나 인터넷 검색, 때론 공사현장에 직접 가서 물어보며 부단한 노력을 했으며 건축 관련 서적에는 대부분 큰 공사에 관한 것이라서 그 범위가 광범위하여 배우는 데 고생했다.

더구나 제대로 된 주택 관련 시공책이 없음에 너무 답답하여 필자가 직접 책을 집필하고 이제는 독자들의 성원에 힘을 얻어 재판까지 출간하게 되었다.

초판에서의 어설픈 표현들은 새롭게 기술했고, 건축주 입장에 서서 좀더 많은 정보를 제공하려 했으며, 다시 책을 사보셔도 후회는 없을 내용으로 보강했다.

건축은 재료와 사람의 땀과 감정까지의 결합으로 이루어진 경험의 결과물이라 생각한다. 현장에서 작업자들과 같이 일하면서 배웠으며 필자가 소개하려는 건축은 대형건축물이나 시공전문가, 전문설계사를 기준한 책은 아니다.

처음부터 지금까지 오면서 경험으로 얻은 지식이며 건축을 처음 접하는 사람이나 땅을 소유한 사람들 입장에서 쓰려고 노력했고, 주택을 건축하려는 사람들과 건축을 이제 막 배우는 학생들에게 맞는 정보를 제공하고자 했다.

건축을 많이 안다는 사람들도 어느 한 분야만 잘 알 뿐 공사 전체를 아는 사람은 별로 없기에 각 분야의 전문가를 만나고 배워 익힌 모든 건축의 노하우가 들어 있다.

그러나 위례신도시 아파트공사현장에서 일하면서 깨우친 것은 매년 새로운 건축의 신기술이 쏟아져 나오는 것을 경험했다. 결국 건축은 "죽을 때까지 배워야 한다는 것", 다시 말해 죽을 때까지 겸손해야 한다는 의미였다.

실전경험을 토대로 책을 썼으며 설계도면에서 설명이 없는 부분과 각 공사공정들은 현장에서 직접 활용 가능하도록 시공 포인트를 알려 드리고자 했다. 만약 시간이 허락한다면 직접 시공을 해보라고 말씀드리고 싶다. 건축은 종합예술이며 창조의 기쁨과 감격으로 한 단계 발전된 나의 모습을 발견할 수 있으리라 생각합니다.

만약 시간이 없어 직접 못한다면 어떻게 만들어지는지, 어떤 점을 주의해야 하는지, 그리고 건축자재 선택 시 장단점 등만이라도 파악할 수 있도록 이 책에 소개하고자 했다.

골조가 완공되면 외부마감 재료와 내부마감 재료를 건축주가 직접 선택해야 한다. 아마도 철근콘크리트조의 일반주택 공사진행과 점포주택에 상가의 상권분석 및 세입자세대와 주인세대의 실내인테리어를 배우게 될 것이다.

각각에 해당되는 공사의 공정을 꼭 읽어보고 공사시 참조한다면 나의 집은 완벽에 가까운 시공이 될 것이며, 나의 건물에 대한 믿음과 자부심이 높아지리라 믿는다.

건축하는 당신은 애국자

신도시 내 택지는 약 190m² 이상부터 약 340m² 사이의 필지로 이루어졌고, 필지의 성격은 주택필지와 점포주택지로 구분되며, 주택은 전원주택을 소개하는 책이 시중에 많아 점포주택을 더 강조하여 설명했으며, 점포주택은 1층은 상가로, 2~4층은 주거시설로 건축됩니다.

연건평 약 330m²에서 660m² 사이로 공사비는 약 4억대에서 8억대 사이에 공사된다고 보면 됩니다. 공사기간은 천재지변인 우천 시와 영하의 날씨를 제외하고 약 3개월에서 5개월이면 입주가 가능합니다.

준공에 필요한 서류를 준비하고 준공마감공사가 다 끝나면, 설계사가 현장실사 후 건축과에 준공서류를 접수하면, 해당 건축과에서 지정한 특별감리사가 나오며, 건축법상 위법이 없다면 2주 안에 준공이 떨어집니다.

공사기간에 투입된 인원은 약 700명에서 900명 정도입니다. 고용창출효과는 4인 가족기준 약 3,200명의 생계를 책임지는 당신이 바로 애국자입니다. 총공사비 중 인건비 비율은 약 48% 정도이며, 자재비는 약 52%를 차지합니다. 만약 시공사의 규모가 크고 직원이 많다면 인건비 비율은 더 커질 것이고 자재비 비율은 상대적으로 감소할 겁니다.

최근에 인건비가 많이 상승하여 전체공사비 중 인건비가 차지하는 비율이 거의 50% 이상을 향해 질주한다고 보면 됩니다.

용인의 '기네스 팰트로'

2002년 월드컵으로 온통 축제 분위기에 나라 전체가 떠들썩거렸다. 용인수지의 공사판에서 영화 〈아이언 맨〉의 여주인공 기네스 팰트로를 닮은 미모의 여성이 치마를 입고 자전거를 타고 다녔다. 그녀는 거친 공사판 남자들 사이에서 당당하면서도 우아하게 공사를 총지휘하고 감독했습니다. 그때 건물 3개 동을 동시에 시공했던 그 여성분이 생각납니다.

땅을 소유하고 있는 분들은 상가든 주택이든 공사를 직접 해보십시오.

단, 한 가지만 준비하면 됩니다. 그것은 바로...... 용기.

처음엔 누구나 힘들었다

저는 〈토성건설〉이라는 시공사를 차려 공사를 시작했습니다. 처음에는 자재비와 인건비의 단가를 몰라 하도급업자에게 끌려 다녔고, 자재검수도 몰라 배우는 데 고생했습니다. 간혹 건축의 기본도 몰라 시공해줬던 건물에서 비도 새고 고발도 당해 경찰과 검찰에 불려 다녔으며, 몸과 마음에 상처를 받았습니다.

일목(공사의 순서)을 알기까지는 깔끔하게 마감도 못했고, 공사비와 공사기간도 길었습니다. 필자의 공사지식이 부족하여 각 하도급업체의 어처구니없어 하는 표정들과 말들을 이해하기까지 10년 이상의 세월이 걸렸습니다.

지금 우리가 편하게 누리고 영위하고 있는 세상 모든 것의 발명과 발견은 우연히 이루어진 것은 없으며 선조들의 수없는 시행착오와 때로는 죽음도 불사했던 것들이다. 결과와 관계없이 인간들은 때로는 상상을 초월할 정도의 무모한 행동으로 뜻밖의 결과물을 만들어내기도 했다.

1500년 스위스에서 돼지불알을 제거하는 일이 생업이던 야코브누퍼는 사법부와 의사들의 반대를 무릅쓰고 - 그의 아내는 "나는 남편을 믿는다."고 말했고 - 제왕절개수술을 감행하여 그의 아내는 무사히 출산했다. 이후 3명의 아이들을 더 출산했고, 그 당시 마취제가 없어 생살을 찢는 고통에도 '어머니의 사랑'으로 가능했다.

1670년 토머스 윌리스는 빈곤층을 무료로 치료해주는 열정과 도전정신으로 인간사랑을 몸소 실천했다. 환자가 무력감과 여러 가지 합병증에 시달려 그 병명을 찾기 위해 별짓을 다해보다가 마지막으로 환자들의 오줌을 손가락으로 찍어 맛을 보았다. 그런데 오줌이 설탕처럼 단맛이 나는 것을 발견했다. 그때 처음으로 발견한 것이 '당뇨병'이었다.

고등학교 중퇴에 자전거포를 운영했던 대머리총각 형제들은 장가도 안 가고 죽을 때까지 한집에서 같이 살았다. 그 형제가 바로 라이트형제이다. 학벌 좋고 저명한 과학자들은 형제의 연구를 쓸모없는 것이라며 '너희들 따위가 어찌 그런 일을 하겠는가?'라고 이상한 형제라고만 생각했다. 그래서 라이트형제는 아무런 후원도 받지 못했다. 그러나 형제는 돈이나 명예에는 큰 관심이 없었다. 자신들이 선택한 영역에서 최고가 되고 싶은 마음뿐이었다.

시공사 정하기

건축은 여러 공정들이 톱니바퀴처럼 맞물려 돌아가야 합니다. 공정순서가 뒤바뀌거나 건축자재가 너무 빨리 납품되어 무방비로 현장에 방치되어 파손되는 경우와 자재가 너무 늦게 납품되어 기존시설을 부수고 다시 시공하는 사례를 많이 보았습니다.

간혹 부족한 공사비를 보충하기 위해 보이는 곳은 정품을, 안 보이는 곳은 비품을 쓰거나 전문기술이 필요한 곳에 기공이나 조공을 부르지 않고 인건비가 싼 일용잡부를 고용해 공사의 질을 떨어뜨리는 경우도 보았습니다.

시공사 선정에는 직접 몸으로 체험한 수많은 공사의 경험치가 필수인 것은, '시공은 말로 되는 게 아닌 행동' 이기 때문이고, 만약 경험치가 풍부한 시공자를 만나서 시공을 한다면 당신은 행운아일 것입니다.

시공사 선정방법 3가지

첫 번째 : 시공사를 소개받아 건축하는 방법입니다.

설계사에 설계를 의뢰하면 설계사들이 대부분 시공사를 소개해줍니다. 시공사와 건축주의 원활한 의사소통으로 공사진행이 빠를 수는 있습니다. 그러나 대부분 시공업자에게 소개료를 받고 소개하는 경우가 많습니다. 집짓는 데 들어가야 할 공사금액이 다른 곳으로 흘러가 제대로 된 자재를 사용할지가 의문입니다. 인건비는 절대로 변동이 없습니다. 결국 자재비에서 충당해야 할 겁니다.

건축주가 입주하여 편하게 생활할 수 있도록 시공하여야 하는데, 시공사가 공사도 편하게 하고 시공비도 덜 들어가는 공법으로 설계하고 시공함으로써 간혹, 건축주가 사용하는데 불편할 구조가 될 수도 있습니다. 만약 감리까지도 설계사와 친분관계가 있다면 그 건축물은 더 나빠질 수 있으므로 주의가 필요합니다. 그리고 대부분의 건축주들은 이 방법을 선택하는 편입니다.

두 번째 : 건축주가 시공사를 직접 선정하여 건축하는 방법입니다.

우리나라에서는 영세한 건축업자들이 건축업하기 힘든 사회구조입니다. 특히 세금문제가 걸림돌인데, 주택일 때 부가가치세를 40% 이하로 환불이 되어 건축주가 총공사비에 부가가치세 10%를 더 주고 건축을 하지 않으려 합니다. 더구나 하도급 작업자가 영세하여 사업자등록증이 없을 때는 부가세 발급을 받기가 어려워 세금처리를 못함으로써 세금폭탄에 망한 시공사가 많습니다. 거기에 건물 한 채만 짓고자 건축자재를 구입하여 연결공사가 없으면 건축자재를 재활용하지도 못하고 다 버려야 하는 사태가 발생합니다.

이 두 가지 문제점으로 책을 읽은 독자가 필자에게 건축을 해줄 것을 요청받았지만 거절한 이유 중 하나였습니다. 2채 이상의 건물을 동시에 지어야 어느 정도 타산이 나옵니다. 건축에 유명한 이야기가 있습니다. **"앞에서 남고 뒤로 까진다."**

대규모 시공사는 타산이 맞지 않아 웬만한 큰 규모의 건축이 아니라면 건축을 거절할 겁니다. 시공사 정하기가 요즘엔 쉽지 않습니다. 만약에 시공사가 선정되었다면 중간 수수료만 받고 공사하도급 주는 경우도 있으므로 잘 확인해야 합니다. 건축주의 친인척 중에 한 사람 정도는 건축을 해본 사람이 있다. 그 친인척 중 한 사람에게 시공을 맡기는 것은 잘해야 본전입니다. 주변에서 친인척의 인맥을 동원하여 건축을 맡기라는 압력 아닌 압력이 있을 겁니다. 서로 원수지간이 될 가능성이 많으므로 지혜롭게 거절하는 것도 좋습니다.

세 번째 : 건축주가 직접 시공하는 방법입니다.

가장 이상적인 시공방법이라 할 수 있습니다. 생각보다 쉬우니 한 번 도전해보십시오. 처음 골조공사만 조금 어렵지 골조만 완공되면 그 다음에 외장재나 내장재공사 및 집 안의 인테리어는 쉽고 상당히 재미있습니다.

설계사 선정도 2, 3군데서 설계도면을 받아보고 그중에 마음에 드는 설계사를 선택하면 됩니다. 직접 건축하면 설계도면 대비 건축비가 10%에서 20% 정도 절약할 수 있을 겁니다. 골조공사에 필수인력인 형틀목수와 철근, 전기업자, 설비업자를 구하는 방법은 뒤쪽의 '경험의 한수'에서 거론하겠습니다.

책을 발간한 후 시공문의를 전화나 이메일로 많이 받았습니다. 때론 건축현장에 방문하여 문제점을 지적해주고 시정 · 조치해 주기까지 했습니다. 그런데 책에 나와 있는 내용인데도 정독하지 않고 문의하는 독자들도 의외로 많았습니다. 그래서 가장 많이 문의하는 부분과 실수로 건물이 망가질 수 있는 부분은 두, 세 번씩 강조하여 책을 집필하고자 노력했습니다.

이 세 가지 모두 건축주가 건축을 모르고 간과한다면, 어떠한 방식을 선택하든 건물은 엉터리가 될 것입니다. 이 책으로 공부해보고, 그래도 궁금한 점이 생긴다면 문의하십시오.

내 맘 같지 않아

"집은 사람이 만드는 것입니다." 사람을 잘못 만나 갈등이 생긴다면 돈을 잃은 것보다 사람에게서 받은 상처를 치유하는 게 너무 힘들었습니다. 만약 내가 공사에 대해 전혀 모른다면 그 시공자가 좋은지 나쁜지 알 수 없지만 준공 후 한 일년쯤 살다보면 시공자가 좋은 사람인지 나쁜 사람인지 알게 됩니다. 그러나 그때는 너무 늦기에 이 책을 꼭 먼저 참고하세요! 내가 건축에 대해 전혀 모르면 대화단절뿐 아니라 서로 오해도 생길 수 있습니다.

시공업자와 설계사는 건축주의 몇 마디에 건축적 지식을 평가합니다. 건축하기 전에 건축 관련 서적을 꼭 읽어 보세요. 값싸고 삶에 크게 도움이 안 되는 것을 구입할 때도 제품설명서를 꼼꼼히 읽어보거나 TV 홈쇼핑에서 보고 듣고 구입하지 않습니까? 하물며 나의 보금자리이자 자산의 가장 큰 비중을 차지하는 집인데, 건축에 대한 지식이 전혀 없다면 잘못된 정보로 인하여 무리한 공사를 요구할 수도 있습니다. 반대로 꼭 요구해야 할 것을 그냥 지나치기도 합니다. 그래서 이 책을 통해 필자가 아는 지식과 경험을 알려드리고자 합니다.

하도급업체는 공사에 투입되어 한 공정이 끝나면 해당업자는 모두 철수합니다. 처음부터 끝까지 모든 공정을 정확히 다 아는 하도급업자는 별로 없습니다. 이 책에서는 자신의 분야가 아닌 업자가 다른 공정에 관하여 말할 때 그 정보가 옳은 지식인지 아니면 잘못된 지식인지 판단할 수 있도록 설명했으며, 또한 각 공정별로 주의할 점과 자재선정 방법 등도 설명하였습니다.

집의 총체적인 문제는 거의 1년 안에 생깁니다. 1년쯤 살다보면 집의 단점과 장점이 다보이고, 시공사의 건축실력이 어느 정도인지 알 수가 있습니다.

가끔은, 건축주는 건축을 알면서 모르는 것처럼 겸손하게 물어보세요. 전에 건설회사에 다녔다든지 아님 전에 건축해보았다는 자랑은 내 건물을 짓는데 전혀 도움이 안 됩니다.

"알고 있으면서 모르는 척 물어보면 알지 못했던 일까지도 알 수가 있다."

사람은 편한 쪽으로 움직인다

어떤 공정은 직접 현장에서 확인한 후 잘못된 것은 바로 시정조치해야 합니다. 하도급업자는 쉬운 쪽으로 공사하는 경우가 많습니다. 절대로 알아서 해주지는 않습니다. 시킨 일만 하며 자기일을 마치면 바로 현장을 떠납니다.

다음 작업자의 편의를 고려하지 않는 게 공사현장의 오랜 관행이 되었습니다. 그러나 잘못된 것이 있다면 눈치 보지 말고 강력히 개선을 요구해야만 합니다.

내 건물이자 내 재산에 나쁜 영향을 주는 것에 대해서는 어떠한 타협이나 눈치를 보며 말도 못하고 그냥 지나칠 수는 없습니다.

잠깐만요 　공사 뒷이야기

아파트공사현장에서 일하다보니 건축기술이 많이 발전했다는 것을 알게 되었다.

특히 전 층이 화장실이나 방, 거실 등의 위치 및 크기까지도 똑같아 갱 폼(건물의 외벽모양을 철판으로 조립하거나 용접하여 만든 폼)을 1층에 설치하여 콘크리트를 타설하고, 그대로 크레인으로 갱폼을 다음 층으로 올리는 방식으로 아파트 한 동을 완성한다.

공사기간이 재래식 방법보다 엄청 빨라졌다. 단점은 화장실이나 방 등 공간이 작은 부분은 벽돌을 쌓아 방을 만들거나 석고보드를 방칸막이로 막는다는 것이다. 잡철로 슬래브를 조립하고 용접해서 만들어 해체가 필요 없는 고정식 슬래브로 공사를 했다. 아마도 머지않아 이 방식은 주택건축으로까지 확산될 겁니다. 시스템 동바리가 더 발전되어 형틀목수들의 일거리가 점점 줄어드는 것과 비계가 좀더 발전하여 작업자들이 좀더 안전한 환경에서 공사한다는 것을 경험했습니다.

붕어빵 같은 아파트와 달리 주택은 건축주의 개성과 인격까지도 표현되고 파악할 수 있습니다.

건물에서 외형은 전체의 1/3만 보여주고, 1/3은 내장인테리어 모습이고, 나머지 1/3은 그 집에 사는 건축주의 인격이라고 합니다.

"건물은 건축주와 시공사 상호간의 신뢰를 먹고 튼튼하고 아름다운 건축물이 됩니다."

아파트 갱폼 내부

택지조성지 특징

• 설계시작 • 생활공간에 맞는 설계 • 점포주택의 허가조건 • 추천 설계도면 • 공사 전 주요 점검사항

일반주택지나 전원주택지와 달리 택지조성지역 안에 수도, 가스, 전기, 오 · 우 · 배수는 토목공사가 되어 바로 연결만 하면 됩니다. 토목의 부대비용이 발생하지 않고 1층 상가와 2~4층 주거 부분에 임대수익이 최우선으로 접근해야 합니다.

1층은 상가로 임대수익률을 고려하여 설계하고, 2~4층 주거시설은 원룸, 투룸, 쓰리룸 형태로 건축되며 1층 상가 구조와 주차대수에 따라서 주거 부분이 침탈당할 수도 있습니다. 만약에 골조구조가 철근콘크리트가 아니라면 외부마감재부터 참고하세요. 전원주택만큼 방, 거실, 화장실, 베란다 등의 배치가 자유롭지 못합니다. 주차대수에 따라 3가구부터 5가구로 구성됩니다. 땅모양이나 상가의 크기에 따라 주차대수가 정해지고 주차대수의 증감은 가구 수의 증감으로 결정됩니다.

또한 가구 수는 1층 상가 면적의 증감에 영향을 주므로 건축설계 시 건축주가 가장 많이 고민해야 할 부분입니다. 각 지자체에는 색채심의가 있는데, 미리 외부마감재의 종류와 색채가 주변과 어울리는지 여부를 심의합니다.

해당 지역에 색채심의위원회가 구성되어 있으며 색채심의를 통과해야 착공허가가 나옵니다. 만약 공사가 끝난 후 처음에 심의받은 색채나 모양이 아닌 경우는 다시 색채심의를 받아야 준공이 됩니다.

설계시작

좋은 건축의 시작은 우수한 설계도면에 달려 있습니다. 실력 있고 경험이 풍부한 설계사를 선택하여 좋은 건물이 되도록 하세요.

주택의 계획

건물배치는 대지의 용도와 모양, 면적에 따라 건물의 형태가 결정된다. 토지에 맞게 건물은 도로입구에서 현관까지의 사람 접근통로와 자동차 접근통로, 기존의 수목, 지형지물, 특히 1층 상가에 고객접근이 용이한 관계까지 고려하여 설계한다.

대지의 조건을 최대한 이용하고 주변 현황과 가족의 취미, 직업, 가족관계 등과 건축주의 생활방식까지 설계사와 충분히 대화한 후 설계를 한다.

※ 대지가 주변도로와 건물에 접하는 모형은 총 8가지이며, 가장 좋은 땅은 1번 땅이고, 만약 도로경사면이 심하여 5층까지 나온다면 금상첨화일 것이다. 이와 같이 땅 모양 때문에 건물과 주차장 배치가 자유롭지 못하게 된다.

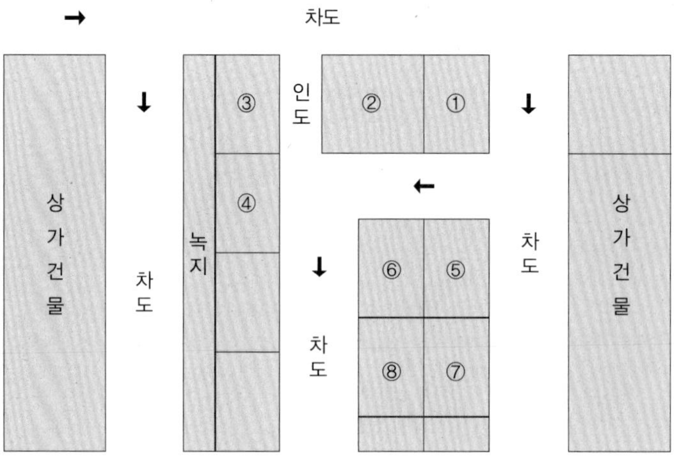

평면계획은 건축주가 요구하는 각 실의 종류와 수, 크기, 형태, 총면적 등을 대지조건이나 건축법에 맞게 설계해야 한다. 각 실의 동선은 자연스런 가구배치와 창호를 표시하고 각 실의 크기도 표시하며, 가족구성원의 성별, 나이, 직업, 취미와 신체적 특징까지 알려주고 가족의 요구사항을 설계사에게 말한다. 그리고 건축주의 가족들과 설계사가 직접 면담을 통하여 원하는 방의 면적, 붙박이장이나 책상, 수납장, 기존 가구의 보유와 설치 여부도 확인한다. 기타 사항으로는 가족구성원 각 방의 천장과 내벽의 도배색상, 조명, 마루 등의 디자인과 재질도 설명한다.

입면계획은 건축물 외부마감재의 입체적인 형태와 관련하여 검토하고, 구조물의 높이와 지붕의 경사도 등 건축주의 요구사항에 맞게 설계의뢰한다.

단면계획은 평면계획과 입면계획을 병행하여 건물의 구조와 실내공간의 기능성을 고려하여 건축물 높이를 설정하고, 이에 맞게 각 구조물의 높이와 공간을 계획한다. 외장계획은 외장마감 재료의 질감과 명암, 색채를 적절히 사용한다. 건축주 취향에 맞게 주변 환경과 사회적 조건, 그리고 건축주의 경제력에 맞추어 설계의뢰한다.

설계도면 작성순서

계획한 부재와 공간의 크기를 확인하고 전체 규모에 맞게 축척을 정해 도면배치를 계획한다. 방위표, 도면명, 축척 등의 공통사항을 기입하고 기준이 되는 축선과 중심선에 주요치수를 작성한다. 주요 구조체와 벽면의 단면선을 표현하고 벽체 내의 개구부와 세부적인 칸막이벽을 작성한다. 문과 창호를 표시하고 단면기호, 상세기호, 창호기호, 세부치수를 표시한다.

치수와 재료기입에 착오나 누락이 없는지 확인하고 건축도면과 구조, 설비 등을 상세하게 확인한 후 작성한다. 마지막으로 마감선, 가구표현, 재료표현, 실명, 기준레벨 표시, 특기사항 등을 표기한다.

설계도면의 종류

도면작성은 어느 위치에서 어떤 방법으로 보고 그렸느냐에 따라 도면의 이름이 결정된다. 건축주는 설계도면 보는 법을 배우는 게 좋으며 생각보다 그리 어렵지 않다. 배치도는 대지 안에 건물의 위치와 점유 부분과 부속건물의 상호 위치, 방위, 지형형상, 통로, 건축선, 대지경계선, 도로폭과 도로와 관계된 상하수도, 전기, 맨홀, 정화조, 조경, 주차 등을 평면으로 나타낸 도면이다. 배치도를 통하여 주택이 앉은 위치를 알 수 있고 건물과 대지 안의 주변 환경을 파악할 수 있다.

평면도는 내부의 사방 벽면을 일정한 높이에서 수평으로 절단하여 위에서 아래로 내려다 본 수평투영도이고 단면선, 마감선, 실명, 바닥높이, 재료표현, 개구부를 표현하고, 평면도를 통하여 실과 배치, 동선관계와 가구배치 내부의 모습을 확인할 수 있다.

입면도는 건물의 입면을 앞, 뒤, 위에서 시각적으로 본 형태를 나타내고, 건물의 외관을 비입체적으로 표현한 도면이다. 또한 외부재료, 높이, 옥상 상부구조물, 창호의 외관 등을 표현하는 도면이다.

단면도는 건축물을 수직으로 투영한 그림으로 각종 층고와 천장고, 바닥높이, 기초와 보 등 구조체의 형상, 커튼박스, 주요마감재, 창호 높이와 크기, 대지의 고저, 도로 등의 사선제한 정보가 표현되고, 내부구조를 명확하게 표현하는 도면이다. 그리고 건물의 높이와 외부에서 보이지 않는 벽이나 천장, 바닥 등의 내부 상태 등을 확인할 수 있다. 각부 상세도는 공사하기 쉽게 각 부분을 상세하게 그린 도면이고, 창호 또는 문의 위치, 크기, 개폐방법, 사용제품, 유리종류 등을 명시한 도면이다.

구조도는 건물의 구조체에 대한 그림으로 위치와 형상, 재료, 크기 등으로 주심도, 슬래브, 배근도, 구조상세도 등으로 표기한 도면이다. 창호도는 창호일람표에 재료별로 목재와 철재, 알루미늄재로 분류하고, 각 재료별로 창호의 크기나 위치에 따라 각각의 창호와 창틀, 문과 문틀의 재료, 형상, 높이, 너비, 두께, 개폐방법, 수량, 마감상태, 유리의 종별로 기입한다. 그리고 전기와 설비 관련 도면이 있다.

조감도와 투시도는 입체감이 없는 평면도나 입면도, 내부전개도를 사용하여 2차원적인 평면에 3차원적인 공간감을 부여하여 입체적으로 표현한 도면이다.

기타 도면은 철근콘크리트구조 일반사항, 주심도, 각층 바닥구조 평면도와 슬래브, 기둥, 벽 일람표, 계단과 기타 잡배근도, 전기와 통신설비도면, 설비배관도면, 실내재료마감표와 마감상세도 등이 있다.

설계사무소 선정

전원주택이나 땅콩주택, 협의주택 등은 주거공간의 미학적 공간연출을 위해 예술성과 나만의 건축적 개성을 살리려면 아무래도 실력 있는 설계사에게 의뢰하는 것이 좋을 것이다. 그러나 점포주택의 택지는 동서남북향으로 총 7가지 땅모양이 분양되어 있어서 내가 원하는 방향이나 건물 모양을 만드는 것은 한계가 있다. 그리고 주거의 쾌적함보다는 수익성이 우선되므로 건물 모양과 각 실의 크기와 방향에 제한이 있다. 대지에 맞는 건물배치는 분양받은 택지의 위치에 따라 다르지만 가능하면 다음과 같이 배치해본다.

대지 위치에서 건물을 비스듬히 틀어서 보았을 때 외벽이 남쪽과 북쪽에 개방감이 생겨 좋고 건물 전체를 비스듬히 틀었기 때문에 넓은 마당은 없지만 방마다 공간이 생길 수 있다. 사람과 차의 진입로를 구분하였고, 현관은 도로에서 직접 들어가지 않고 돌아서 들어가도록 설계도면을 그려본다. 이러한 설계가 가장 이상적이지만 동서남북으로 분양된 택지 중 방향이 좋은 땅은 가능하지만 나머지 4가지 향 중 3가지는 불리하게 배치된다.

그래서 점포주택지는 설계사의 능력을 발휘하는 데 한계가 분명히 있다. 그러므로 너무 지나치게 고가의 설계비용을 지불하는 설계사무소는 선택하지 않은 게 좋다. P.18의 그림과 같이 택지조성 부지는 주변도로와 옆 건물과 접촉되는 모양이 총 8가지이며, 가장 좋은 땅은 1번이고, 만약 도로경사면이 심하여 한 층 더 나온다면 금상첨화일 것이다. 그림과 같은 땅모양 때문에 건물과 주차장 배치가 자유롭지 못하다.

잠깐만요 가다가 뒤돌아보았네!

1735년 애덤스라는 설계사는 디자인은 압도적이었고 치장이 과도하여 '화려하지만 실용적이지 못하다'는 이유로 고객에게 외면당할 때까지 약 30년 동안 영국에서 최고의 설계사였다. 그 당시 설계도면에는 문고리, 초인종, 램프, 카펫, 침대, 문고리 심지어 잉크병까지 설계했었다.

건축가는 고대이집트에서는 왕족들로 신적인 존재였다가 유럽중세에는 독립된 예술가로서 인정받지 못하고 화가나 조각가의 무리에 끼어 방황했었다. 더욱이 마땅한 건축 관련 교재도 없어서 건축은 대학에서 비정규과목이었다. 이후 18세기 유럽에서 계몽주의의 태동으로 건축학이 발전했으며, 설계사와 시공사의 분류는 르네상스시대 이후에 이루어졌다.

우리나라는 1955년 한국미술협회가 발족되었는데, 산하기관에 건축분과를 두었고, 1959년 드디어 한국건축가협회로 독립했다.

도시설계를 보면 사람중심의 설계가 아닌 자동차나 건물을 중심으로 설계하는 인간들을 보면 참 어리석다고 생각합니다. 인간이 우선인 사랑이 담긴 설계사가 되어주세요.

택지조성지역 땅의 주차장은 5종류로 배치된다.

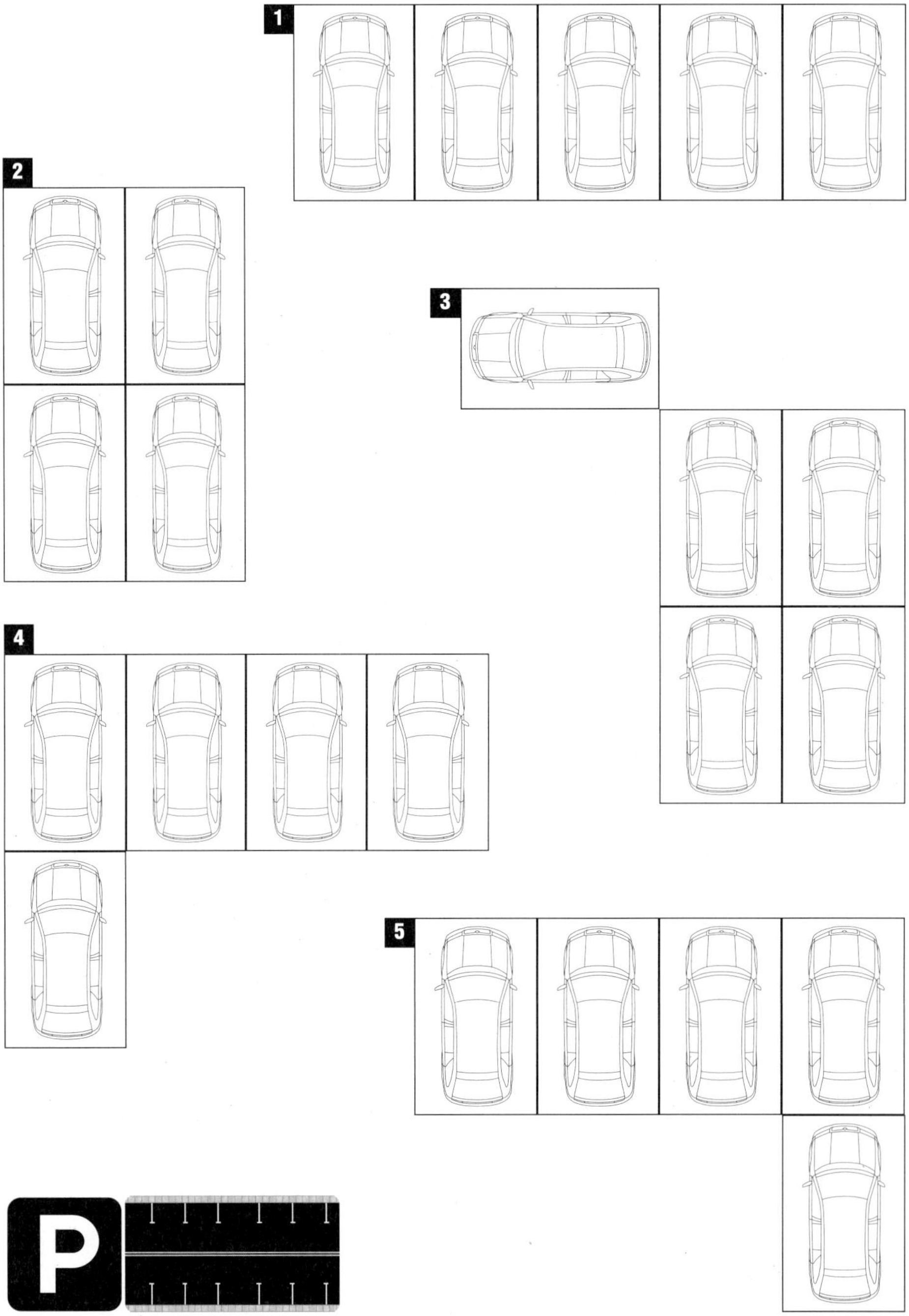

건축법 제한

용도제한지역은 도시환경을 향상시키기 위해 도시계획구역 내에 토지이용을 규제하는 것으로 주거, 상업, 공업, 녹지지역으로 크게 구분한다.

건폐율 규제는 건축물이 대지 안에 최소한의 공지를 확보하고 충분한 일조, 채광, 통풍을 얻고 화재 시 연소방지와 소방재해 시 피난을 용이하게 하는 데 있다. 용적률 규제는 대지면적에 대한 건축물의 연면적 비율이며 토지를 효율적으로 이용하여 도시환경을 정비하기 위한 것이다. 높이제한은 일조권과 채광 등의 위생적인 생활환경을 조성하는 데 목적이 있다.

도로에 의한 사선제한은 도로의 개방감 확보를 위해 전면도로의 폭에 따라 건축물 높이를 제한하는 규제방법이다. 전면도로의 반대쪽 경계선까지 수평거리의 1.5배를 초과할 수 없으며 단, 공원이나 호수, 광장 등의 공지가 있을 때는 반대측에서 사선제한을 적용한다.

대지경계선의 높이제한은 일조량, 채광, 통풍, 방화 등을 위해 건물과 건물 간의 일정거리 확보가 목적이다. 일조권은 남쪽 대지의 일조권 확보를 위해 정북방향 건축물의 높이를 인접대지경계선으로부터 거리에 따라 일정높이 이하로 해야 한다.

땅 구입 전에 가설계를 그려보는 이유는 건물 모양이 어떠한지 또한 용적률을 충분히 확보할 수 있는지 알고자 하는 것이다. 일조권을 침해받는 건축물은 1층 상가의 층고높이가 낮아 답답해 보이며 상가임대 시 불리하고, 2층 주거의 시설은 천장에 배관을 못하며, 특히 건축주 세대의 거실 천장 높이가 제한적이라 답답해 보일 수 있다. 처음 분양 시 땅값은 같은데, 나중에 프리미엄이 형성될 때 일조권 여부에 따라 실제 땅값은 몇 억이 차이날 수도 있다. 특히 판교신도시에서 더 심했다.

관공서에서 발급하는 서류의 종류로 지적도는 대지모양과 대지 방위 주변도로와의 관계를 파악하는 서류이고, 토지이용계획 확인서는 대지의 용도나 용도지구에 관한 내용을 파악할 수 있는 서류이며, 토지대장은 공시지가를 파악하는 서류이다.

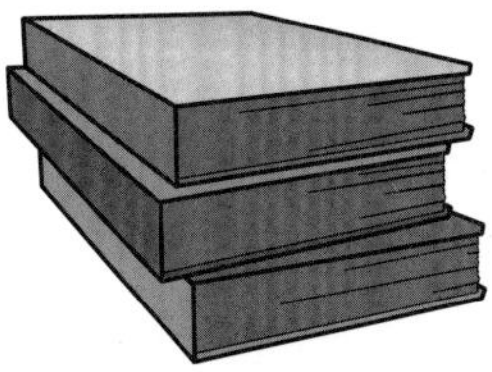

생활공간에 맞는 설계

생활하는 데 쾌적성과 환경친화적 주거공간에서 건강하고 안락하며, 가사노동을 덜어주는 가족중심의 바탕 위에 자연친화적 설계와 좌식 및 입식을 혼용한다.

가족의 취미와 직업, 생활방식까지 반영한 설계방향의 생활공간 규모로 결정한다. 이상적인 생활공간이란 가족구성원의 조건, 사회적 계층, 지역적 기후, 풍토 조건 등에 따라 달라져야 한다.

기온, 강수량, 풍속 등 물리적 여건을 고려한 지붕의 형태와 평면구성, 개구부 위치, 인접 주택에 대한 프라이버시 등을 반영하여 평면계획과 입면계획을 수립한다. 지역적 위치에 따라 도시주택, 전원주택, 별장주택으로 구분하며, 주변의 생활환경에 맞추어 설계를 의뢰한다.

방위에 따른 실 배치와 출입구, 창문의 위치와 관련된 전망, 통풍, 채광 등에 대한 노출방향에 맞게 설계한다. 각각의 행동반경, 장소나 이용시간, 가구 및 물품사용 정도와 보유량, 가구 배치유형, 각 실의 꾸밈상태, 주생활에 대한 건축주의 의식을 조사하여 이를 기본으로 각 실의 배치와 동선계획을 설계에 반영한다.

각 실에 상호관계가 밀접하면 근접시키고 상반되면 격리시키며, 가구배치에 따른 방문과 창문 위치, 실의 규모와 크기에 따라 실내구조가 변해야 한다.

실의 위치는 땅모양에 따라 세입자 세대는 원하는 향의 배치가 힘들 수 있지만 주인세대는 가능한 동쪽은 침실과 식당을, 서쪽은 욕실과 건조실을, 남쪽은 거실이나 어린이방을, 북쪽은 화장실과 보일러실로 배치해본다.

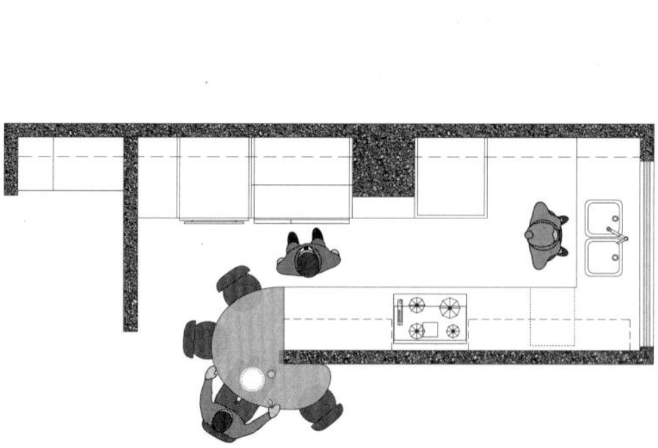

잠깐만요 **가다가 뒤돌아보았네!**

1818년 미국에서 건축의뢰를 가장 많이 받았던 괴짜 건축가 미즈너는 고객의 집을 지을 때 계단을 깜박 빼먹어 나중에 부랴부랴 바깥벽에 외부계단으로 덧붙였다.

이에 건축주부부는 아래층에서 식사하고, 잠잘 때는 2층 외부계단을 통해 올라 다녔으며, 비올 때도 우산을 들고 오르내렸으며, 또한 외부계단을 이용할 때는 길거리의 행인이 쳐다보기에 외출복을 입고 오르내려야 하는 불편을 겪었다.

누군가가 이러한 큰 실수에 관하여 질문하자. 미즈너는 "어차피 나는 건축주가 싫다. 그래서 별로 상관없다."라고 말했다.

일반버스나 비행기 좌석을 설계한 놈은 난쟁이임이 틀림없다. 나처럼 키 큰놈들을 저주해서 좌석간격의 폭을 좁게 설계하여 앉아 있기도 힘들게 만들었다.

거실

동선의 분기점으로써 가족의 휴식과 안락, 여가, 접대, TV시청, 취미생활 등을 위한 장소이며, 위치는 일조권과 전망권이 가장 좋은 곳으로 여름에는 시원하고 겨울에는 따뜻한 남향, 남동향, 남서향에 배치한다. 현관과는 근접하며 독립성을 유지하고, 창을 통해 옥외전망이 잘 보이고, 창문은 최대한 넓혀 시각적 개방감을 갖도록 배치한다.

주인세대는 거실과 연결되는 테라스가 설치된 구조라면 거실공간의 연장으로 보며, 바닥높이는 10cm~12cm 정도로 한다. 가족생활의 중심이 되는 거실은 주택 내에서 사용 빈도가 가장 크므로 모든 실 중에 가장 커야 하고, 식당과 현관에 가까운 주택의 중심에 위치시킨다. 5인가족이 식당과 겸할 경우 최소 16.5m²이고, 권장기준은 18m²~24m²가 적당하며, 앉아서 TV시청의 최소한의 거리는 10m²~16.5m² 정도가 필요하다.

세입자세대는 먼저 원룸, 투룸, 쓰리룸 등 어떠한 형으로 할 것인지 결정한 후 거실과 주방, 그리고 방 크기를 결정해야 한다. 특히 세입자가 입주한 후 계단에 세간살이를 방치하는 경우가 많으므로 수납공간을 많이 확보해야 한다.

주방

거실에서 식당으로 주방을 자연스럽게 배치하고, 가족들의 식생활 습관까지 적용하며, 환기와 통풍이 잘 되도록 외부와 접촉되는 쪽에 배치한다.

식당의 크기는 사람의 수, 식탁 크기, 의자 배치 상태와 주변통로와 음식을 나르는 동선에 대한 공간까지 고려하여 보통 5인 가족을 기준으로 $9m^2$이며, 1인당 면적은 $1.7m^2$에서 $2.3m^2$ 정도가 적당하다.

화장실문과는 접하지 않도록 하고 가능하면 식당과 다용도실 사이에 배치한다. 그리고 개수대 앞에는 창문을 내어 밝게 하는 것이 좋다.

개수대 앞에 전망이 좋을 경우 개수대의 상부에 벽장을 설치하지 않고 큰 창을 내는 것이 좋다. 주부의 작업량이 많으므로 침실보다는 부엌동선이 우선되어야 하고 가능하면 짧고 직선거리가 되도록 배치한다.

침실

사적인 공간이면서 정적인 공간이므로 현관이나 출입구에서 떨어진 조용한 곳에 배치하고, 거실을 중심으로 하는 공동생활공간과 침실을 중심으로 한 개인공간 사이에 화장실과 복도 등 완충공간을 두어 두 공간을 분리한다.

가능하면 남향이나 남동향으로 배치하여 가장 좋은 일조권과 통풍조건을 확보하며, 화장실은 침실에 부속시켜 배치한다. 방의 형태는 장방형으로 동서로 긴 것이 좋고, 가능하다면 3개의 침실이 있을 경우 2개 이상은 남향이 되도록 한다.

침실의 크기는 취침기능 외 수납장, 작업대, 휴식의 부가기능을 가지며, 건축주의 생활유형과 사용하는 방의 크기는 일반적으로 가구를 포함하지 않고 최소 1인용 침실은 $6m^2$, 2인용 침실은 $10m^2$가 필요하다.

부부침실 안에 전용 화장실과 침실 사이에 화장대가 있는 드레스룸을 설치하고, 방문의 폭은 900mm를 표준형으로 하며, 이웃에서 들여다 볼 수 없도록 창문 배치에 유의해야 한다.

아동실

성별과 연령, 생활양식 등에 따라 실의 위치, 크기, 가구 크기까지 고려하고, 채광이 좋고 화장실은 가깝게 있어야 하며, 부모의 시선이 자연스럽게 미치는 곳에 배치한다. 방의 크기는 $7m^2$~$16m^2$ 정도로 한다.

화장실

주택의 전체 규모에 맞는 크기와 사용자의 이용이 편한 위치로 가능하면 북쪽에 배치하고, 일반적인 크기는 $4m^2$ 이상으로 한다. 침실별로 독립된 욕실이 이상적이지만 경제적 측면과 건물의 크기에 따라 욕실수를 조절한다.

결로방지와 냄새 및 수증기 배출을 위해 외기와 노출된 위치에 배치하여 환기가 자연적으로 될 수 있도록 하고, 창문 크기는 300mm×300mm로 하며, 화장실문의 크기가 좌변기에 닿는지 여부에 따라 화장실문 폭을 700mm부터 900mm 범위 내에서 융통성 있게 조절한다.

현관

주택의 위치 조건과 도로와의 관계, 대지의 형태에 의해 결정하고 외부에서 쉽게 보이는 계단, 복도의 동선이 원활한 위치에 배치한다. 규모는 가족구성원, 방문객, 주택의 크기에 따라 현관문에서 최소한 폭은 1,200mm에 깊이는 방까지 900mm 이상으로 한다.

현관과 바닥 차이는 일반적으로 계단의 한 단 정도인 15cm~21cm 높이로 하고, 현관문 크기는 높이 2,100mm 이상, 폭은 950mm 이상으로 한다.

베란다

세탁기와 빨래건조대, 가스보일러가 세입자세대에 기본적으로 설치되며, 주인세대는 통상적으로 부엌과 연계하여 보조싱크대나 김치냉장고를 겸하는 $7m^2$~$10m^2$ 이상의 크기이고, 문 크기는 750mm로 한다. 세탁기, 가스보일러, 빨래건조대, 빨래보관실이나 기타 수납장을 설치하여 계절에 따라 불필요한 것들을 보관할 수 있게 한다. 특히 세입자세대는 수납공간이 많이 부족하므로 베란다를 잘 활용해야 한다.

잠깐만요 **가다가 뒤돌아보았네!**

고대 그리스에서는 납작한 돌, 로마시대 서민들은 마른풀과 이끼, 13세기 백제에서는 길이 20cm, 너비 2cm인 나무로 만든 뒷간주걱, 루이 14세는 양털, 17세기 러시아에서는 전나무로 만든 작은 삽으로 사용했다.

1857년 미국에서 낱장으로 포장된 각 장의 화장지에 '조지프 게이티'라고 자신의 이름을 새겨 시판했다. 그러자 미국인들은 "읽을거리도 없는 종이를 누가 돈 주고 사는 미친놈이 어디 있어! 공중화장실에 가면 공짜로 비치한 신문을 보고 볼일도 보는데"라고 말했다. 그래서 사업은 망했고 화장지에 새겨진 이름에 그야말로 '이름에 똥칠'했다.

그 당시 공중화장실은 칸막이가 없어 서로의 엉덩이를 보며 나란히 앉아서 볼일을 보았었다.

1974년에 화장지가 처음으로 우리나라에서 시판되었지만 나는 계속 신문지로 볼일을 보았었다. 신문인쇄잉크 때문에 하얀 팬티에 까맣게 묻곤 했었다. 지금 와 생각해보면 그 당시 팬티는 왜 하얀색 밖에 없었는지, 그리고 1978년에 드디어 신문지에서 해방되었다.

지금도 그 이유를 알 수는 없지만 오랫동안 화장지를 사용하면서도 변 닦은 화장지를 휴지통에 버렸다. 그리고 2008년이 되어서야 변기통 속에 변 딱은 화장지를 버렸다.

다락방

다락방은 평균높이 1.5m 이내의 경사지붕일 때 최고높이 1.8m 이내이며, 난방과 수도시설을 설치하면 불법이다. 가구 수 늘리기 방지를 위한 것이라고 보면 된다. 평균높이 제한은 있지만 사용할 수 있는 공간이 많이 나온다.

천장과 동반되고 하늘과도 교감할 수 있는 공간구성을 효율적으로 사용한다. 특히 어린이의 오락실이나 서재, 명상의 공간 등으로 활용할 수 있다. 만약 다락방에서 이어지는 옥상정원을 만들 수 있는 공간이 나온다면 그 활용도는 배가 될 것이다.

어릴 때에 다락방은 추억과 낭만을 주는 공간이다. 점포주택은 다락방설치가 힘들 수 있지만 전원주택에는 설치하는 것이 좋겠다. 아이들에게 좋은 추억을 주는 부모가 되자.

지하층

건축주가 지하층을 개인 작업실, 화실, 음악실 등의 활용 목적이 아니라면 굳이 지하를 파지마라고 권하고 싶다. 그러나 반지하가 나올 수 있는 급경사 땅이거나 선큰가든을 만들어 1층 상가의 경쟁력을 높일 수 있다면 고려해 볼만한 가치는 있다. 가능한 환기와 채광을 확보할 수 있어야 하고, 결로발생과 방수, 그리고 공사비가 비싸다는 장애요소는 있다.

점포주택

1층 상가 배치는 주거우선보다 상가를 이용하는 고객이 쉽게 접근할 수 있는 배치가 우선되어야 하고, 수익률이 우선인 점포주택이므로 설계에 한계가 있을 수도 있다.

설계사 선정은 그 지역에 거주하는 설계사에게 맡기는 것이 설계비도 저렴하고, 건축공사에 필요한 많은 정보수집이 가능하며, 특히 준공에 필요한 특별감리사는 현지설계사가 지정되므로 아무래도 유리하다.

상가주택계획

점포주택의 주차대수 산정은 지자체마다 다르므로 조례를 확인해야 한다. 설계도면에 주차계획도를 포함시켜야 한다. 점포주택지에서 주차장은 매우 중요하다. 주차대수가 많으면 상가면적이 작아지고 주차대수가 적으면 상가면적이 커지나 주거세대수는 줄어든다.

또한 수익분석을 철저히 해야 한다. 상가임대가 잘 나가고 상가 수익창출이 좋은지 아니면 주거임대 수익률이 나은지 인근 부동산중개소에 문의하거나 주변 상권을 분석해 본 후 주차대수를 결정하는 것이 좋다.

1층 상가는 하나로 통 임대를 기본으로 하되 분할 임대에 대비하여 상가중심선을 기준으로 양쪽으로 수도관과 오수관을 설치한다. 주거임대 가구수가 정해졌다면 원룸, 투룸, 쓰리룸으로 할 것인지 결정해야 하는 데 상당히 중요하다. 나의 경험상 원룸을 구하는 세입자는 많은데, 공급이 적으므로 원룸형으로 한 번쯤 고려해보는 것도 좋다.

주인세대는 직접 거주할 것인지, 승강기는 설치할 것인지, 태양광 설치 여부 등을 설계 시 미리 반영하여야 공사시간과 공사비를 절약할 수 있다. 또 건물의 지붕이 평지붕일 때 중정에 화단조성 여부와 다락방은 어떻게 사용할 것인지 여부를 설계에 반영해야 한다.

직접 거주 시 지금 사용하고 있는 가구를 가져올 것인지 아니면 붙박이장으로 설치할 것인지를 설계에 반영하고, 특별히 만들고 싶은 공간이나 수납공간이 있는지와 주인세대에 시스템 에어컨을 설치할지, 만약 원룸일 때 에어컨, 세탁기, 기타 가전제품과 붙박이장을 설치할 것인지 등을 결정해야 한다.

주차대수 산출근거(판교신도시 옥외 자주식)

근린생활시설은 111.23㎡ (111.23/135=0.82대), 근린생활은 법정 1대, 2층은 전용면적 세대당 85㎡ 이하일 때 109.8/70=1.29대에 2가구, 3층 전용면적 세대당 85㎡ 초과일 때 119.65/70=1.70대에 1가구, 다가구주택은 합계 법정 3대, 상가는 법정 1대로 총합계 4대이다.

잠깐만요 **가다가 뒤돌아보았네!**

1927년 독일에 설계사 클라인이 최초로 지금의 주거형태와 같은 구조로 설계를 했던 그는 방의 크기, 방문 위치, 빛을 최대한 받아들일 수 있는 창문 위치, 가구의 형태, 주거공간구조 등 개인생활을 중심구조로 서로가 방해받지 않는 개인주의적 생활형태로 설계했었다.

그러나 이제는 새로운 주거설계를 할 때가 된 것 같다. 지나친 개인주의적 생활형태는 외로움과 우울증이라는 정신적 이상의 병이 주거 안으로까지 침입했다.

이제부터 소통하는 새로운 구조와 환경에 따른 설계를 해야 한다고 생각한다. 건축의 역사를 보면 불가능하다고 생각했던 것들이 현실로 다가왔다.

점포주택의 허가조건

가. 용도는 1종, 2종 근린생활시설(전체 면적의 40% 초과 금지)

나. 단독주택 중 다가구주택. 주차대수에 따라 정해진다.(필지분양 시 주택 주 조건이 주어짐)

다. 불허용 : 안마시술소, 단란주점, 철탑 있는 골프연습장, 종교집회장, 유기장, 노래연습장, 게임장, 제조업소, 수리업소, 고시원(기타 분양 시 제한 있을 수 있음)

라. 건폐율 : 건물바닥면적이라고 생각하면 되고, 60%×100평=60평이 건물 바닥평수이다.

마. 용적률 : 연면적이고, 180%×100평=180평이고 60평으로 올렸을 시 3층이 되는 것이다.

바. 4층 이내이고, 허용가구수 5가구(분양 조건에 따라 증감될 수도 있음)

사. 경사지붕(동서방향의 용마루 권장)

아. 색채, 경관 지침계획 권장

자. 건축한계선 1미터 도로변 및 보행자 도로면(용인시 역곡지구 토지분양 내용임)

추천 설계도면

1층 상가 부분은 수익률을 극대화하기 위해 이동인구의 접근성을 좋게 해야 한다. 가능한 한 도로 전면에서 상가가 잘 보이도록 설계해야 한다. 대지 위치만큼이나 상가배치도 중요하다. 상가면적은 약 25평부터 50평의 대지 크기와 상가 위치에 따라 달라지며, 건축주는 1층의 층고높이를 법적 허용범위의 최고로 높여야 상가가 크고 시원하게 보인다. 특히 화장실은 남녀 구분하여 배치해야 하는데, 만약 승강기가 설치될 경우에는 상가면적이 작아진다.

상가 바닥높이는 바로 앞 인도높이 보다 10cm 이상 높게 만든다. 가능하면 계단을 만들지 않고 상가고객이 편하게 출입하는 것이 좋은 상가이다. 그리고 계단 밑에 여자화장실을 배치하는 것은 소변기가 필요 없어 남자화장실보다 좀더 작은 공간을 차지하기 때문이다.

계단 밑에 화장실 높이가 안 나올 수도 있으므로 1층 층고높이는 최소 2,200mm가 되어야 화장실 돔을 설치할 수 있다.

주택 주출입구부터 엘리베이터까지 50cm~100cm 정도의 경사계단을 설치해야 유모차 등이 올라 갈 수 있고, 계단 밑으로 여자화장실도 배치할 수 있다.(p67 참고)

현실과 다른 설계도면

일조권을 받는 층고 최고높이는 11.95미터이고, 1층 층고높이는 4,000mm, 2층 2,700mm, 3층 2,800mm, 난간높이 300mm인 경우 계단높이는 18cm 이하로 시공하고, 1층은 상가의 층고를 최대한 높여 크고, 시원하게 보이게 하려고 대부분의 건축주들이 요구함으로써 2, 3, 4층보다 층고가 높아 계단개수가 많아지거나 계단이 가파르고 잘못하면 2층 계단 밑에 머리가 닿는 불상사가 생길 수 있다. 따라서 건축주는 설계 시 1층 계단 부분만 상세설계도면을 추가로 요구하는 것도 좋은 방법이며, 참고로 지하철의 계단높이가 15cm인데, 안정감이 있다. 그리고 계단이 잘못 나오면 건물의 가치가 떨어져 보이고 계단은 건물의 얼굴이므로 건축주가 꼭 챙겨야 할 부분이다.

일조권은 전용주거지역, 일반주거지역 안 남쪽 대지의 일조권 확보를 위해 정북방향 건축물의 높이는 대지경계선으로부터 정한다. 대지위치에 따라 일조권, 사선제한, 도로 확보에 따라 각 필지마다 층고높이와 주차대수의 증감으로 인하여 가구수가 늘거나 줄 수도 있다. 따라서 땅 구입 시 가설계를 해보고 땅을 매매하는 것이 좋다. 건축물을 어떻게 설계하느냐에 따라 수익률에 차이가 생길 수 있다.

설계사가 자기 도면을 가지고 직접 시공까지 하는 경우는 요즘엔 극히 드물다. 그래서 설계도면이 현장상황과 맞지 않는 경우도 있고, 구조가 비효율적인 경우도 간혹 발생한다.

판교에서 시공한 도면과 시공 시 변경된 도면을 참조하여 설명하고자 한다. 도면 2층 판교의 설계도면에서는 침실을 거쳐 베란다로 들어가는 것을 시공에서는 다르게 공사한 건축물이다.

판교 도면을 보면 작은방 쪽 베란다에서 보일러가 작동하며 세탁기가 돌아가는 소리 때문에 소음이 발생한다. 만약 학생이 거주할 때는 책상과 침대 설치가 복잡하며, 베란다의 세탁기까지 왕래가 자유롭지 못하다.

그래서 거실 한쪽에 베란다를 설치하여 주거공간을 효율적으로 사용할 수 있도록 한다. 실제로 건축을 잘 하는 시공사는 도면에 얽매이지 않고 공간의 효율성을 높이기 위해 현장구조에 맞는 맞춤형 건물을 시공할 것이다.

설계도면과 실제 건물은 다를 수도 있다.

설계도면과 다르게 시공될 수 있으며, 건물구조가 여러 번 변경될 수도 있다고 생각해라. 다만, 선시공 후에 설계도면과 다르게 될 때는 건축법상 문제가 발생할 수 있으므로 설계사와 충분히 상의한 후 시공해야 한다.

건축주가 원하는 대로 비록 2층 건물골조가 끝나고 오늘 마지막 층 골조공사가 시작 전이라도 건물구조를 변경하고 싶다면 변경해야 한다.

한 번은 판교신도시 건축주 부인이 주방과 거실이 작다고 도면과 다르게 공사 당일에 시공변경을 강력히 요구하여 설계도면과 다르게 시공한 도면을 첨부한다.

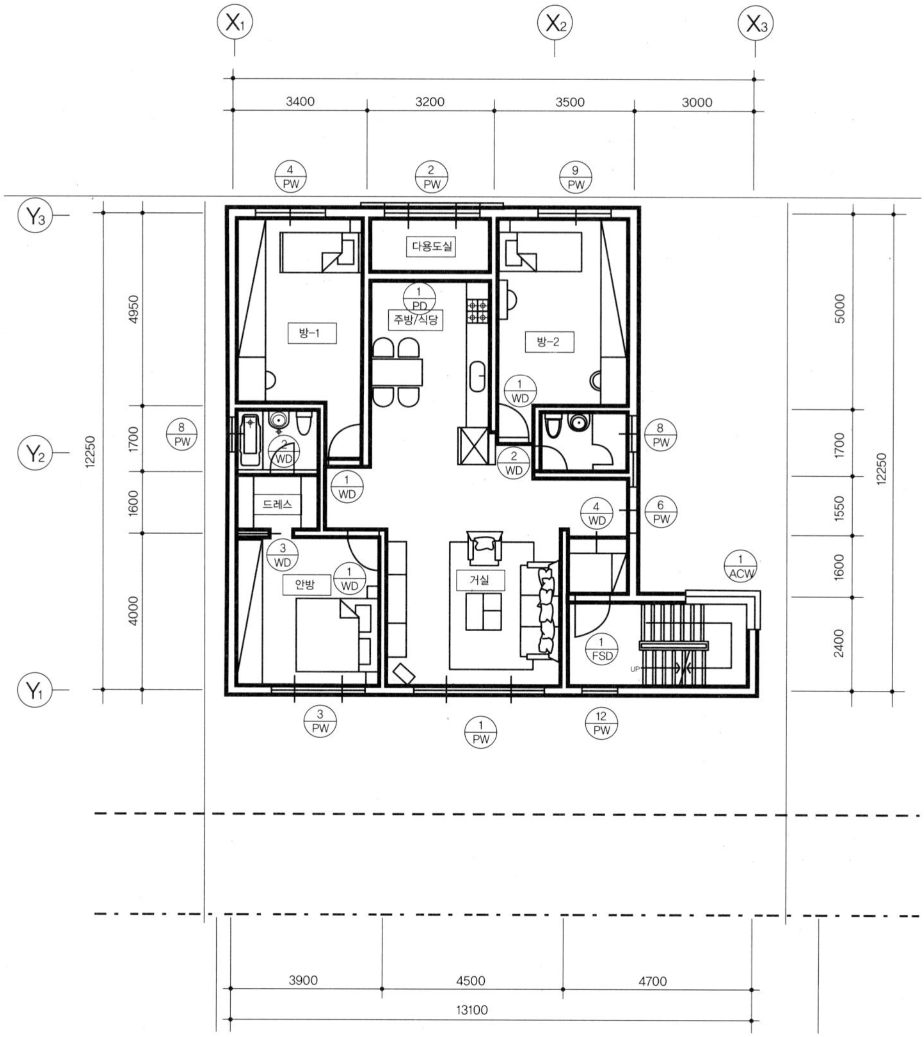

기존도면

3층 안내도

축척 : 1/100

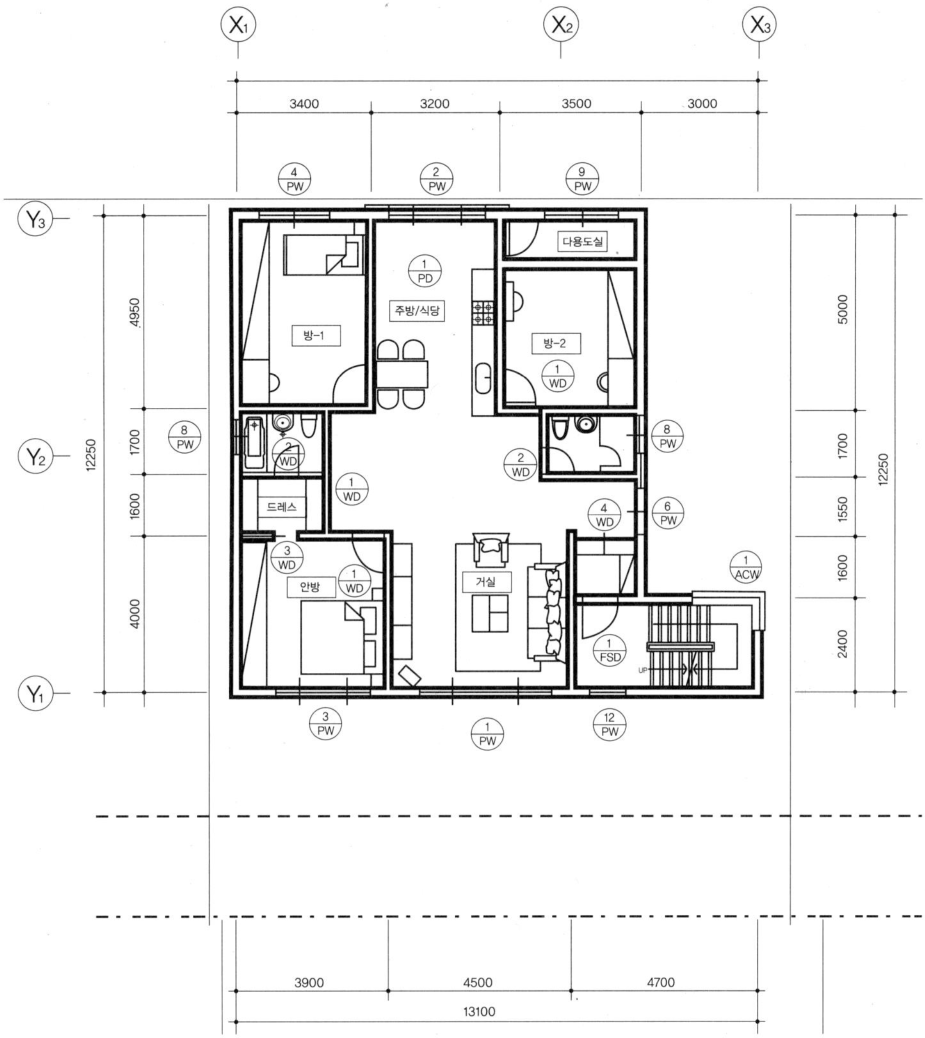

시공도면

3층 안내도

축척 : 1/100

※ 다용도실을 도면표시 방-2를 축소한 곳으로 옮기고 방입구가 길고, 좁게 나온 부분을 제거하고 거실과 주방을 크게 만들었다. 건축주의 취향이나 특별한 사용목적이 있을 때(화실, 작업실, 기타)는 설계도면과 다른 시공을 할 수도 있어야 한다. 지금 시공하고 있는 건물은 설계사나 시공사의 것이 아닌 당신의 것이라는 점을 명심하고 눈치 보지 말고 만족할 때까지 설계변경을 계속 시도한다. 건물 내부구조는 "지금 거주하고 있는 건축주의 집을 중심으로 생각하고 판단해야 실패가 적다"

잠깐만요 경험의 한수

건축현장의 준비물은 줄자, 카메라, 안전화, 재미있는 건축 관련 책, 설계도면과 필기도구까지 챙겨서 공사현장에 간다.

충남 보은에서 공사한 경험이다. 택지조성이 안 된 땅이라 토목공사 명목의 부대비용이 발생하였고, 상하수도 및 정화조 등의 별도 추가비용도 발생했다.

중장비 대여비와 기타 자재비도 수도권보다 비싸며, 현지에서 실력 있는 기술자를 구하기가 어려워 인건비도 더 들어갔다. 특히 수도수압이 낮은 경우가 있으므로 상하수도관로 증설까지 고려해야 한다.

한 번은 건축자재를 하차하기 위해 지게차를 불렀다. 그러나 서울보다 만 원이 더 비싸서 깎으려 했으나 가타부타 아무런 말도 없이 지게차를 끌고 돌아가버렸다. 그래서 다른 지게차를 불렀는데 역시 가격은 똑같았다. 또 깎으면 말없이 갈까봐 눈치를 보며 일을 시켰다. 나중에 알게 된 사실은 그 당시 보은에는 지게차가 딱 2대 있었는데 그 지게차기사들은 형제지간이었다.

또 다른 공사경험은 경기도 광주시 퇴촌면에서 노유자시설물을 토목공사할 때이다. 주변사람들의 민원을 방지하기 위해 앞집 사람이 요구하여 주차장터도 만들어주었고, 옆집에는 하수구도 공짜로 정리해주었다.

시골에서 전원주택을 짓고 싶은 미래의 건축주들은 그 지역에 대해 설계사와 충분한 토지검토 및 주변환경을 파악한 후 공사를 진행해야 실수가 적고 공사비도 절약할 수 있다. 만약 택지지구가 아닌 지역에서 공사를 한다면 예상치 못한 변수가 많이 발생하고, 또한 해당 지역마다 소히 '텃새'라는 것이 있기 때문에 주의해야 한다.

공사 전 주요 점검사항

햇빛과 전망이 좋은 방향은 분양된 땅모양에 따라 다르지만 신축건물의 옆집과 경계선 말뚝의 위치 및 도로 폭을 확인한다. 자동차 출입이 자유로운지 주차장 위치를 확인하며 옆집 경계선과 외벽, 발코니, 돌출창, 캐노피가 50cm 이상 떨어졌는지 등을 확인한다.

옆집 땅에 들어가 공사하는 일은 없는지, 건물높이를 결정하는 높이의 기준점은 확인했는지, 도로면과 1층 상가 바닥높이의 차이를 확인한다. 계단높이와 계단수와 단 너비를 확인하고, 현관 바닥면과 출입구 바닥높이와 1층 상가 바닥면과 인도의 바닥면 높이를 확인한다. 옆집이 먼저 완공되었다면 옆집 창문과 마주보는 위치인지 확인하고, 에어컨설치 공간이 충분히 떨어져 있는지도 확인한다. 옆집의 땅과 건축대지의 높이가 다를 때는 흙막이대책을 세워야 하고, 터파기를 해보고 육안으로 지반이 약해 보이면 지반조사를 해야 할지 여부도 검토하고, 지반이 약할 때는 파일을 박을지도 조사해야 한다.

주차장길이 들어오고 나갈 때 화장실문의 개폐가 자유로운지 등을 확인하고 승용차가 주차장으로 오를 때 차 바닥이 긁히지 않도록 높이를 조절해야 한다. 게릴라성 호우 등의 장마에 대한 대책과 트렌치설치 여부, 나무의 성장 크기까지 감안하여 조경계획을 해야 한다.

사생활보호나 방범대책으로 CCTV설치를 검토하고, 자전거는 어디에 설치할지, 그리고 외부에 수도호스나 청소도구 등은 어디에 설치할지, 특히 외부 수도설치 시 겨울철에 동파되지 않도록 보온계획까지 세운다. 가스인입 위치가 외관 디자인에 장애가 되는지와 전기와 가스계량기는 외관상 좋은 위치인지를 확인하고, 특히 계량기 점검이 쉬운 장소에 배치한다. 상가용과 주택용 수도계량기는 가능하면 동파방지를 위해 실내계단복도 안에 설치하는 것을 고려해본다.

옥상의 우수관에서 빗물이 현관출입구 바닥으로 떨어져 겨울철 빙판이 되어 사고가 나거나 우수관로가 창문 가운데로 지나가는 일이 생길 수 있으니 우수관로 위치 선정을 잘해야 한다.

행정안내 (분당구청에서 공사 전에 받은 안내문 일부를 발췌함)

건축허가를 받은 날로부터 1년 이내에 건축공사에 착수하지 아니하거나 불가능하다고 인정되는 경우에는 건축허가를 취소합니다. 우리 구에서는 사전 건축허가제를 운영하고 있습니다.

착공 시 다음 사항을 이행하시기 바랍니다.

- 공사시공자는 건축물의 규모, 용도, 설계자, 시공자, 감리자 등을 표시한 건축허가표시판을 주민들이 보기 쉽게 해당 건축공사현장의 주요출입구에 설치해야 합니다.
- 우리 과에서는 판교지구 건축물준공과 관련하여 입주민통행과 민원사항에 적극적인 대책으로 불법주정차 해소를 위해 다음과 같은 사항을 준수해주기 바랍니다.
- 건축허가 및 공사착공신고 시 공사차량으로 민원이 발생하지 않도록 주의하여 주시기 바랍니다. 토지가 연약지반일 경우 지반의 지지력, 내려앉음, 솟아오름에 관한 시험을 실시하여 흙 바꾸기, 다지기, 배수 등의 방법으로 개량해야 합니다.
- 타인의 토지에 피해를 유발하였을 경우에는 민 · 형사상 모든 책임을 져야 합니다. 성토 시에 불법폐기물을 매립하여서는 안 되며, 하수관설치 시 연결 부위에 모르타르처리를 하여야 합니다. 공사 전에 먼지나 소음으로 주민불편이 발생하지 않도록 사전에 방지대책을 수립해야 합니다.
- 기존 도로에 공사차량으로 토사, 오물 등이 노면에 떨어지거나 더럽혀지지 않도록 조치하시기 바랍니다. 기존 도로시설물 파손예방 및 훼손 시에 원상복구해야 합니다. 건설기계나 장비운전 시 공회전하여 소음 및 진동발생이 없도록 하기 바랍니다.
- 이른 시간이나 늦은 시간, 휴일 및 야간공사는 지양할 것. 1층 바닥의 마감높이는 지형적 이유 등으로 인해 불가피한 경우를 제외하고는 전면도로 평균지반고와의 차이는 20센티미터 이내로 하여야 합니다.
- 도로, 상하수도, 경계석, 가로수 등의 공공시설물을 파손한 경우에는 즉시 원상복구해야 하며, 우수의 배수는 자연배수를 권장함. 택지조성공사의 우수, 오수, 상수계획 등 기반시설계획을 충분히 검토하여 설계에 반영하고 공사 전에 설계서와 공사현장 여건과 일치하는지 반드시 확인 후 시공해야 합니다.

지구단위계획에 관련하여...

택지개발사업준공 이전의 건축물준공신청서는 택지개발 해당 공사의 원상복구확인서를 첨부하시기 바람. 오수 및 상수연결관 접합 시 현장감독원이 직접 확인할 수 있도록 하고, 인입관로연결 시공사진을 촬영하여 건축물준공 또는 사용 전에 택지개발 해당 공사의 확인을 받아야 함. 사업시행자는 도로, 전기, 가스, 통신, 상하수도 등의 기반시설 사용에 대하여 시행사인 해당 택지개발공사와 협의해야 한다. 부지 외에 자재적재, 가설물설치, 토사무단적치, 폐기물적치 행위를 절대 할 수 없다.

잠깐만요 **경험의 한수**

한 공정을 시작해서 끝날 때까지 매 공정마다 이 책을 꼭 참고하라. 만약 공정순서의 앞과 뒤가 맞지 않으면 공사비 증가와 공사지연이 되며, 심지어 하자가 발생할 수도 있다. 그리고 마감도 깔끔하지 못하다.

건축은 숨기기 예술이자 마감의 예술이다.

一切因緣生 (모든 것은 인연으로 말미암아 생긴다)

공사 초기에는 전기업자, 설비업자, 골조목수, 철근작업자들이 골조공사에 투입되는데 각각의 작업자를 선정할 때 정말 중요하다.

필자의 경우에는 같이 일하는 멤버가 구성되어 있어 작업자들의 기술숙련도 및 인간성까지 알고 있기에 큰 걱정은 없으나 가끔 이들 중 지방공사나 집안일 때문에 같이 일하지 못할 경우 부득이 새로운 업자를 선정하는 방법을 알려주고자 한다.

주변 공사현장을 다니면서 공사현장에서 일하는 멤버가 구성되어 있는지 봐야 한다. 골조목수, 철근배근작업자, 설비나 전기사장들이 직접 시공에 참여하는지 등의 여부도 매우 중요하다.

특히 형틀목수나 철근배근작업자는 3명 이상 고정멤버가 구성되어 있는지 작업자 간에 분위기는 좋은지 확인하고, 만약 작업멤버가 고정적이지 않다면 용역회사에서 숙련도가 떨어지는 일용작업자가 투입되는 경우도 있다. 그러면 골조공사 시 서로 손발이 맞지 않아 골조가 틀어져 건물마감 시 비용이 더 많이 추가되기도 하고 마감도 깔끔하지 못하다.

골조완공의 두 가지 방법과 장단점

첫 번째는 시공사가 형틀목수와 철배근작업자의 인건비를 각각 지급하고, 목재나 철물을 구입해주며, 펌프카, 포클레인, 지게차, 거푸집 임대 등까지 직접 선정하고 구입을 결정하는 방법이다.

장점은 골조공사에 사용되는 재료비, 인건비, 공사에 투입되는 물량, 등을 알 수 있고 공정순서까지도 배울 수 있다. 공사경험이 많다면 공사비를 절약할 수 있고 시공 중에 구조변경이 아무래도 자유롭다. 차후에 건축업을 계속하려면 이 방법을 선택하는 것이 좋다.

단점은 골조시공과정에 다 참여해야 하므로 현장에 붙어 있어야 하고, 시공사가 공사경험이 없다면 필요 없는 인건비와 재료비도 발생하고, 공사기간이 길어질 수도 있다.

두 번째는 형틀목수와 건물면적에 평당 가격을 책정하여 진행하는 골조완공하도급계약인데, 레미콘, 철근구입, 단열재, 설비나 전기작업자만 제공하여 골조를 완공하는 방법이다. 장점은 시공초보자나 직장이 있는 건축주가 시공하기에 좋고, 공사기간이 짧아질 수도 있다. 단점은 구조변경이 자유롭지 못하다. 시공사와 골조하도급자 간에 공사구분이 명확하지 않아 주변정리 및 자재정리가 난장판이 될 수 있으며, 시공자가 건축에 대해 완전초보라면 불량시공이 될 수도 있다.

요즘에 주택공사현장에 가보면 두 번째 방법으로 골조를 시공하는 시공사가 점점 많아지고 있다. 아무래도 더 편하고 책임소재를 덜 받는 지금의 세상추세와 비슷하게 가는 것 같다. 건축주는 이런 것 까지도 파악하여 대처해야 한다. 공사현장의 많은 작업자 중 한 명은 반드시 존재한다. 성질이 더럽고 매사에 부정적이며 일할 때 요구사항도 많다. 그러나 일 하나는 '똑' 소리나게 잘한다. 등소평 왈(曰) "검은 고양이든 흰 고양이든 쥐만 잘 잡으면 된다." 비록 속은 부글부글 끓지만 살살 비위 맞춰주며 일하는 게 낫다. "성질은 더러워도 일만 잘하면 된다."

특히 설비작업자는 사장이 시공에 직접 참여하는 것이 선택의 필수조건이다. 그리고 설비공사가 건물에서 가장 중요한 부분이기도 하다. 또한 하자도 제일 많은 작업 중 하나이다. 공사가 끝나고 입주해 살더라도 건축주는 설비업자와 전기업자의 연락처 정도는 반드시 보관해야 한다.

너무나 마음이 아프다.

판교신도시에서 커피사업 관련 일을 하는 정 사장님의 건물신축공사 때의 사건이다. 설비업자가 방바닥 엑셀관로에 못을 박아놓았다. 보일러만 틀면 더운물 때문에 엑셀관로가 팽창하여 물이 1층 상가 천장에서 똑똑! 한 방울씩 떨어졌다. 이 일로 인해 공사비뿐만 아니라 정사장님과 나는 원수지간이 되었다. 정 사장님께 고개 숙여 사과드립니다. 제가 부족했던 탓입니다.

이후 하자 부분을 찾고자 약 2달 동안 고생했다. 결국 2층 방바닥을 다 까부수고 보니 베란다 문 밑에 박아놓은 못을 발견했다. 그리고 못을 제거한 후 하자 보수하니 드디어 물 새는 것이 멈추었다. 나중에 알게 된 사실은 설비업체 사장이 직원에게 월급을 안 주자 부하직원들이 건물에 해코지를 했던 것이다.

지금도 공사할 때마다 다시는 인간쓰레기 같은 사람을 안 만나기를 기도한다. 그리고 공사 시작부터 끝날 때까지 정말 조마조마하다.

수도나 보일러관로에 방통 모르타르치기 전후에 수압기를 걸어 새는 곳을 미리 점검할 수 있는 기구가 있다. 그러나 보일러온수는 수도 수압기로도 확인이 안 된다. 보일러가 작동을 안하면 안 새고 보일러가 작동하여 온수가 될 때 보일러관로에 열이 가해짐으로써 팽창하여 못박은 틈으로 물이 샜던 것이다.

잠깐만요 **가다가 뒤돌아보았네!**

이 책을 구독할 때 고정관념을 탈피하고 사고전환해보세요. 그리고 편하고 재미있게 읽어보세요. 여기 고정관념 속에 갇혀 있는 이야기가 있습니다.

고집 센 송아지를 외양간에 넣으려 고삐를 당길 때 앞발로 버티면서 안 들어간다면 고삐를 잡는 대신 송아지 엉덩이쪽으로 가서 꼬리를 잡아당기면 바로 외양간으로 들어간다.

옛날 초가집을 보면 방문의 높이가 낮아 우리 조상님들이 키가 작다고 생각하지만 사실은 방문을 만드는 데 목재가 비싸고 단열에도 전혀 도움이 안 되므로 작게 만들었을 뿐 조상님의 키와는 관계가 없다.

서랍장이 발견되기 전에는 바닥에 있는 것을 꺼낼 때면 위에서부터 꺼내는 불편을 수천년 동안 계속 했었다. 1600년이 되서야 드디어 고정관념을 탈피한 사람이 서랍장을 개발했다.

1912년. 농구골대 그물 밑에 구멍을 뚫을 생각을 못했다. 이유는 모르겠지만 득점할 때마다 사다리를 타고 올라가 농구공을 갖고 내려왔다. 1920년 미국에서 라디오 방송할 때 지금도 그 이유를 모르겠지만 보는 사람도 없는데 턱시도에 양복을 입고 방송했었다고 한다. 1920년대에 여자교환수를 모집하기 전까지 보는 사람도 없는데 상투를 틀고 수염을 기른 한복입은 남자가 교환수로 근무했다.

2014년. 지하철 한쪽은 계단, 다른 한쪽의 에스컬레이터에서 폭도 좁은데 굳이 걸어서 오르거나 내려가는 사람들을 보면 이해할 수가 없었다. 옆에는 계단이 있음에도 불구하고...

2015년. 건설중인 아파트공사현장에서 일하다가 문득 생각해보니 분양할 때 모델하우스에 있던 냉장고, 주방가구, 세탁기, 벽걸이TV, 에어컨, 소파, 침대는 실제 입주할 때는 없는 것들이다.

입주하는 아파트에 도배지, 위생도기, 주방가구의 색상과 모양은 입주자가 직접 선택할 수 없는 것일까? **아파트 분양 역사가 50년도 넘었는데 사고 전환하는 아파트 시행사는 진정 없단 말인가?**

직영건축시 작업자와 계약하기

직영으로 공사를 한다면 두 가지 방법으로 하는데, 건축주가 두 가지 중 하나를 선택하면 된다. 철근작업자의 인건비까지 포함할 수도 있고 별도로 계약할 수도 있다.

형틀목수계약

첫 번째 방법은 건물면적에 공사비 단가를 계산하여 공사비를 지급하면 골조만 완공해준다. 형틀에 모든 작업자의 인건비와 중장비, 자재비, 철물비, 가설재 임대비, 인부들 식비나 간식비 등을 형틀목수 팀장이 다 지급한다,

장점은 건축공사에 대한 초보자나 바쁜 직장인들이 선택하면 편하다. 양심적인 형틀목수를 만난다면 정말 복받은 것이다. 공사기간이 짧아질 수 있다.

단점은 건축주가 건축을 알아갈 기회가 없고, 인건비나 자재비, 중장비 임대료의 단가 및 지출내역도 알 수 없다. 직영으로 할 때보다 공사비가 많이 들어간다. 공사현장의 자재정리정돈이나 쓰레기 청소 등이 제대로 이루어지지 않는다. 건축주가 공사현장에 없고 건축을 모르는 데다가 만약에 불량한 형틀목수까지 만나면 골조가 바르게 시공되지 않아 마감공사 때 공사비가 더 들어가게 된다.

두 번째 방법은 모든 작업자의 인건비를 일별이나 주별이나 월별로 직접 지급하고, 자재비, 중장비와 가설재 임대비용 등을 각각 지급하는 방법이다.

장점은 계속 건축을 하실 분이나, 건축을 알고 싶은 건축주는 이 방법을 선택하라. 모든 인건비와 중장비, 자재비 등의 자금 흐름을 파악할 수 있다. 또 업무의 흐름을 알 수 있고 '일목'이 전체적으로 파악된다.

단점은 업무량이 많아 골조공사 시에는 현장에 항상 붙어 있어야 한다. 간식 챙기기는 물론이고 아침과 점심식사까지 책임져야 한다. 공사장비나 가설재, 포클레인, 지게차, 펌프카를 형틀목수가 요구하면 불러 주어야 한다. 건축주가 공사경험이 없다면 공사기간이 길어질 수도 있고 형틀목수에게 끌려 다니기 십상이다. 그러나 필자의 책을 정독한다면 걱정할 것이 없다. 필자가 다 경험하고 남몰래 울면서 배워서 정리해 놓은거라 실전에 응용하면 큰 도움이 될 것이다.

기타 계약사항

전기나 설비의 인건비계약은 건물 평당에 금액을 산정해서 건축주가 따로 계약을 해야 한다. 철근과 레미콘 구입비는 둘 중 어느 계약을 하더라도 건축주가 자재비를 지급해야 한다.

인건비 산정방법은 공사현장의 여건이나 지역마다 다르고, 인건비는 매년 상승하므로 서로 상의해서 주변 시세에 맞게 계약하면 된다.

필자가 경기도 광주시에 건축공사를 2017년 9월부터 시공합니다. 견학하고 싶은 독자가 있으며, 먼저 연락을 하고 오면 공사현장을 둘러 보면서 시공과정을 알려 드리겠습니다.

철근콘크리트조

• 골조공사 시작 • 엘리베이터 • 철근배근 • 새우 싸움에 내건물 터진다
• 거푸집공사에 사용하는 것들

철근콘크리트

골조를 목재로 선택한 건축주는 건물 외벽을 콘크리트로 시공하는 것 이외에는 모든 분야가 똑같으므로 자신에게 맞는 분야만 선택하여 읽어보세요. 19세기 초부터 유럽에 인구 도시집중화 및 목조건물의 대형화재로 대도시가 초토화되어 그때 대부분의 건축법이 만들어졌다. 그리고 목조건물의 대형화재로 인한 목재의 고갈은 새로운 건축외장재가 필요하게 되었고, 그 대안은 벽돌건물이었다. 그러나 벽돌건물은 8층 이상 올릴 수 없는 한계점을 개선했어야 했으며, 이후에 골조외벽에 앵커를 박아 외장재를 고정시키는 패널방식이 발전하여 벽돌도 8층 이상 쌓는 시공이 가능해져 무엇이든 외벽에 붙이는 시대가 왔다.

더욱이 철근의 제조기술 발전으로 철근콘크리트가 사용되었고 결정적으로 승강기의 발명으로 고층건물이 탄생된다. 그러나 1920년대까지 진보적인 건축가들은 이를 받아들였으나 보수주의 건축가들은 철근콘크리트를 외면했고 주로 철골조에 외부마감하는 방식을 더 선호하였다. 그러나 제2차 세계대전으로 전쟁무기를 사용함에 따라 강

철의 공급량이 부족하여 어쩔 수 없이 콘크리트에 눈을 돌렸고, 1960년대만 해도 충분한 검증을 거치지 않아 대중에게는 값싸고 조잡한 재료라는 인식이 강했다.

지난 40년 동안 수많은 공사 경험으로 이젠 건축가가 가장 선호하는 재료가 되었고 대중에게도 사랑받게 되었다. 필요한 모양과 원하는 치수대로 건축물을 자유롭게 만들 수 있고 내구성과 내화성이 크며 공사비와 유지비가 저렴하고 진동충격에도 강했지만 콘크리트 자체만으로는 인장력이 약하여 철근을 보강함으로써 '철근콘크리트'라는 명칭이 탄생하게 되었다. 철근과 콘크리트의 일체구조이며, 설계나 의장이 자유롭고 유지비와 관리비가 적게 들며 재료 구입이 용이했지만, 중량이 크며 균열이 발생하고 부분적으로 파손되기 쉬웠으며 시공 후 검사나 개조 보강이 어렵고 파괴 및 철거가 곤란한 점도 있었다.

나의 개인적인 생각은 내 집 안의 환경만 생각하여 무조건 목조건물을 선호하는 것은 나무벌채로 인한 사막화와 온난화의 가속화가 이루어지므로 내 집 밖의 환경도 고려한 철근콘크리트를 사용하는 것에 적극 찬성하는 편이다.

콘크리트

시멘트는 보통포틀랜드시멘트가 사용되고, 모래는 잔골재, 자갈은 굵은골재라고 한다. 골재는 천연골재와 인공골재로 구분되고 인공골재는 강자갈 또는 깬자갈을 사용한다. 골재에 유해한 먼지나 흙, 유기불순물, 염화물질이 포함되지 않고 내화성과 내구성을 가진 골재로만 사용해야 한다. 그러나 천연골재 고갈과 골재채취 규제로 인한 인공골재 사용이 품질저하의 원인이 될 수도 있다.

콘크리트용수는 수돗물을 사용하는 것이 좋고, 하천이나 호숫물을 사용할 때는 유해한 불순물이 섞이지 않도록 주의한다. 해수나 불순물 또는 이물질이 포함된 물을 사용하면 시멘트강도가 저하되거나 철근을 부식시키는 원인이 되기 때문이다. 콘크리트에 섞는 혼화재는 콘크리트배합 시 첨가하는 재료로 굳지 않은 콘크리트나 경화한 콘크리트의 성질을 개선하고 향상시킬 목적으로 사용한다.

콘크리트는 시멘트, 골재, 물로 혼합한 것으로 원하는 형태로 만들기가 용이하고 습식으로 겨울철공사에는 어렵다. 골재의 굵기는 철근간격의 4/5 이하 피복두께 이하가 되도록 해야 한다.

압축강도에 비해 인장강도 및 휨강도가 작으며, 건조수축성이 있어 균열이 생기기 쉽고 경화하는 데 시간이 걸린다. 따라서 압축력에 저항할 수 있는 압축강도가 중요하고 시공하기 적당한 묽기를 갖고 운반부터 타설까지 골재와 시멘트가 분리되지 않게 한다.

자갈, 물, 시멘트가 균등하게 분산되지 않으면 곰보가 발생하고 강도에도 영향을 미치고, 외기조건에도 내구성의 영향을 많이 받는다.

섬유보강콘크리트는 인장강도와 균열에 대한 저항성을 높이고 인성을 개선할 목적으로 길이가 짧고 단면이 작은 콘크리트에 섬유를 혼합하여 만든 복합재료이며, 그밖에 외벽패널, 커튼월, 지붕재료, 문틀, 계단, 다양한 건축재료로 사용하고 있다.

시멘트의 종류

석회질과 점토질 원료를 적당한 비율로 충분히 혼합하여 소성한 후 급속히 냉각시킴으로써 얻어지는 클링커에 적당량의 석고를 가하고 분쇄하여 만든 것이다.

보통포틀랜드시멘트는 공사 전반에 걸쳐 가장 많이 사용하고 우리나라는 전 생산량이 90%를 차지한다. 백색시멘트는 천연점토 중에 산화철을 제거하고 백색점토를 섞어 넣고 이 시멘트에 각종 안료를 넣으면 각종 착색시멘트가 된다. 주로 도장용, 장식용, 인조대리석 제조용 등으로 사용된다. 착색시멘트는 보통시멘트에 여러 가지 색깔을 착색할 목적으로 만든 시멘트로서 안료를 섞어 착색하는 방법이다. 실내벽의 미장용, 테라조, 타일 제조나 타일붙임용으로 많이 사용한다.

잠깐만요 **가다가 뒤돌아보았네!**

서기 410년도에 멸망 전 로마의 욕장은 지금의 사우나시설처럼 운동도 하고 마사지도 하며 모든 시설이 지금과 비슷했다고 한다. 더구나 가정집에는 수세식 화장실에 기타 일부분만 제외하고는 모든 인테리어 자재를 사용했다. 하물며 벽에 그림을 걸어놓고 감상까지 했다.

그 시대에 대중목욕탕 안의 방수를 목적으로 화산재에 석회를 섞어 만들어진 로마시멘트를 발명했다.

로마 멸망과 함께 사라진 로마시멘트가 약 1400년이 지나 영국의 시골에서 신도도 별로 없고 시간이 너무 많아 소일거리를 찾던 제임스 파커 목사가 로마시멘트를 재발견했다. 그 시멘트는 접착성과 단단하지 않은 단점이 있었다. 그러다가 벽돌시공업자인 영국인 조지프 애스턴트는 시공 중에 벽돌이 무너져 공사대금도 받지 못하고 신뢰가 바닥을 쳤다. 이에 시멘트를 이용하여 비율을 맞추어가며 수없는 실험을 했다. 정확한 크기의 입자로 석회석을 분쇄하고 일정하고 정확한 습도가 있는 흙을 만드는 것이 가장 힘들었다. 기존 석회가마보다 강한 높은 온도로 구웠어야 했기 때문이다. 수많은 시행착오 끝에 현재 사용하고 있는 영국의 도시 지명을 딴 포틀랜드시멘트가 탄생했다.

1965년도 지금의 강남구 신사동에 살던 집들은 양철판 현관문을 들어서면 부엌이 딸린 약 5평 정도의 단칸방 하나에 8명 식구가 먹고자고 했다. 벽은 건강에 좋은 황토벽에 지붕은 여름에 태양열을 많이 받으면 더욱 더워지는 슬레이트지붕이었다. 그 당시는 전쟁 후라 건축자재의 부족에 허겁지겁하던 시절이었다. 특히 장마 때는 한강물이 불어나 홍수가 나면 우리 동네에서 가장 고층건물인 신동국민학교 2층 건물에 피신하여 헬기가 올 때까지 기다려야 했다.

지금의 신사역 근처에는 고목이 된 뽕나무와 농약냄새가 가득한 오이와 야채, 단무지무밭, 수박밭이 많았었다. 그 당시 콘크리트로 만든 직사각형 찬합모양의 폭은 2m에 깊이가 2m에 5개 이상 길이로 만들어진 노깡(일본말, 토관)의 구조물 안에 단무와 황색4호 타르색소에 소금을 가득 넣은 다음 그 위에 쌀가마니를 덮어놓고 커다란 돌멩이를 올려놓았으며, 나와 개구쟁이 친구들은 비가 와서 소금끼가 사라질까봐 오줌도 싸고 그 위에서 놀았다. 내가 본 최초의 노출콘크리트구조물이었다. 그곳에서 만들어진 단무지는 중식당으로 팔려나갔다.

골조공사 시작

터파기와 버림치기

포클레인과 사출할 토사 덤프트럭(25톤) 2대의 중장비를 하루 사용하는 임대비용은 상당히 비싸다. 그러므로 하루에 모든 작업을 끝내야 한다. 깊이는 약 1,200mm~1,500mm 정도 파고 작업반경이 좋게 바닥면적보다 더 넓게 판다.

땅의 지내력은 육안으로 확인하고 토질의 색깔이 다른지 여부와 토층변화가 급격할 때는 설계사나 건축주에게 알린 후 후속조치를 취한다. 현장 주변에 과다한 자재를 반입함으로써 장소가 협소하여 공사 중 안전사고와 장기간 적치로 인한 자재파손 및 분실이 발생하지 않도록 자재 수량과 투입시기를 수시로 확인한 후 반입과 반출한다.

통신, 전기, 수도맨홀 등을 매립해야 하고, 약 25톤(현장용어; 압사바리) 10대 분량 정도의 잔토를 남겨놓고 토사사출하고 엘리베이터 리브식인 경우 그 자리 부분은 땅 깊이를 약 2미터 정도 더 파야 한다. 그리고 되메기 및 화단조성 시 필요하다. 바닥에 자갈을 약 2트럭 분량 이상 붓고 다지기한 후 비닐을 그 위에 씌워 레미콘 2대차 분량(12루베, 루베는 현장용어) 정도로 바닥 버림치기를 한다.

매트공사

바닥 매트형틀 정리가 끝나면 철근배근을 해야 하며 자체 감리에게 전화해 철근배근의 적정성 여부를 확인받아야 한다. 전기배선이 도면대로 잘 배치되었는지 확인하고, 특히 설비배관 입구에 테이프 등으로 잘 막았는지 확인하여 이물질 침투를 방지한다.

수도관로는 보호재로 감싸고 오수관 설치가 바르고 구배가 잘 잡혔는지 콘크리트 타설 시 관이 이탈하지 않도록 잘 고정되어 있는지 등을 확인해야 한다. 철근배근의 간격과 굳기가 도

면과 맞는지 확인한 후 철근배근 사진을 촬영하여 보관해야 하며, 감리자가 현장 사진을 요구할 수도 있다.

타설 순서에 준하여 부어넣기를 하고 진동기로 다짐을 철저히 한 후 반드시 콘크리트 충전 여부를 확인하고 이동한다. 상부 바닥마감은 밀대나 나무흙손으로 평탄하게 고르고 수평을 잡는다.

되메우기

되메우기는 매트공사가 끝난 후 양생이 다된 매트 주변을 되메우기하는 것인데, 골조작업 시 바닥이 평탄하지 않으면 인부들이 빠져 다치거나 자재를 정리정돈하기도 불편하므로 반드시 되메우기하고 바닥면을 단단히 다져야 한다. 매트 주변에 수평이 되도록 되메우기하고, 특히 통신, 전기맨홀을 묻고 다지기해야 한다.

미리 공사할 곳의 계획을 수립하여 포클레인은 반나절 사용으로 경비를 줄여야 한다. 주변 정리를 잘해야 공사 중 안전사고를 방지할 수 있고, 특히 되메우기 시 폐콘크리트나 폐자재는 매입하지 않는다. 되메우기하기 전에 오·배수관로를 촬영해야 한다. 만약 동절기 직전에 터파기했다면 장시간 방치할 경우 지반이 동결되어 땅이 부풀어 올라 지내력이 상실되므로 되메우기는 바로 해야 한다.

레미콘

레미콘 1차에 6루베(무게 13.8톤) 표준명은 레디믹스트콘크리트의 구성요소는 물 15%, 시멘트 10%, 골재 70%로 이루어졌다. 타설 시 기상조건은 최소한 타설 2일 전과 타설 후 4~5일의 기상상태를 검토하고 강풍과 강설인 경우 공사를 중단한다. 그리고 타설 후 양생온도는 10~20℃를 유지해야 한다.

불가피한 겨울철 타설시 급열장치는 갈탄난로, 석유난로, 열풍기 등을 사용하고, 시간당 강

우량이 5mℓ 이상에 하루 20mℓ 이상일 때는 타설을 중단한다. (1루베는 $1m^3$이고 1,000리터임.)

제품별로 자갈 최대치수, 호칭강도, 슬럼프 등에 따라 여러 규격이 있는데, 일반주택에서 사용하는 종류는 콘크리트 납품서에 표시된다. 호칭방법은 종류에 따른 구분에는 굵은골재의 최대치수에 따른 구분 25mm로 호칭강도 210, 슬럼프는 120mm을 많이 사용한다.

만약 건물에 강도를 좀더 높이고 싶다면 호칭강도는 240, 슬럼프에 150mm로 높여 타설할 수 있으나 레미콘 가격이 좀 비싸다. 공장에 따라 제조기술, 제조설비, 품질관리상태에 차이가 있으므로 KS표시 허가공장을 선정하는 것이 좋다. 제조 후 60분 내에서 최대 90분 안에 공사현장에 운반하고, 시간 내에 타설하지 못할 경우 슬럼프가 변화할 뿐만 아니라 균열이 생기기 쉬우므로 레미콘공장은 현장에서 최대한 가까운 곳으로 정한다.

레미콘을 하차하는 지점에서 지정 슬럼프와 공기량 및 강도가 맞아야 하고 슬럼프가 작다고 물을 섞는 일은 피해야 한다. 슬럼프값의 표준범위는 기초, 슬래브, 보 150mm~180mm이고, 기둥과 벽은 180mm~210mm이다.

잠깐만요 경험의 한수

상가는 바닥높이가 중요하다. 도로에서 편하게 출입할 수 있도록 계단이 없는 것이 가장 좋지만 장마 시 상가로 물이 들어 올 수 있으므로 상가 앞 인도보다 처음에는 10cm 정도 높인다.

나중에 2, 3층을 모르타르 방통칠 때 10cm 높여 치는 것이 1층 상가 바닥에 매입되는 수도관로, 전기관로가 깔끔하며, 더구나 1층 상가 바닥 평면에 모르타르로 새시틀이 매입되어 바닥면도 깔끔해진다. 상가를 반반씩 임대할 것에 대비하여 중심에서 양쪽 두 군데로 나누어 수도관과 오수관을 설치하는 것이 좋다.

대우 아파트 현장에서 경험한 것이다. 건물바닥이 낮아 물새는 것을 방지하고자 '수평창 고무지수재'를 설치하는 것을 보았다. 주택에서는 이런 시공을 보지 못하였다. 철물상점에서 구입해 설치를 요구하면 된다. 가격은 생각보다 저렴하다.

콘크리트공사의 특징

제조–운반–타설–다짐–양생 등 각 단계별로 꼼꼼한 과정을 거쳐서 반제품에서 완제품으로 만들어가는 과정이다. 현장 수작업에 의해 최종 완성되는 과정이 중요하므로 철저한 관리로 품질의 편차를 줄이기 위해서는 재료부터 양생까지 각 단계별 노력이 필요하다.

이러한 과정을 소홀히 했을 때 곰보판, 균열의 원인이 되어 비가 새고 내구성도 저하되고 강도 부족이 발생한다. 따라서 기본적인 지식을 알고 충분한 시공계획을 세워 세밀하고 정확히 하는 것이 좋은 콘크리트구조물을 만드는 조건이 된다.

엘리베이터

엘리베이터는 설치할까말까 건축주가 고민하는 경우가 많다. 보통 4층 건물인 경우에 엘리베이터를 설치하는 비율은 약 80% 정도이다. 저자의 경험상 설치를 강력히 추천한다.

건축 통매매시 억 단위의 금액 차이가 난다. 통매입하는 사람은 연령이 보통 50대 이상이고 대부분 4층에 입주한다. 엘리베이터 설치 시 1층 상가 면적과 주거면적의 침탈, 고가의 엘리베이터 가격, 관리유지비 발생의 단점은 있지만 2, 3층 세입자들도 엘리베이터 설치 여부를 따지고 당연히 전세도 잘 나간다.

8인승 엘리베이터 작동방식으로 기계식과 로프식이 있다. 가격은 3천만 원 중후반대이고 로프식이 약간 더 비싸다. 기계식은 옥상 부분에 기계실을 만들어야 하므로 4층 옥탑공간이 침탈된다. 로프식으로 해야 옥상 부분에 수납공간이 확보된다. 골조공사 시 기계식으로 할 것인지 로프식으로 할 것인지 결정해야 바닥매트칠 때 엘리베이터의 최하층인 피트깊이만큼 낮추어 바닥매트를 만든다.

보통 8인승 엘리베이터의 유지관리비는 한 달에 10만원대 중후반이고, 2, 3층 세입세대별로 나누어 관리비에 포함시켜 승강기 유지비용으로 충당하면 된다. 주인세대는 가족만 출입할 수 있는 센서를 엘리베이터 내부에 설치하여 아래층 세대와 차단할 수도 있다.

세입자 관리비는 전 · 월세계약 시 공인중개사사무소에서 작성되는데, 계단청소 및 쓰레기 분류수거, 공동전기료, 승강기 유지비 등으로 사용되고 주변시세에 의해 관리비가 정해진다.

엘리베이터 주요구조의 권상기는 로프식 케이지를 승강시키기 위한 기기로 전동기의 회전을 감속시키는 웜기어가 부착된 바퀴식과 전동기 축에 직접 그물차를 부착시킨 바퀴 없는 것으로 나누어진다.

조속기는 케이지의 속도가 규정 이상이 될 때 작동하여 과속스위치가 작동 전원을 차단하여 브레이크를 걸거나 비상멈춤장치를 작동시키는 장치이다. 완충기 고장의 원인으로 최하층으로 떨어졌을 때 충격을 완화시키기 위해 설치하고 유입식과 스프링식이 있다.

골조공사순서

총공사비에서 골조공사비가 차지하는 비율은 약 27%~35%인데, 점점 오르는 추세이다. 골조공사는 전체적인 공사기간에 영향을 미치며 외벽이 깔끔하게 나와야 한다. 건물 표면이 똑바르고 골조면이 좋으면 미장, 페인트, 도배 등 거의 모든 마감공사의 품질과 공사비, 공사기간 증감에 큰 영향을 미친다.

슬래브의 평탄성 확보를 위해 발코니 턱, 계단실 및 복도의 두겁 부분은 쇠흙손마감하고, 타설순서는 기둥 주변–보–슬래브 순이다.

양생 후에 먹놓기, 수평조절 목 설치, 벽체거푸집해체, 기준먹에서 벽체별 치수를 확인하고 벽체 하부 수평상태를 확인해야 한다.

벽체 철근배근은 벽체 단부 철근의 수직상태를 확인하고 전기박스 주위의 철근간격도 점검한다. 슬래브 등 매립을 확인하고 배근 적정 여부도 확인하며, 개구부 및 부위별 보강철근 누락 여부도 확인한다.

내부벽체 거푸집 설치에는 품타이 누락 여부, 벽체장선, 멍에간격, 하부 틈새를 처리하고, 슬래브 거푸집 설치는 중간에 보조판을 설치한다.

슬래브 평탄면을 기준먹에서 각 벽체의 치수를 확인하고 합판 끝선과 유로폼 상단선과의 일치 여부를 확인한다. 슬래브, 드레인 등 매설물의 기준먹에서 위치를 확인하고, 물끊기홈 및 계단참 끝선의 수평상태를 확인한다. 슬래브 철근배근은 슬래브 주위, 개구부 주위, 계단참, 슬래브 보강철근의 누락 여부를 확인하고, 전기바닥 배근은 전기박스 주위의 용접철망 슬래브배근 전에 누락 여부를 확인한다.

계단 거푸집 내측 형틀 설치, 계단 챌판 수직과 수평 여부, 복도나 베란다 등 내측 거푸집 처짐과 면 파손을 확인한다. 계단은 1층 상가 층고높이를 최대한 올려 신축하려는 것이 건축주의 하나 같은 요구사항이다. 문제는 계단높이와 계단수가 2, 3, 4층과 다를 수 있다는 점이다. 층고높이 관련법상 최소 2,100mm 이상 확보되어야 하고 단높이는 180mm 이하로 단너비는 260mm 이상으로 한다.

설계도면에 1층은 다른 층과 층고높이가 다르기 때문에 계단설계 도면을 설계사에게 요구하여 설계도면에 의한 계단시공으로 머리 닿는 일이 없도록 시공하고 층고높이를 확인 또 확인해야 한다.

철근

철은 탄소함량에 따라 탄소가 1.7% 이상 함유된 것을 주철 또는 선철이라 하고 그 미만의 것을 철강이나 강이라고 한다. 탄소량이 적으면 적을수록 연하고 늘어나는 성질이 커지며 경도가 높아지지만 단점으로 부러지기 쉬운 성질도 있다.

철근콘크리트조 주택에서 철근의 굵기(호칭지름)는 10, 13, 16, 19, 22mm를 주로 사용하고 설계도면의 배근도에 의하여 시공하며, 골조배근 시 감리에게 통보하고 철근배근의 적정 여부를 확인한 후 타설한다. 철근 원산지는 K(한국), J(일본), C(중국)로 표시하고, 제조사는 HS(현대제철), DS(동국철강), HK(한국철강) 등이다.

특히 건축주가 알아두면 좋은 상식으로 철근의 표준길이는 8m이며, 1톤에 10mm의 철근 가닥수는 210개이고, 13mm는 120개, 16mm는 75개, 19mm는 56개, 22mm는 41개라는 것과 만약 표준길이보다 더 길게 주문하고 싶다면 별도로 주문해야 하고 철근값도 상승하게 된다.

이형철근을 사용하는 데 콘크리트와 부착성능을 높이기 위해 원형 단면의 둘레에 돌기가 있도록 제조된 철근으로 길이방향의 리브라 하고 단면 방향을 돌기라고 한다. 이형철근의 마디는 응력집중이 작아지도록 전길이에 걸쳐 일정하게 분포되어 있고 모양과 치수가 동일하다.

철근의 가공은 치수와 모양에 따라 절단기나 절곡기로 자르고 구부리며 열로 가공하지 말아야 한다. 설계도면상에 배근시공도, 표시철근배근도, 철근가공도, 주심각층 바닥평면도, 옥탑 및 지붕 바닥구조 평면도, 기타 평면도가 있다.

콘크리트는 압축에 강하지만 인장에 취약하여 단일소재로서는 건물에 미치는 역할이 부족한 것을 보완하기 위해 콘크리트 속에 철근을 넣어 같이 타설하여 외압에 저항하는 역할을 한다.

철근가공방법

철근배근에 필요한 가공방법은 두 가지 방법이 있는데, 첫 번째는 철근전문가공업체에 철근배근 도면을 맡기면 가공하여 공사현장에 직접 공급해주는 방식, 두 번째는 공사현장에서 철근작업자가 직접 가공과 조립하는 방식이 있다. 큰 공사는 첫 번째 방법으로 가공하고, 작은공사는 두 번째 방법으로 주로 가공하는데, 각각 장 · 단점은 존재한다.

잠깐만요 **가다가 뒤돌아보았네!**

주철은 탄소를 많이 함유하고 있으므로 깨지기 쉬우며 받치는 압력에는 강하나 수평방향으로 힘을 받으면 '뚝' 부러지는 성질이 있다. 그래서 주철을 기둥에 사용하는 것은 가능하지만 지붕이나 벽체에 사용한 경우는 갈라지거나 깨졌다.

1860년 런던의 직물공장에서 주철지붕이 부러져 직공여성 900명 중 200명 정도가 사망했고 상당수는 부상을 당했다고 한다. 그밖에 철도레일이 휘어져 열차가 탈선하여 수많은 사상자가 생겼다. 단철은 수평에서는 튼튼하지만 지속적인 고온에서 수평으로 놓은 상태로 두들겨주고 접고 저어주는 등 제조과정이 복잡하여 검이나 면도칼 같은 작은 것밖에는 못 만들었다. 그러나 1856년 선철에 공기를 불어 넣으면 어마어마하게 폭발하여 죽을 수도 있다고 모두가 말렸지만 아무거나 실험과 발명을 좋아하는 도금업자인 영국인 헨리 베서머는 죽을 각오로 공기를 넣고 조심스럽게 살펴보았는데 다행히 폭발은 안 되었다. 다만, 격렬한 불길만 일어났고 그 불길은 탄소의 불순물을 모조리 태워버렸고, 지금과 같은 단단한 강철이 나왔다.

나무로만 태웠던 것을 석탄을 사용함으로써 강철의 대량생산에 일조했다. 그 당시에 헨리 베서머는 소득세와 부가가치세라는 것이 없었기 때문에 부자가 되었다.

'돈도 남고 이름도 남았다.'

1928년 경성에서 처음으로 버스가 등장했다. 멋있는 유니폼을 입은 여성차장이 있었고 미모에 따라 승객수의 증감이 심했다고 한다.

나는 1989년도에 중고차 프레스토를 처음으로 구입하였다. 난생처음으로 직접 운전하던 중 마주오던 버스를 피하려다 남의 집 담벼락을 박았고 어처구니없는 사고에 주변사람들은 비웃었다.

그것은 나의 첫 운전신고식이었고 자동차철판의 강도를 시험해보았는데, 자동차 앞 범퍼가 다 깨져 어쩔 수 없이 교체했고, 철판은 찌그러졌지만 보수하지 않고 그냥 타고 다녔다. 왜냐면 수리비가 자동차값보다 더 비쌌기 때문이다.

철근배근

철근배근의 기본은 철근의 굵기, 개수, 철근조립과 결속방법, 철근간격과 주철근과 벽배근의 기울기, 스페이스 사용방법에 있다.

철근받침대와 간격재는 콘크리트제품으로 주로 철근 바닥 받침으로 사용하고, PVC제품은 주로 벽철근 간격재로 사용한다. 철제 간격 제품은 현장에서 직접 가공하며 주로 기초철근에 사용한다. 주의할 점은 철제제품은 거푸집에 직접 닿지 않도록 해야 한다. 거푸집해체 후 해당 부위에 피복두께를 확보하지 못할 수 있다.

피복두께란 콘크리트 표면에서 가장 가까운 철근까지의 거리로 외부면 3cm, 내부면 2cm가 가장 좋다. 피복두께 확보는 철근받침대와 간격재로 거푸집과 철근간격을 확보해야 한다. 피복두께 확보 역할은 상당히 중요하다. 콘크리트 표면의 중성화를 방지하고 구조물의 노후화를 지연시켜 준다. 그리고 철근부식을 방지하고 부착성을 높여준다.

피복두께가 너무 두꺼우면 콘크리트와 철근과의 구속력이 약화되며 철근 간 유효두께 부족으로 내력이 약해지고 하중에 따른 균열의 분산효과도 저하된다. 만약 피복두께가 너무 얇으면 콘크리트의 중성화를 촉진시키고 내화성이 저하되며 콘크리트와 부착 벽체강도가 약화되고 철근이 외부로 노출되면 수평균열과 녹이 발생한다.

벽체배근

철근규격과 배근간격을 확인해야 하고 간혹 작업이 곤란하여 벽체 최상단의 수평철근을 누락하는 경우가 많다.

벽체 철근 세우기할 때는 수직 여부도 확인한다. 벽체 간격재는 콘크리트타설할 때 탈락하지 않도록 주의하고 외벽은 누수를 고려하여 폭 고정 겸용 간격재는 사용하지 않는다. 벽체는 철근 이음해도 되지만 기둥, 기초, 바닥, 보 내부 등은 이음하지 말아야 한다.

특히 주의할 점은 벽체에 전기박스를 부착하려고 산소용접하는 경우가 있는데, 철근에 열을 가하면 강도가 저하되므로 결속선으로 연결하고, 만약 절단 시에는 절곡기로 절단하여야 한다.

창문이나 특히 화장실문을 자주 여닫을 때 그 충격으로 문틀 주변의 벽균열로 도배지가 찢어져 있는 것을 보았을 것이다. 위의 그림 방식으로 철근배근하면 균열을 방지할 수 있다. 건축주가 철근배근 시 강력하게 요구하지 않으면 안 하는 경우가 많다.

슬래브배근

주철근과 부철근의 규격과 간격, 방향의 이음상태를 확인하고 개구부와 매설물 부위는 가능한 한 철근을 절단하지 않고 위치를 조정하여 배근한다. 만약 절단할 수밖에 없다면 절단 부위는 철근보강해야 한다.

슬래브 철근배근 시 철재고임대 설치로 인하여 결로가 발생할 수 있는 외기에 노출되는 부위는 단열재를 설치해야 한다. 그리고 2층이나 3층에 자재의 입 · 출구 부위는 철근보강하고 타설 후에 방수대책을 마련해야 한다.

철근배근 전에 전기박스 보강용접철망을 설치하고 거푸집이 닿지 않도록 받침대로 받치고 철근배근 후에 작업자가 걸어다니며 받침대 위나 결속선을 파손한 것을 보수해야 한다.

기둥과 보배근

기둥배근 이음 시에는 엇갈리게 이음으로써 강도를 높이고 만약 기둥 크기가 다른 경우 굽혀서 시공하거나 별도로 연결하여 시공한다. 기둥 외부 띠철근은 90° 갈고리의 직사각형으로 가공하며 기둥철근에 엇갈리게 배치한다.

보철근은 거푸집 내부의 장소가 협소하여 시공이 불편하다고 하여 부근결속이나 간격재 및 받침대를 누락하지 않아야 한다. 그리고 인장응력을 위해 이음 부위는 최소화하고, 이음 없이 철근 일체시공을 한다. 창문이나 방문을 여닫을 때 2층 벽으로 창틀 주변의 벽균열로 창문, 방문 주변에 벽지가 찢어지는 것을 방지할 수 있는 철근배근 방법이며 건축주가 반드시 알아야 한다.

새우 싸움에 내건물 터진다

설비나 전기 작업들이 현장에 투입되는 시기는 다음과 같다.

현장에 투입되기 하루 전날 전화로 연락해 현장에 오도록 해야 한다. 전기나 설비는 외벽에 형틀이 설치되고 철근배근이 끝나면 전기선이나 콘센트를 설치한다. 설비는 수도관이나 오수관의 설치가 끝나면 형틀공사로 내벽을 막는다. 그러면 골조내벽 공사가 끝난다.

슬래브의 바닥이 깔리면 철근배근을 하게 되는데, 이때가 가장 복잡하고 공정끼리 부딪친다. 설비관이나 수도관 설치, 전기선과 천장등 설치가 끝나면 그 위에 철근배근이 끝나고 슬래브 작업도 완성이 된다. 만약에 설비배관이나 전기배관을 철근작업 시 파손했다든지, 설비나 전기 작업자가 형틀 및 철근을 훼손하는 일이 생겨 서로 싸우는 경우가 많다.

이때 설비배관을 막거나 구멍을 뚫거나 전기선을 자르기도 한다. 새우들의 싸움에 죄 없는 내건물만 망친다. 따라서 작업 전에 건축주는 작업자들을 모아놓고 아무리 화가 나도 즐겁게 일하자고 신신당부해야 한다. 저녁이나 점심에 시간을 정하여 모든 작업자에게 식사도 대접하고 화목을 다져라.

그는 인격적으로나 행실적으로나 개망나니이다. 그러나 어떤 일에 대해서 더 잘하는 자가 없다면 속이 상하고 꼴보기 싫더라도 그 망나니를 내 곁에 두는 것이다.

거푸집공사에 사용하는 것들

죽처럼 묽은 콘크리트를 형틀에 부어서 굳어질 때까지 수직, 수평, 기타 모양 등으로 유지하게 만든 틀인데, 목재, 철재, 유로폼, 알루미늄, 합성수지 등의 재료를 이용하는데, 주로 사용하는 것은 유로폼이다. 수직의 벽면 슬래브나 지붕은 주로 합판을 많이 사용하는데, 합판은 3번 이상 반복해 사용하지 않는다. 벽 안의 꺾인 코너에는 인코너를 이용한 플랫타이와 후크와 유로폼 사이를 웨지핀으로 고정시킨다.

벽체를 만들기 위해 유로폼과 유로폼 사이의 간격을 유지해주는 철물은 플랫타이와 세파볼트가 있다. 벽면을 똑바르게 일직선으로 고정시켜주는 띠장용 파이프와 유로폼을 고정시켜 주는 후크가 있다.

철선(현장용어; 반생)은 콘크리트타설 시 거푸집의 변형을 방지하기 위해 조여 주는 역할을 하며, 굵기에 따라 6번선, 8번선, 10번선이 있는데, 주로 6번선을 많이 사용한다.

결속선은 실처럼 가늘지만 1톤 이상의 힘을 지탱하므로 철근과 철근을 결속할 때 빠트리면 안 되며 350mm와 450mm 두 종류가 있다.

클램프(크립)는 띠장용 파이프를 90°로 교차·결합하여 건물 외벽에 파이프를 설치해서 고정시키는 것이며, 벽면에 수평으로 600mm, 수직은 1200mm 간격으로 설치하고 후크로 고정하고 웨지핀으로 결속시킨다. 못의 길이 90mm는 각진 목재나 멍에에 50mm는 합판에, 그리고 콘크리트바닥에 수평목을 설치하기 위해 75mm 콘크리트못을 사용한다.

슬래브에 사용되는 합판의 두께는 12mm, 15mm, 18mm에 가로 900mm×세로 1,820mm를 현장에서는 삼육합판, 가로 1,220mm×세로 2,440mm는 사팔합판이라고 한다. 멍에로 사용되는 각진목재는 가로와 세로가 각각 90mm(현장용어; 오비끼), 가로와 세로가 각각 42mm(현장용어; 다루끼), 가로 50mm×세로 100mm(현장용어; 투바이) 길이는 모두 3,600mm이다.

특히 목재 사용 시 주의할 점은 장선에 사용되는 목재는 육송으로 수분함수율 24% 이하로 유지하기 위해서는 비를 맞지 않도록 하고, 옹이나 실금이 있는 것은 안전사고로 이어지므로 사용하지 말아야 한다.

슬래브 바닥에 합판을 지탱해주는 역할을 하는 동바리는 일반적으로 파이프 서포트로 사용하는데, 만약 층고가 높다면 시스템 동바리를 사용해야 한다. 그리고 건축주가 꼭 알고 강력히 요구할 것이 있는데, 거푸집이 완성되고 콘크리트타설 전에 벽체나 기둥과 보 사이의 이물질을 진공청소기로 제거하거나 살수기로 물청소를 하여 작업이 쉽도록 기둥이나 벽 하부에 구멍을 만들어 이물질의 배출구를 만들어 줄 것을 요구해야 한다. 그리고 아파트나 대규모 공사현장과 달리 일반주택에 사용되는 거푸집은 대부분 낡고 휘어지고 찌그러진 불량 유로폼을 많이 사용하므로 타설 시 거푸집이 터져 콘크리트가 밖으로 흐르고 골조의 수평과 수직을 맞추기가 힘들어 형틀목수가 고생하며, 골조가 똑바로 안 나올 수 있다.

단, 새 유로폼 사용을 건축주가 요구하려면 유로폼 임대료가 많이 증가하므로 공사비에 반영해주면서 요구해야 한다.

콘크리트 타설 전 점검사항

거푸집 하단에 수평목과 콘크리트 바닥면 사이에 틈새가 있는지 확인하고, 청소구멍 배출구는 막고 인코너나 아웃코너에 웨지핀 및 플랫타이가 누락 없는지 확인한다. 띠장용 파이프가 너무 짧거나 빠진 구간이 있는지, 거푸집의 이음 부분과 연결 부위에 틈새가 있는지 등을 확인한다.

벽체나 기둥의 수직도를 점검하고 버팀대 위치가 바른지 느슨하게 설치되었는지, 수직하게 지탱해주는 당김줄이 잘 설치되었는지, 동바리가 똑바르고 1m 간격으로 흔들리지 않게 설치되어 있는지 등을 확인한다. 기둥과 벽을 고정해주는 띠장용 파이프는 450mm~600mm 간격으로 설치해야 거푸집이 변형되거나 휘어지는 것을 방지할 수 있다.

설비나 전기배관 설치로 거푸집의 훼손 여부를 확인하고, 합판 바닥면의 수평레벨을 확인하고, 단열재를 설치해야 할 부위가 있다면 단열재와 단열재 연결 부위의 틈을 청테이프로 막아준다.

콘크리트 타설 시 유의사항

타설의 기본은 떨어지는 높이가 최대한 낮게 위치하고 수직방향으로 최단거리로 부어넣어야 모래, 시멘트, 자갈의 분리가 적으며, 타설간격을 짧게 해야 한다.

슬래브는 1.5m 이하로 벽과 기둥은 4m 이하로 균등하게 타설해야 거푸집이 터지거나 변형되는 것을 막을 수 있다. 특히 진동기가 거푸집이나 철근에 직접 닿지 않도록 하고, 50mm 간격으로 수직으로 30초~40초 동안 작동시킨다.

영하 3℃ 이하일 때는 타설을 중단하고, 부어넣기 순서를 준수하며, 거푸집과 동바리의 변형상태를 확인한다. 철근결속과 피복간격 유지를 위한 슬래브 위에 철근작업자가 대기하고 펌프카에서부터 먼 쪽에서 가까운 쪽으로 타설한다. 그리고 급격하게 부어넣기로 인한 처짐을 방지한다.

콘크리트를 타설할 때에는 중단 없이 타설하고 공백이 잘 생기는 부위인 창틀, 복도난간, 베란다 턱은 하부층에 목망치로 두드리고 진동기 다짐으로 콘크리트 충전 여부를 확인한 후 타설 부위로 이동한다.

타설 이어붓기는 그 부분의 균열 발생으로 누수나 철근의 녹이 발생하는 원인이 될 수도 있고, 그로 인해 벽체와 슬래브 부위에 수평균열이 발생하므로 타설 시 다짐봉으로 세심하게 다진 후 수평고르기를 해야 한다. 이어치기 허용 시간은 화씨로 25도 미만일 때 150분 이내, 이상일 때는 120분 이내로 한다.

복도난간이나 베란다 턱이 협소한 부위의 다짐 시에는 목망치나 가는 진동기를 사용하여 꼼꼼하게 다짐한다. 각종 난간의 콘크리트물이 걷히기 전에 수평과 수직상태를 수정해야 나중에 균열이 발생하지 않는다. 계단의 디딤판 바닥은 물걷힘을 보면서 챌판의 고정각재를 제거하면 마감흙손질이 편하고 자유롭다.

펌프카

기동성이 좋아 현장간 이동이 용이하고 타설높이와 타설량에 따라 펌프카의 크기는 최저 15m에서 최고 52m 중 현장여건에 맞는 기종으로 선택한다. 펌프카에 기본으로 정착된 호스만으로 직접 타설시 구조물에 충격을 가할 우려가 있을 때 연결호스를 추가연결로 해야 한다. 펌프카 배치 위치 선정은 레미콘 차량의 접근성 및 붐대 회전반경 등을 고려하여 결정한다.

진동기 다짐

저주파와 고주파 진동기가 있는데, 외부거푸집이 진동에 의해 콘크리트를 액상화시킨다. 전동기 엔진 또는 공기압 모터로 기포를 제거하고, 거푸집판과의 긴밀성을 유지하며, 다짐으로 기밀성을 향상시킨다. 노출콘크리트공사 다짐에는 미세한 진동에 맞는 고주파 진동기를 사용하는 것이 유리하다.

철저한 다짐작업은 콘크리트 표면의 하자를 방지할 수 있고, 다짐방법은 봉정진동기는 수직으로 사용하여 진동효과가 중첩되게 한다. 다짐시간은 보통 10초~20초 정도이고, 다짐간격은 50cm 정도로 한다. 그리고 다짐높이는 60cm이며 중복깊이는 10cm이다. 가능한 오전에 타설하여 오후에 표면마감 및 보양작업을 하는 것이 좋다. 그리고 벽체와 슬래브가 만나는 부위는 시간을 두고 꼼꼼하게 타설해야 처짐을 방지할 수 있다.

콘크리트 채움이 어려운 부위의 철근 및 매설물에 진동기가 직접 접촉하면 철근 주변에 공극이 생겨 곰보가 발생된다. 타설 및 다짐작업이 곤란한 부위에는 목망치를 이용하는 보조작업을 병행해야 한다. 방수층마감인 경우에는 구배를 확보하고, 시멘트액체방수로 할 것인지 시트방수로 할 것인지 마감 정도를 결정한다.

표면마감은 상부는 밀대나 나무흙손으로 평탄하게 고르고, 복도나 발코니는 밀대작업 후 나무흙손으로 드레인쪽으로 구배를 확보한다.

콘크리트 보양 및 양생

타설 후 초기 표면이 건조해지는 것을 방지해야 강도증진, 수밀성, 내구성 향상 효과가 있고, 양생온도는 5℃ 이하로 되지 않도록 해야 한다. 콘크리트 타설 후 약 3일이 지난 후 그 위에 가설재 및 무거운 장비를 쌓아도 되고, 부어넣기 종료 후 최소 24시간이 지나기 전에는 그 위를 걷거나 철근 및 거푸집 자재를 적치하지 않아야 한다.

원칙적으로 타설한 다음 날은 그 위에서 작업하지 않고 먹줄치기 정도의 가벼운 작업만 한다. 타설 직후에 콘크리트면이 급속히 건조될 경우 건조수축으로 인해 슬래브 표면에 크랙이 발생하므로 습윤양생방법은 인력살수나 스프링클러를 설치하여 수분을 공급해야 한다.

또한 수분 증발과 직사광선으로부터 보호하기 위해 시트나 매트로 덮는다. 콘크리트 타설 후의 외기온도, 햇빛, 바람, 강우, 강설 등은 강도에 큰 영향을 미치는 요인이 된다.

특히 건축주는 타설 후에 완전양생될 때까지 물공급을 지속적으로 해줄 것을 강력히 요구해야 한다. 그렇지 않으면 습윤양생하지 않고 그냥 넘어가는 경우가 빈번하다.

만약 겨울에 타설했을 경우에 동해 확인방법은 바닥판 상부나 베란다 난간 상부의 표면에 침전무늬가 생기고 해빙되면 콘크리트 부분에 동결된 물이 흘러나오고 콘크리트 표면에 백화현상이 발생함으로써 알 수 있다.

콘크리트 균열

그물모양의 균열이 생길 때는 콘크리트 골재에 점토분이 많거나 레미콘 운반시간이 너무 길어 장시간 비비기를 함으로써 발생한다. 곰보나 벌집모양으로 발생하는 것은 콘크리트 골재가 알칼리에 반응하여 생겼거나 콘크리트 다짐을 충분히 하지 않아 생긴다. 짧고 불규칙적인 균열은 조기건조로 습윤양생이 부족하거나 콘크리트 타설 직후에 건조한 바람 및 고온저습에 노출되었을 때 생긴다. 콘크리트 내에 소금기가 함유되어 있으면 철근부식으로 인해 균열이 생기거나 콘크리트경화 중에 자재적재 및 기계진동으로 인해서도 균열이 생긴다.

또 이어치기가 적절하지 않아 처음과 나중이 다를 경우 타설 부위에 균열이 발생하며 전선관 주위나 배근의 피복두께 부족으로 인해서도 균열이 발생하거나 거푸집 및 동바리를 조기에 제거함으로써 균열이 발생한다.

거푸집이 부풀거나 동바리가 침하하거나 수평이 안 맞아 힘응력의 작용으로도 균열이 발생하고, 영하온도에서 콘크리트 속의 물이 얼어 부피가 팽창하여 콘크리트 표면이 떨어져 나가기도 한다.

건축주가 자주 질문하는 내용

거푸집은 언제 해체해야 하며, 철근에 녹이 발생했는데, 골조의 강도와 콘크리트 부착에 문제가 없느냐고 질문한다.

거푸집 해체는 ACI 규정에는 봄 날씨 평균 10℃~15℃에 9시간이 지나면 가중을 견딜 수 있고 강도가 확보되어 벽거푸집 해제가 가능함(AMERICA CONCRETE INSTIUDE). 나의 경험치는 온도가 20℃ 이상일 때 벽기둥, 보 옆은 하루 지난 후에, 보 밑은 최대한 길게 유지하는 것이 좋은데, 기간은 최소 14일, 만약 바닥면이 넓은 상가건물일 때는 24일 이상 지난 후 해체한다.

공사진행에 방해가 되어 좀더 빨리 해체해야 한다면 즉시 동바리를 받쳐 놓아야 한다. 슬래브 해체 후에도 내부공사에 방해되지 않는 한 계속해서 받쳐두는 것이 좋다. 지금도 건축현장에 가보면 합판을 사용하기 위해 슬래브 양생 전에 해체하는 파렴치한 시공사가 있다면 욕해주어라.

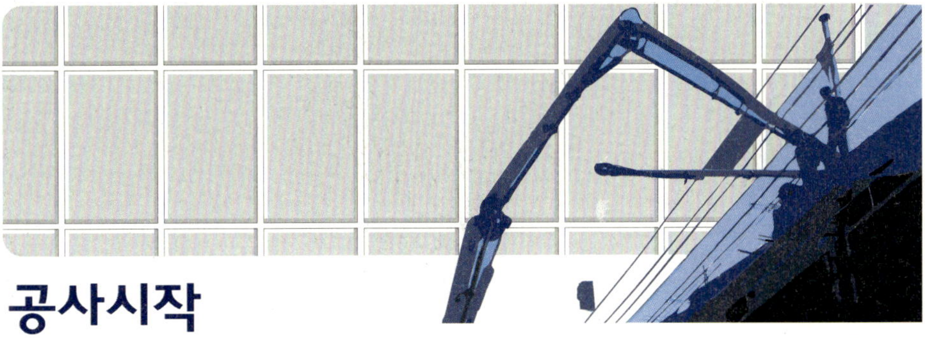

공사시작

• 1층 공사시작 • 단열재료 • 2층 이상 주거 부분 공사 • 주인세대

건축주는 사전에 준비해야 할 것이 많다. 공사하기 수월하게 유로폼을 규격별로 배치한다. 철물, 목재, 가설재는 형틀목수가 작업하기 좋은 장소에 배치한다.

외부에 폼을 다 붙이면 철근작업자가 철근배근을 시작한다. 철근배근이 끝날 때 설비나 전기작업자에게 연락해 배관 설치를 지시한다. 내부의 폼을 다 붙이면 레미콘을 주문하고 타설하면 된다.

작업 상황에 맞게 크레인과 펌프카의 크기도 다르게 투입해야 한다.

1층 공사시작

설계도면에는 상가 화장실에 배치되어 있는 것을 계단 아래로 이동해서 도면과 다르게 시공했다. 상가 면적을 좀 더 넓게 사용할 수 있도록 시공했던 판교 공사현장 도면을 첨부한 것이다.

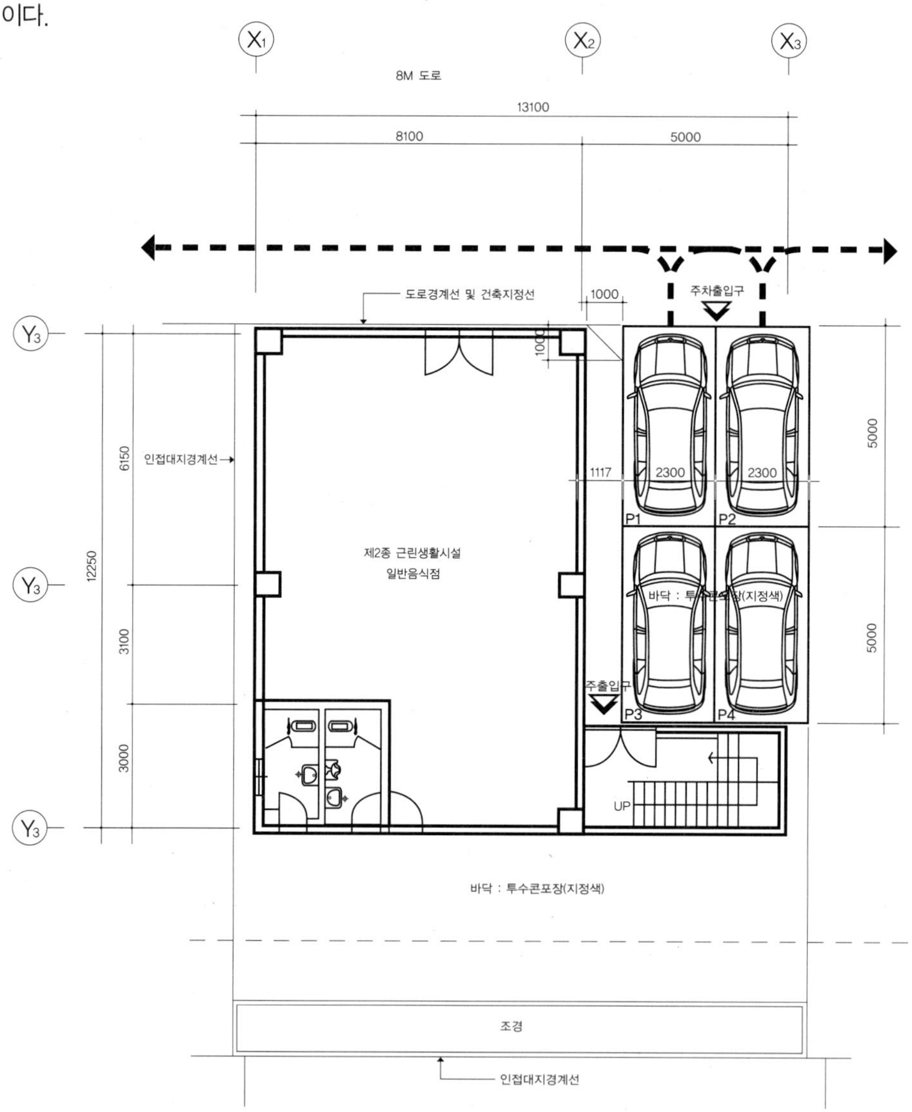

기존도면

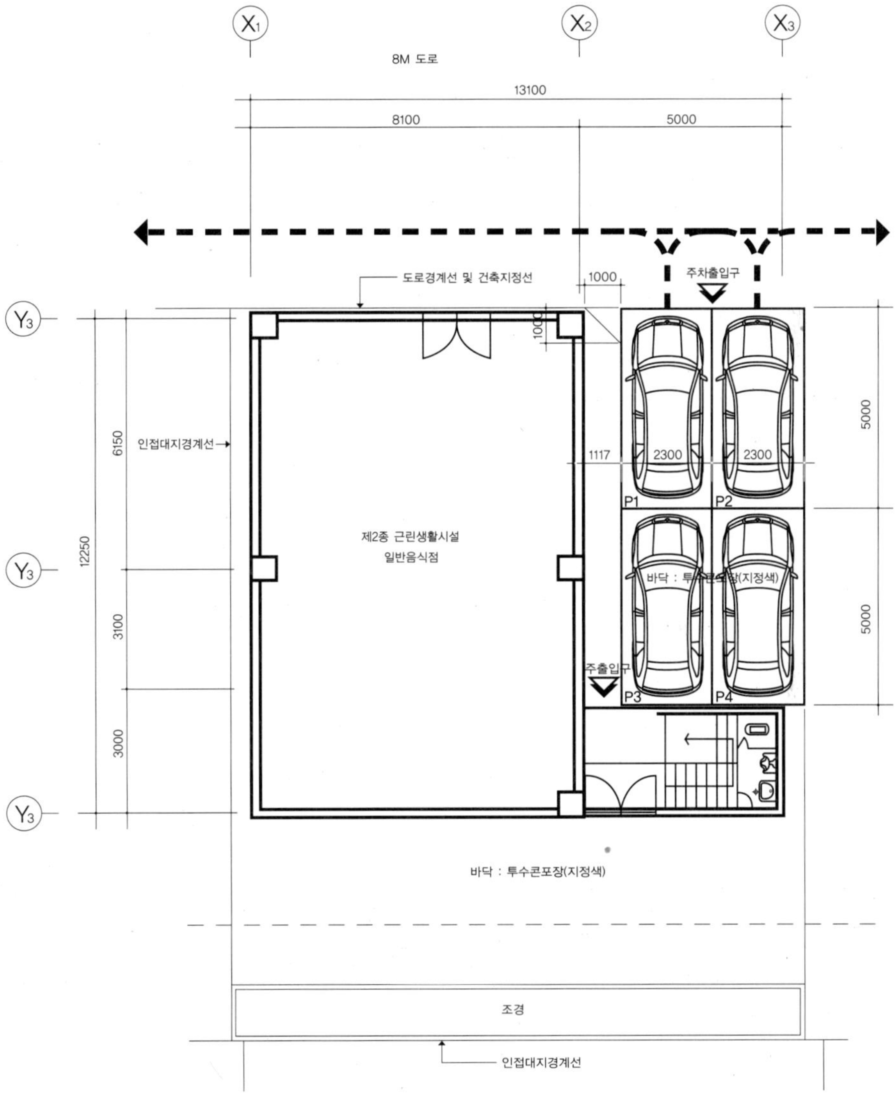
X1
X2
X3
8M 도로
13100
8100
5000
도로경계선 및 건축지정선
1000
주차출입구
Y3
1000
인접대지경계선
6150
12250
3100
3000
1117
2300
2300
5000
5000
P1
P2
P3
P4
제2종 근린생활시설
일반음식점
바닥 : 투수콘포장(지정색)
주출입구
바닥 : 투수콘포장(지정색)
조경
인접대지경계선

시공도면

1층 외벽 및 슬래브 공사 전 선택사항

1층 외벽 마감재의 종류에 따라 골조 외부면이 바르게 시공되어야 마감도 좋고 비용도 절약되며, 외벽 단열재의 선택에 따라 외벽마감 시공도 달라진다. 단열재 발포폴리스티렌의 종류는 스티로폼(흰색)과 레오폼(검정)이 있는데, 외부단열에 좋고 콘크리트 접착도 좋다.

레오폼은 탄소와 혼합하여 단열도 좋고 기존제품보다 화재에 강하다. 위례신도시나 광주에 아파트건설 1군 업체들이 요즘에 많이 사용한다. 건축주는 이 제품으로 사용할 것을 시공사에 요구해라.

아이스핑크(분홍색)는 내단열에 좋다. 간혹 현장에 가보면 외부단열 시공에서 본 적이 있는데, 콘크리트와의 접착력이 떨어지고, 시간이 지나면 틈이 생긴다. 이것으로 단열한다면 내실보다는 전시형 시공사이다. 내장 단열재로만 사용하라.

테크론(일명 온돌이. 은색, 금색 두 종류로 이루어졌음)은 시공도 간편하고 비용도 저렴하여 상가시공의 단열재로 많이 사용하는데, 주택에는 사용하지마라. 테크론은 복사열 때문에 은박 · 금박지가 다 떨어져나가 단열효과가 전혀 없다. 건축주는 명심하여 이 제품으로 단열하지 말 것을 요구해라. 최근에도 건설현장에서 이 제품으로 시공하는 곳을 자주 봤다. 그러나 테크론을 내부 단열시공에 사용해도 된다. 내부 면적을 감소시키지 않고 결로방지와 단열효과에 우수하기 때문이다.

외벽공사(1층)

잠깐만요 **경험의 한수**

판교신도시의 한 공사 중 장마 때 옆 건물 1층 상가 바닥에 물이 차는 현상을 발견했다. 그리고 벽에 곰팡이가 생겼다. 이때는 바닥에 겹치는 내벽 바닥에서 10cm 띄어 그 부분에 1차로 시멘트계 방수처리하고, 2차로 아스팔트방수로 이중으로 방수해야 한다. 거푸집공사 때 화장실, 베란다는 3cm 낮게, 평지붕 옥상출입구는 3cm 높게, 콘크리트 방수턱을 설치해 줄 것을 건축주가 요구해야 한다. 일부 형틀목수들이 안하고 지나쳐버릴 수 있기 때문이다.

동탄현장에서 주차장을 시공하던 중에 포클레인이 옆 건물 외벽을 쳐서 석재가 파손된 적이 있었다. 재보수하려고 석재를 꺼내보았으나 테크론의 금박지는 다 떨어져나가고 스펀지만 남아 있었다.

테크론(온돌이)은 내부 단열재로만 사용하는 것이 좋다. 가격이 저렴하고 시공도 간편하여 건축주가 모르거나 관심이 없다면 십중팔구 테크론을 외부 단열재로 사용한다. 초기에는 단열효과가 있어도 1년 이상 지나면 단열효과가 전혀 없어진다.

정말 중요한 단열시공 위치

2층 주택 바닥면이 외부에 노출된 부분은 겨울철 보일러를 장기간 작동하지 않을 경우 보일러 PVC동파 및 결로현상이 생기고 난방비도 많이 든다. 스티로폼(발포폴리스티렌) 단열재 100mm 이상 설치한 후 2층 바닥을 타설하고, 3층 주택 천장 위에 4층 외부 노출된 중정이 있을 때 천장에서 기둥을 타고 결로가 발생하여 벽지에 곰팡이가 발생한다. 최소 100mm 이상 스티로폼을 대고 3층 슬래브를 타설한다.

간혹 깜박하는 경우가 있으므로 건축주는 반드시 챙겨라. 지붕은 160mm 이상의 스티로폼 설치 후 타설해야 여름철의 복사열과 겨울철의 결로를 방지할 수 있다. 또한 건물의 일조권 확보를 건물의 높이가 제한되어 천장매입형 오수배관을 할 수가 없다. 따라서 비트를 만들어 배수관로를 만드는 것이 좋으나 만약 기둥 오수배관 시에 배관을 단열·보온하고 외부에는 스티로폼으로 단열해야 한다.

열을 전달하기 어렵게 하는 '단열화'와 공기의 흐름에 의해 열이 빠져나가는 것을 막는 '기밀화'를 위해 외·내벽 바닥, 창문, 현관문 위치에 맞게 단열해야 한다.

단열재료

단열재 중 스티로폼은 비교적 화학적으로 약한 편이며, 특히 시공용 접착제를 사용하는 경우 침식되므로 취급시 주의한다. 열전도율과의 관계는 단열재의 밀도와 관련이 있으므로 구입 시 밀도를 확인한다.

단열재는 습하거나 물기가 침투되어 있으면 열전도율이 높아져 단열성능이 저하되므로 외부 노출 시 비나 습기가 차지 않도록 보관을 잘하고, 외벽 시공 시 방습·방수막이 피복된 단열재로 선택한다. 그리고 스티로폼 성능품질서는 스티로폼을 납품한 업체에서 받아 잘 보관해야 한다. 나중에 첨부해야 할 준공서류 중 하나이다.

단열재 선정 조건

건축물에서 필요한 열의 유출과 불필요한 열의 유입을 방지하여 에너지절약을 촉진하고 표면결로 방지 및 쾌적한 실내환경을 유지하는 재료는 열전도율이 낮고 물 흡수율이 낮을 것, 절단가공이나 접착성이 좋아야 하며, 어느 정도의 강도가 있어야 한다. 유독가스 발생이 없어야 하며, 균일한 품질에 비중이 작아야 하고, 장기간 사용해도 변질이 없고 가격이 저렴해야 한다.

스티로폼

발포폴리스티렌 재료로 된 완전독립기포로 구성되어 다른 보온재와 같이 모세관현상으로 흡수하여 수증기 투과에 대해 우수한 차단성을 가지고 있고, 단열효과도 비교적 크며, 흡수율 및 비중이 작아 시공성과 내부식성이 좋아 단열재로 많이 사용한다.

비트법 1종에 단열판 1호는 구슬모양을 가열하여 발포시키고 적당히 숙성시킨 후에 판모양의 금형틀에 채우고 다시 가열하여 2차로 발포해서 성형한 제품이며, 비트법 2종 단열법 2, 3, 4호 1종과·제조법은 비슷하나 첨가제 등에 개질된 폴리스티렌 원료를 사용하여 발포해서 성형한 제품이다.

옥상지붕층과 외기에 노출된 최하층은 1종 2호이고, 외기에 직접 접한 욕실벽, 최하층 거실바닥, 최상층 경사지붕이나 평지붕, 최상층 내부천장은 1종 2호이다. 측벽과 거실 외벽과 외기에 직접 또는 간접으로 접한 욕실벽과 최하층 거실바닥은 1종 2호로 한다.

스티로폼은 가격편차가 심한데, 알맹이의 밀도에 따라 달라지므로 스티로폼 옆면에 붉은 스티커에 비트법이 표시되어 있으므로 건축주가 쉽게 확인할 수 있다.

단열재 시공 시 유의사항

흡수나 흡습되면 성능이 저하하므로 방습층의 최하층에 설치하고, 고온에 항상 노출되는 장소일 때는 방화성능이 요구되는 단열재로 선정하고, 작업의 난이도가 단열성능을 좌우하므로 정밀시공하며, 접합부 처리를 철저히 하여 틈새가 없도록 밀폐하고 시공해야 한다.

외단열 시공이 내단열 시공보다 단열효과가 뛰어나고 실내온도를 일정하게 유지하며, 내부인테리어가 자유롭고 결로 방지에도 우수하다.

잠깐만요 **경험의 한수**

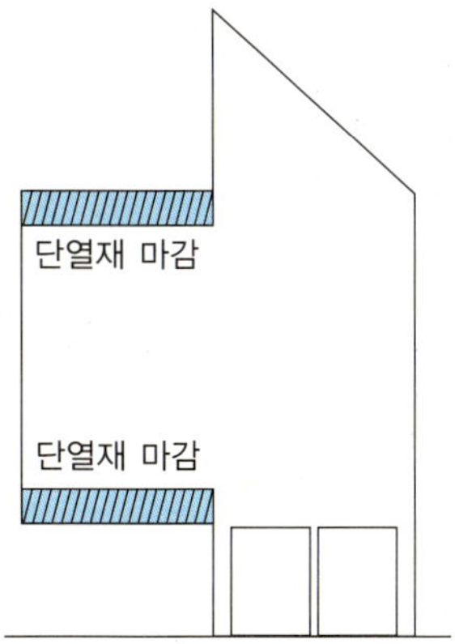

현장에서 자주 놓치는 단열 부분의 하자 발생 시 커다란 문제가 발생한다. 천장에 결로가 발생하여 천장 부분에 곰팡이가 발생하고, 실내에 보일러 작동 시 난방비가 더 많이 발생하며 겨울철 혹한기에 장기 외출로 보일러 관로가 동파될 수 있어 커다란 재앙이 될 수도 있다.

저자가 1군 아파트 현장에서 일해보니 단열재는 레오폼 비트법 2종 1호로 사용하는 것을 목격했다.

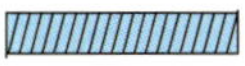
자주 놓치는 단열 부분

주로 사용되는 단열제품

암면보온재는 냉난방 설비 또는 설비배관 보온에 주로 사용하고 종이나 헝겊을 한쪽으로 잘라 붙여서 마무리하고, 우레아폼은 단열성이 우수하고 공사현장에서 발포시공이 가능하며 요소수지 원료이므로 가격이 저렴하고 내열성도 높은 편이다.

규조토보온재는 규조토 분말에 아모사이트석면과 혼합한 것으로 흡수성이 크므로 끝마무리를 잘해야 하고 요즘엔 많이 사용하지 않는다.

단열모르타르는 플라스틱 물질과 접착제, 발수제, 탄산칼슘, 시멘트, 급결방지제, 수분보존제 등과 혼합하여 만든 것으로 단열효과가 우수하다.

불에 타지 않고 물과 수증기에 강하고 시공이 간편하고 가격도 저렴하며 인체에 무해하기 때문에 지하실의 결로 방지, 건물 내벽 · 외벽, 천장과 슬래브 바닥의 단열공사에 사용하고, 특히 창문틀과 문틀 내부 및 테두리보 측면의 열손실 및 결로를 방지할 수 있으며, 기타 단열과 결로 또는 소음이 의심되는 곳에 시공한다.

잠깐만요 **공사 뒷이야기**

충남 보은은 지형상 겨울에 상당히 춥다. 몇 년 전부터 영하 20도 이하로 내려간 적이 있다. 베란다의 세탁기 오수배관이 얼었다. 난생 처음 당한 일이라서 황당했다.

열선으로 오수관을 뚫기는 했지만 요즘의 이상기후로 날씨를 예측하기 어려우므로 단열재 강도를 높여야 한다. 법규정은 스티로폼 두께로 중부는 70mm, 남부는 50mm, 제주도는 40mm이다. 그러나 스티로폼 두께를 중부는 100mm 지붕은 150mm 이상, 남부는 70mm 지붕은 100mm, 제주도는 50mm 이상으로 한층 더 강화된 외단열재를 써야 한다고 생각한다.

지붕단열시 스티로폼 사이의 틈을 메꾸고 테이프로 완전히 밀봉해야 한다. 주택시공시 잘 지켜지지 않는 부분이다.

2층 이상 주거 부분 공사

2, 3층은 임대수익을 창출하거나 건축비가 이곳에서 충당되는 곳이다. 경제성, 수익성을 고려한다. 내장재 선택은 견고하고 대중적이며 규격품으로 세입자는 30대가 선호하는 내부인테리어를 선택한다. 보통 2가구로 이루어져 있다.

한 가구당 전용면적이 약 42평방미터 정도로 구성된다. 아마도 그 동네에서 잘 임대되는 평수를 부동산중개소에 가서 물어보면 알 수 있다.

원룸, 투룸, 쓰리룸 중에 임대가 잘 되는 것으로 선택하여 건축하도록 한다. 또한 전세인지 월세인지 여부에 따라 부대시설이 달라질 수 있다. 그것 또한 주변의 분위기와 맞추는 것이 좋다.

2층 거푸집은 땅에서 거푸집을 조립하여 건물의 외벽면을 크레인으로 붙여서 시공한다. 대부분 2층 골조는 타설이 끝나면 외벽면을 크레인을 이용하여 윗층으로 올림으로써 공사속도가 빨라진다. 건축주는 밖에서 2, 3층 내부를 못보기 때문에 철근배근상태나 청소상태를 확인하지 못하는 경우가 많은데, 내부로 들어가 육안으로 확인해야 한다. 화장실, 베란다의 배수턱은 만들어졌는지 콘크리트 타설 부분에 이물질은 없는지 등을 확인해야 한다.

또한 건축주가 놓치기 쉬운 부분으로 상부층이 잘 안 보인다고 엉터리로 시공하는 경우가 있는데, 반드시 점검해야 할 부분이다.

3층 골조완공

창문 만들기

설계도면의 창호를 확인하고, 창문 위치와 창문 크기를 보고 창문 크기를 확장할지 또는 축소하려고 한다면 창호설계도면에 표시하여 골조목수에게 창문 크기의 변경을 부탁하고, 창문 크기 조절은 구조상 큰 문제가 없다면 굳이 설계사와 상의하지 않아도 되지만 다만, 창문 위치 변경 시에는 설계사와 상의해야 한다.

통상적으로 2층과 3층의 내부구조가 비슷하여 창문의 위치와 크기가 같아 균형을 이룸으로써 외관상 보기 좋으나 만약 2층과 3층의 내부구조가 다를 경우에는 창문의 좌우대칭에 고심해야 하고 건물구조상 4층의 주인세대와 2층과 3층의 창문 위치가 같을 수는 없지만 가능한 외관상 보기 좋은 모양으로 창문의 위치를 배치해야 한다.

바닥에서 1,200mm 높이로 창문을 만들고 방통모르타르 작업이 끝난 후 바닥에서 1,200mm 높이가 안 되면 안전펜스나 안전망 설치로 인한 비용이 발생하고 외벽 미관이 안 좋으며, 창문 크기는 2, 3층 주거 부분에 각 방, 거실, 화장실, 베란다, 정문 위치의 구조가 같다고 보면 된다.

창문의 크기와 위치는 2, 3층을 똑같이 해라. 2, 3층의 창문 위치가 다를 경우 정말 보기에 안 좋고 베란다는 이삿짐이 들어 갈 수 있게 창문을 크게 해라.

주방 창은 수전대 위치에서 봤을 때 직사각형으로 하고 화장실 창문 크기는 세로 300mm 가로 400mm가 적당하며 너무 크면 단열성이 떨어진다. 겨울에는 창문에서 48%의 열이 빠져나가고 여름에는 71% 이상의 열이 들어온다면 일반가정의 에너지소비 난방비는 29%, 냉방비는 2%이므로 단열효과를 높여 에너지소비를 줄여야 한다.

잠깐만요 공사 뒷이야기

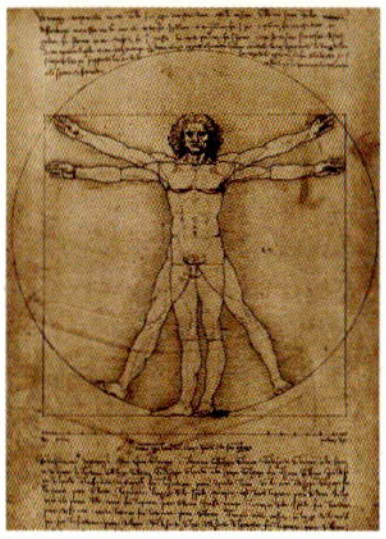

수도원장 책상 위의 서적이 우연히 발견되어 세상에 알려질 때까지 무명인에 불과했던 비트루비우스는 인체비례에서 얼굴길이는 턱 끝에서 머리카락이 자라는 이마선까지 길이의 1/10에 해당되며, 이 길이는 손목에서 가운데 손가락 끝까지의 길이와 같다.

턱 끝에서 콧구멍까지, 콧구멍부터 눈썹까지, 콧부리부터 이마까지는 모두 얼굴길이의 1/3이고, 발바닥은 신장의 1/6이고, 가슴너비 신장의 1/4이다.

“좋은 건축은 세 가지 조건이 있다. 실용성, 견고함, 만족감이고 건축은 자연의 모방이다.”라고 비트루비우스는 말했다. 「건축10서」의 제3권에서 건축가는 인체비례 지식을 습득해야 한다.

창문 크기와 위치는 건물의 비례에 맞추어 최소한 2, 3층은 똑같은 위치에 배치해야 한다. 광교의 공사현장에서 바로 옆 건물의 창문 위치가 좌우대칭이 틀어져 있어 정말 보기가 안 좋았다. 결국에는 건축주의 요구대로 콘크리트벽을 절단하고 조적을 다시 쌓는 경우를 보았다. 골조절단은 진동 때문에 골조 전체에 안 좋은 영향을 미친다. 그리고 주변 사람들에게 건물의 평가가 하락할 수도 있다. 특히 안 좋은 것을 전하기 좋아하는 사람들이 공사현장 주변에는 많이 있다고 보면 된다.

건물의 외부만 보아도 시공사의 시공능력을 알 수 있는데, 첫 번째는 우수관 위치가 창문 가운데에 있거나 창문을 옆으로 틀어서 설치함으로써 장대비만 내리면 창문을 통해 물 떨어지는 소리가 심하게 들린다든지, 창문 크기를 적절하게 만들지 못했거나 난간대를 지나치게 크게 설치했거나 창문의 위치와 크기가 각층마다 다르게 시공된 경우도 있다.

두 번째로 겨울철 건물 외벽에 습기가 보인다는 것은 내·외단열을 잘못 처리하여 열이 빠져나가고 집 내부에는 결로 발생 가능성이 많다는 것을 의미한다.

세 번째는 외장재가 주변건물과 전혀 어울리지 못하고 외벽 환기구나 우수관 주변에 물때가 발생했거나 값싼 노출콘크리트 시공으로 건물 외벽이 추하게 보이는 것과 주차장 및 화단과 건물 외벽의 마감면을 보면 바로 알 수 있다.

기준선 먹줄놓기

기둥과 벽의 위치를 먹줄로 표시해야 철근배근할 수 있으며, 방바닥 및 천장높이와 창호 위치 및 높이까지 먹줄로 표시한다. 기포마감선은 기포 40mm+바닥완충재+방통모르타르 40mm이며, 세대의 방바닥 모르타르 높이 최종 확인 먹은 보통 20mm~30mm이다.

수도마감선의 기준은 중간 먹허리에 먹 층고가 2,800mm일 때 허리먹줄 높이는 1,200mm이다. 천장마감선은 세대의 천장 석고보드마감선에 먹을 놓고 골조에서 보통 140mm~150mm인데, 단, 천장배관일 때는 높이가 다를 수 있다.

창호선은 허리목선에 맞추어 창호선틀에 크기와 높이를 표시하고, 기타 마감선은 내부의 각 부위별로 먹선으로 표시하고 틀릴 경우 X 표시를 하여 확실하게 수정한다. 층고가 낮은 건축물인 경우 천장배관이나 내벽배관 시 오수관은 내부 주름관을 써서 시공한다. 그리고 단열과 방음재를 사용하여 마감한다. 그래야 벽에 물소리가 안 들리고 특히 수도관의 압력으로 폭발음이 들릴 수 있으므로 방음처리해야 한다.

만약 일조권의 영향을 안 받는 건물일 때 층고 높이를 2,900mm 이상으로 한다. 4층은 화장실 및 주방 위치가 3층과 달라 비트설치가 안 될 때에 천장배관하는 경우가 있으며, 천장배관 시 방쪽은 피하고 거실쪽으로 배치하여 소음을 피하며 또한 배수관로는 주름관의 시공이 필수이다.

방 층고 마감높이는 최소 2,300mm가 나오게 하며, 일조권의 영향을 받는 건물의 2층과 3층에 거실과 방의 층고 높이는 같을 수 있고, 주인세대는 거실을 최대한 높게 설계하도록 의뢰하는 것이 좋다. 그러나 천장이 너무 높으면 단열효과는 떨어진다.

일조권 침해를 안 받는 건물일 때 거실은 2,500mm 이상으로 마감하여 천장을 시원하게 연출하는 것이 좋다. 현관문 크기는 높이 2,100mm 이상 폭은 100mm 이상으로 하고, 방문은 높이가 2,100mm 폭 900mm이며, 화장실문의 높이 2100mm 폭 800mm로 문 크기를 일정하게 규격화하는 것이 공사기간도 단축되고 공사비도 절약할 수 있다.

전기배선공사(콘센트 배치 40평형 기준)

거실은 6군데, 방은 3~4군데, 부엌은 6군데, 베란다는 2군데, 화장실은 1군데, 미장이 필요한 내벽면은 콘센트 위치와 높이를 도면에 표시해야 깔끔하게 마감처리할 수 있다.

살고 있는 집의 가전제품 위치를 고려해 배치해야 전선의 난립으로부터 자유로울 수 있다. 콘센트는 작지만 상당히 중요한 부분이다. 골조가 완공되면 가족들과 현장에 와서 각자의 방을 보고 의논해라. 전선이 모든 전자제품의 연결고리처럼 가족간 의사소통에 의해 전선이 배선되도록 하자.

만약 콘센트 위치 변경이나 추가하고 싶다면 빨강색 래커로 건물 벽면에 표시하면 사전에 변경할 수 있으므로 마감도 깔끔하게 된다. 그리고 특히 컴퓨터 주변기기에 전선이 많으므로 개수를 정확히 확인하여 전선거미줄에서 해방되자.

잠깐만요 가다가 뒤돌아보았네!

1882년에 전구는 발견했지만 소켓이 발명되어 사용하기까지는 화재 및 감전사로 수많은 사람들의 희생이 따른 후 지금 우리가 편하게 사용하게 되었다. 1901년 에어컨이 처음 발명되었을 때 무게가 무려 3톤이었으며 같은 해 진공청소기는 너무 커서 마차로 이동해야만 했다. 1909년 합성폴리머라는 재료를 이용한 최초의 플라스틱제품인 전기플러그가 소비자에게 선보일 때까지는 감전사로 죽을 각오를 하고 사용해야만 했다.

1920년 전자레인지는 높이가 1m 70cm에 무게는 340kg이었고, 1967년이 되어서야 집안 싱크대에 올려놓고 사용할 수 있었다.

특히 가정에서 가장 공헌도가 큰 세탁기는 1900년도 개발 당시에 전기모터가 밖으로 노출되어 감전사고로 부상당했고 죽을 각오를 하고 사용해야만 했다. 1927년 TV의 화면 크기는 신용카드 크기였고, 더구나 출연자들은 딱히 할 것이 없어 혓바닥만 계속 널름널름 거렸다.

가정용 냉장고는 1916년도에 자동차 한 대 값과 비슷한 고가임에도 불구하고 인기리에 시판되었다. 드디어 1976년도에 우리 집에도 냉장고를 처음으로 구입했다. 그러나 주로 수납장으로 사용했다. 단지 여름에만 사용하는 냉장고였는데, 그 이유는 비싼 전기료 때문이었다.

지금은 편하게 살기 위해 수많은 가전제품이 쏟아져 나와 가사노동에서 해방을 기대했으나 주택의 규모는 커지고 생활양식이 다양해졌다. 아이들까지 승용차로 이 학원 저 학원 실어 나르고 더구나 집안의 청결 기준이 더 철저해지면서 가사노동은 도대체 줄지 않았다.

변하지 않는 것을 단적으로 보여주는 것이 주부들에게 김치냉장고는 꾸준히 사랑받지만 식기세척기는 외면하는 것을 보면 식생활에 변화가 없는 한 주부의 가사노동은 한동안 계속될 것이다. 3일만 사랑 안 해주면 멀어지는 두 가지 중 하나는 집안청소이고, 또 하나는 3일 동안만 같은 요리를 하면 멀어지는 식구들이다.

집안 살림하는 위대한 자여! 청소와 오후 3시쯤 되면 무슨 요리하지라는 고민은 잠시 수납장에 밀어 넣고 베란다에서 음악을 들으며 커피 한 잔의 여유를 갖자. 필자의 추천음악 : 바이올린 음악에 최고봉인 '지고이네르바이젠' (사라사테) 스마트폰에서 찾아서 들어보길...

주인세대

땅의 모양과 위치 때문에, 그리고 1층 상가는 대로변에서 잘 보이도록 배치하기 때문에 주거 부분은 건축주들이 남향을 선호하지만 건축주가 원하는 방향으로 건물 배치가 안 될 수도 있다. 그러나 최대한 다음과 같은 위치에 배치해보자. 또한 부지 위치가 자유로운 전원주택지라면 시공 시 참고하기 바란다.

대지면적이 약 80평일 때 주인세대의 주거면적은 약 99.2m^2~148.7m^2 정도이며, 거실 배치 면적은 29m^2~33m^2이고, 부부침실과 드레스룸은 13m^2~19m^2가 효율적인 면적이다.

자녀방은 9m^2~12m^2이고, 공부방은 9m^2이며, 나머지 화장실 2군데, 현관, 복도, 발코니 면적 등은 가족 구성 및 개성에 따라 적절하게 분배하여 배치해야 한다.

배치도

침실은 남쪽이나 동쪽 또는 남동쪽이 좋고 현관문에서 먼 곳에 배치한다. 거실은 남향으로 방의 중심적 위치로 하고 동쪽에서 서쪽방향으로 긴 것이 좋다.

주방은 남향이나 동향 다 좋은데, 배치가 어렵다면 동북쪽으로 한다. 서쪽은 여름 오후에 강한 일사로 음식부패의 우려가 있다.

화장실은 건물 내부 중앙에 위치하고 크기는 4m^2 정도가 적당하다. 채광과 환기가 좋은 외벽쪽에 설치하며 욕실과 침실은 가깝게 하고 현관과 응접실과는 멀게 한다.

다용도실은 부엌에 부속시키고 외부에서도 출입할 수 있도록 한다.

출입구는 어느 위치나 상관 없으나 도로 직면에 현관 위치는 피하고 현관문의 크기는 최소 세로 1,200mm 가로 900mm 이상으로 한다.

잠깐만요 경험의 한수

전에 아파트에 거주했다면 점포주택은 더 많은 자유와 창조할 수 있는 공간이 될 수가 있다. 특히 수익성까지 갖춘 꿈의 낙원을 만들어 보자. 거실은 최대한 멋있게 연출할 수 있도록 거실층고는 최대한 높여 시공하고 다락방이 허용된다면 내부계단을 만들자. 계단은 고급주택의 상징이다. 가족수와 직업에 맞는 방 크기 및 위치를 조정하고, 지금 살고 있는 집을 기준으로 통신과 전기 콘센트 위치와 높이 등을 건물내벽에 표시한다. 만약 위치를 다르게 바꾸고 싶다면 미장하기 전에 내벽에 빨강래커로 표시하라. 외기에 접하는 벽은 내장목수가 내부단열재로 마감한 후 석고보드로 마감하므로 내장목수가 투입되기 전까지만 표시해주면 깔끔하게 마감된다.

주인세대는 구조나 인테리어에 신경써라. 판교공사 때 주인세대 인테리어를 잘못하여 시세보다 3억 이상 손해보고 파는 것을 보았다. 통매로 구입하는 사람들이 대부분 거주한다고 보면 된다. 주인세대의 인테리어는 투자개념으로 접근해야 한다. 하루의 공사일정은 6시에 현장 출근해서 아침은 현장식당에서 한 끼에 오천 원짜리 백반을 먹고 7시에 공사시작 9시에 새참은 이천 원 범위 내에 먹는다. 그리고 12시에 점심을 먹고 모든 작업들이 약속이라도 한 것처럼 동시에 오침을 취한 후 1시부터 일을 다시 시작한다.

오후 3시에 역시 이천 원 범위 내에 새참을 또 먹고 오후 5시면 모든 일이 끝난다. 아침 6시 전에 빗방울이 머리에 한 방울 '뚝' 떨어지면 현장에 출근을 안 한다고 보면 된다. 건축주가 가끔 음료수나 음식물을 가져오는데 오후 3시쯤에 새참을 가지고 가는 게 그 효과를 극대화할 수 있다. 그러나 술은 가져오면 안 된다. 만약 일하다가 부상당하면 보험혜택도 받을 수 없다. 술 제공자가 법적 책임을 질 수도 있다.

만약 도면과 다르게 구조변경을 부탁하거나 꼼꼼한 시공을 부탁한다고 할 때도 이 시간대가 가장 좋다. 골조공사 시 투입되는 작업자는 골조목수와 철근배근작업자, 전기배선작업자, 배설배선작업자들이 투입된다. 골조가 완공되면 많은 사람이 현장을 빠져나가고 전기와 설비작업자만 준공 때까지 끝까지 남아서 작업한다. 건축주는 전기업자와 설비업자와 친하게 지내라.

비싸게 팔리는 조건들

내부공간 및 외부 인테리어를 포함한 전체 디자인이 아름다운 집일 때와 1층 상가에 메이저 업종이 임대해 들어와 높은 임대수익으로 건물의 가치를 상승시킬 때다.

비용 대비 효과가 높은 계단타일, 거실, 현관 앞 대리석, 주방가구, 화장실은 특별히 강조하고 고급소재 사용으로 건물의 가치를 상승시킨다. 2, 3층을 가장 많이 임대하는 세입자층 연령은 30대이므로 그 나이에 맞는 디자인과 인테리어로 선택하고, 각종 편의시설인 비디오폰이나 디지털 도어, 승강기 등을 갖춘다.

지붕방수

마지막 지붕타설 시 미장과 방수작업자가 지붕에 구배를 잡아야 하고, 제물방수를 해야 한다. 단, 지붕타설 시 지붕을 어떤 종류로 시공해야 하는지 미리 결정해 주어야 지붕에 맞는 골조형태로 시공할 수가 있다. 또한 구배 위치도 정할 수 있다. 빠른 지붕 선택은 공사기간이 단축된다는 것을 명심하라. 외기에 노출된 지붕층은 온도변화, 강우, 강풍의 영향을 가장 많이 받는 부위로 자연환경을 극복하는 지붕층에 설계 또는 시공에 주안점을 둔다. 변화무쌍한 사계절 온도 차이에 의한 결로현상과 동결융해의 반복에 따른 구조체 균열 등의 내구성 저하로 각종 하자가 발생한다. 구배시공방법은 평슬래브는 중앙에서 가장자리로 방수 후 구배시공하고 경사지붕일 때는 경사도를 감안하여 빗물이 외벽을 타고 흐르지 않도록 구배시공한다.

구배는 지역강수량에 따라 최소구배는 1/50 이상 확보하고 트렌치 위치 및 규격을 검토하고 홈통 주변에는 충분한 구배를 확보한다. 평지붕은 1차 시멘트액체방수, 2차는 우레탄도막방수하고 경사지붕은 1차로 시멘트액체방수하고 2차 방수는 지붕의 종류에 따라 시트방수나 아스팔트방수제로 지붕에 맞게 선택한다.

골조 완공 마지막 날 지붕타설할 때는 아침 일찍부터 지붕타설해야 하는데, 콘크리트 사이에 공기층과 물기를 없애고 방수액을 섞어 정밀 미장방수인 제물방수를 해야 하는데, 소요시간이 7시간 이상 소요되므로 야간작업에 대비하여 조명까지 준비하고 작업자들의 작업숙련도 편차가 심하므로 숙련된 작업자를 선정해야 한다. 평지붕과 경사지붕의 방수는 차이가 있는데, 경사지붕은 별도의 지붕을 얹는 작업을 하지만 평지붕일 때는 방수페인트로 2중 방수로 마감한다. 참고로 추운 겨울철에 제대로 보온이 않되게 방수한다면 봄이 되면 반드시 비가 센다. 따라서 "겨울철에 방수한다는 것은 한 마디로 미친 짓이다."

우수배관

종류는 일반홈통, 컬러홈통, 이중나선형관, 오수배수통합트레인, 우수전용트레인, 홈통받침 우수맨홀은 원형과 사각형이 있다. 베란다 트레인은 배수 시 물튀김 및 소음방지와 미관상 좋게 하기 위해 홈통은 PVC 종류로 하고 상하수도관의 일반용은 경질폴리염화비닐 100mm관으로 사용한다. 소음이 발생하는 곳에는 이중관 또는 나선형관으로 사용한다.

우수관시공은 주차장, 조경, 도시가스작업으로 연결관 처짐현상 발생에 주의하도록 하고, 홈통받침은 우수침투 방지를 위해 바닥마감 높이의 5cm 이상으로 시공한다. 우수받이가 사람들이 걸어다니는 통로에 위치해 있다면 겨울철 땅바닥이 얼어 미끄러져 다칠 수 있으므로 우수받이 밑에 트렌치를 설치하여 빗물이 다른 곳으로 갈 수 있게 설치해야 한다.

지붕마감재 선택

내용년수가 길고 교환 및 보수가 용이한 것을 선택하고 재료비와 공사비가 저렴하며 공사기간이 짧아야 한다. 외관과 조형성이 우수하고 오염이 덜 되고 바람, 지진, 진동, 태양열 등에 휘거나 변형되는 등 손상되지 않는 것으로 선택한다. 경사지붕마감재의 종류 선택은 자재가격 편차가 가장 크다.

가장 비싼 수천만 원대부터 기백만 원 정도까지 다양하다. 하지만 너무 비싼 것은 피하는 것이 좋다. 나중에 태양광을 설치하거나 1층에 식당이 임대해 들어오면 후드가 지붕 위로 설치되어 지붕이 잘 안 보인다.(단독주택, 전원주택은 해당 없음)

지붕형태

우진각지붕은 사면에 지붕이 있어 외벽이 더러워지지 않고 안정감이 있다. 맞댄지붕은 가장 많고 대표적이며, 양면경사 지붕이다. 팔각지붕은 맞댄지붕과 우진각지붕을 조합한 지붕으로 사찰 등에 사용된다. 방형지붕은 평면 정방형 4면의 지붕이 한 점에 모이는 형식이며, 정자지붕에 사용한다.

부섭지붕은 단순하고 예리한 지붕형태로 한쪽 방향으로 배수와 방수성이 뛰어나다. 반통형지붕은 내부공간을 활용할 수 있는 개성적인 지붕이고, 정밀하게 시공해야 한다.

3층 지붕철근공사

잠깐만요 **공사 뒷이야기**

신발가게에 도착했는데 집에서 신발치수를 잰 종이쪽지를 집에 놓고 왔다. 그래서 다시 집에 가서 쪽지를 가져왔다. "이런 놈 보고 융통성 없는 놈이라고 한다."

신발가게에서 바로 신발 신어보면 될 것을 융통성 없는 것도 병이다. 공사현장에서는 수많은 변수들이 많이 생긴다. 공정이 바껴서 시공이 곤란하거나 자재가 잘못 납품되거나 공사가 중단되기도 한다. 그때마다 순발력과 융통성을 발휘하라.

각층 바닥 콘크리트 타설 후 물기가 마르지 않아야 건물이 건강하다. 금붕어가 바닥에 있다고 생각하고 흥건하게 물로 적셔주어야 한다. 1군업체 아파트공사현장에서는 아주 철저하다. 그러나 주택현장에서는 소홀히 생각하거나 물을 공급해주는 사람이 없는 경우도 있다.

퇴실 후 현장의 시공자에게 전화하지 말고 건축주가 수돗물로 세차한다는 기분으로 물을 뿌려주어라. 늦으면 금붕어가 죽는다.

껍데기는 버리고 핵심을 찾아가며 형식보다는 실리를 중시하고 볼 것만 보고 살핀다. 가야 할지, 멈추어야 할지, 어디로 갈지, 무엇부터 할지, 혹은 안할지, 아는 것이 건축의 도다.

골조완공

• 골조공사 • 석재 선택 • 가스공사 • 문틀 실측 및 발주 • 미장과 방수 • 방수 • 방수 종류
• 창호공사 • 플라스틱의 모든 것 • 문의 유형 • 기포공사 • 온수난방 • 모르타르 방통

골조가 완공되었다면 건축주는 "만세"해도 좋다. 일했던 시간도 길었고 작업한 인부들도 많았으며 사고나 말도 많았던 험난한 길을 걸어왔다. 이제부터 건축주는 건물에 재미를 느끼고 삶에 희열까지도 동반되는 시기가 된다. 골조 안에 하나씩 채워가는 즐거움에 이전에 경험했던 고통을 잊어버리고 또 한 번 더 신축하고 싶다는 생각이 들게 하는 앞으로의 공사과정이다. 골조가 완공되면 제일 먼저 할 것은 내부를 깨끗이 치우고 문틀부터 넣어야 한다. 문틀의 색상이 집 안의 모든 색상을 좌우하는 기초색상이 된다.

골조 안에 채워 넣을 때의 원칙으로는 마감 옆선과 바닥선이 만날 때 옆선은 조금 넓게, 바닥선은 조금 낮게 해야 마감이 좋다.

"사람을 만날 때는 바닥선처럼 겸손하게, 옆선처럼 마음은 넓게"

골조공사

설계도면으로만 상상했던 건물을 실물로 보게 된다면 약간의 설레임과 두려움이 교차하게 될 것이다. 골조완공일은 비오는 날을 제외하고 내부적 문제가 없다면 보통 30일부터 50일 정도 걸린다. 콘크리트타설 후 3일 동안 양생하고, 내부해체 시 힘을 많이 받는 부분은 서포트를 받쳐야 한다. 내부의 모든 적치물을 깨끗하게 치우고 폐기물은 버리며 주변정리를 깔끔히 해야 안전사고도 방지할 수 있다.

그리고 동시에 현관문틀, 방문틀, 화장실문틀, 창호틀, 석재, 계단석 등에 해당하는 하도급업자에게 현장실측을 시킨 후 건축자재를 발주해야 한다. 외부마감재가 조적일 때 외장재의 외장벽돌 종류 선택은 골조완공 5일 전에 결정 · 발주하는 것이 좋다. 만약 수입산 외장벽돌일 때는 약 15일 전에 결정하여 발주가 되어야 한다.

방문틀은 발주 후에도 약 1주일 걸려 납품되므로 발주일에 미장 및 방수작업자들에게 공사일정을 알린다. 방수액과 미장용 모르타르와 시멘트, 기타 미장재료는 공사 하루 전에 미리 준비한다. 인건비가 비싸므로 재료가 준비되어 있지 않아 미장을 못하는 일은 없어야 한다.

잠깐만요 **공사 뒷이야기**

골조공사 시기에는 아마도 건축주가 가장 바쁘기 시작할 때이다. 이때 어려운 것을 할 때는 보다 쉬운 것부터, 큰 것을 하고자 할 때는 비교적 작은 것부터 시작하라. 건축주는 건축의 기초상식을 갖추어야 건물이 좋아진다. 필자의 책을 읽고 또 읽어야 한다.

아파트공사현장에 가면 외국사람이 많다. 중국, 베트남, 캄보디아, 미얀마, 태국 등 외국인들이 많다. 한국말을 잘못하므로 무슨 말을 하는지 알아들을 수 없어 답답했다. 어찌 보면 "소통만 잘 되어도 건물의 질이 높아진다." 건축주는 시공사와 자주 대화하는 것이 좋다. 유능한 시공업자의 능력을 판단하는 방법은 다음과 같은 상황으로 '일목'을 잘 아는지 판단된다.

첫 번째는 공사를 시작할 때부터 다음에 이어지는 공정이 무엇인지 다음공정의 마감선과 폭이 어디까지인지 알고 있다. 만약에 한 공간에서 서로 상충되고 작업이 중복될 때 교통정리를 하고, 연결되는 작업일 때는 시기적절하게 작업자와 장비, 건축자재를 미리 준비한다. 마치 물 흐르듯 현장관리를 잘하는 사람을 현장에선 '일목'을 잘 안다고 말한다.

두 번째는 일목에 맞게 이번 공정에는 작업자를 몇 명이 투입되어야 하는 것과 장비의 종류와 크기에 맞는 중장비를 투입해야 한다. 장비투입이 너무 느려도 너무 빨라도 안 된다.

세 번째는 현장 주변의 효율적인 공간 확보이다. 건축자재를 쌓아놓을 장소가 없거나 멀리 떨어져 있어 지게차를 동원하면 비용이 발생하게 된다.

네 번째 건축자재가 너무 빨리 도착하여 현장에 장기간 방치로 자재가 파손되는 경우와 자재납품이 너무 늦어 인부들이 멍청히 서있는 경우 등이다.

다섯 번째 공사현장의 자재 정리정돈과 건축폐기물을 제대로 처리함으로써 공사현장이 깔끔하게 청소되어 있다. 슬프게도 지금까지 공사현장을 다녀보아도 이 모든 것을 충족하는 시공자를 아직까지는 본 적이 없다.

학교다닐 때 이런 학생 반드시 있었다. 쉬는 시간에 종 울리면 질문하거나 수업시간에 졸다가 쉬는 시간에 공부하는 놈과 비슷한 사람이 공사현장에도 반드시 있다.

점심 먹고 모두 잠자는데 그때마다 시끄럽게 공구질하여 잠 못자게 하는 놈이 현장마다 반드시 있다.

석재 선택

중국과 동남아에서 주로 수입하는데, 골조공사가 다 끝난 후 실측한 다음 치수를 적어 수입국에 보내어 가공하기 때문에 제품이 우리나라에 도달하는 시간은 빠르면 2주에서 1개월 이상 걸려 공사가 지연되므로 골조가 완공되자마자 실측한 석재를 발주하는 것이 좋다. 1층 부분은 고급석재로 사용하고, 2층 이상 주거 부분은 시공도 빠르고 비용도 싸며 석재보다는 외부에 오염이 덜되고 단열효과가 뛰어난 벽돌시공을 추천한다. 요즘의 벽돌은 종류도 다양해지고 고급화되어 있다.

화강암은 국내에서 가장 많이 매장된 석재로 색상이 다양하지 못해 외국산에 비해 다소 질이 떨어지며 색상은 흑색, 백색, 분홍색의 반점 무늬를 갖는다.

안산암은 강도, 경도, 비중이 크며 내화성이 있어 구조용 석재로 사용되며 색상은 담색이나 암색이 많지만 조직 및 색조가 일정하지 않은 결점이 있다. 점판암은 진흙이 땅속에서 압력을 받아 응결된 것으로 색상은 흑색과 회색으로 얇게 쪼개지기 쉬워 지붕에 사용한다.

대리석은 연마하면 단단하고 빛깔과 무늬가 아름다워 장식재 및 조각용으로 사용되었으나 산이나 열에 약하여 외장재로는 쓸 수 없다. 사암은 모래나 자갈이 수중에 침전과 퇴적으로 생성된 석재이며, 톱으로 켜서 보통은 내부 장식용으로 사용한다.

인조석은 순수한 무기질 재료와 콘크리트를 가공한 자연석과 같은 질감에 어떠한 건축물에도 시공이 가능하며, 자연석의 견고함과 가벼움으로 시공이 간편하고 비용도 저렴하여 내·외장재로 쓰인다.

석재의 내구성은 조직, 구성 성분, 사용되는 장소의 풍토, 기후, 노출상태에 따라 달라지고 내구년한으로 화강암은 약 77년~200년이고, 대리석은 약 66년~100년이다. 석재는 공기 중에 포함된 탄산, 염산, 황산에 의해 산화작용을 일으켜 침식되고, 산이 포함된 빗물에 침해를 입는 대리석과 사문암은 외장재로 사용하지 않는다. 석재는 색채가 우아하고 장엄하며 치밀하여 가공하면 아름다운 광택이 난다. 그러나 가공이 어렵고 비중이 커서 운반과 시공이 불편하다.

잠깐만요 **가다가 뒤돌아보았네!**

건축과 관련해서 공부하다보면 스페인건축가로 위대한 가우디가 자주 거론된다. 그는 "직선은 인간에게 속하고 곡선은 신에게 속한다."고 말했다. 그는 재료를 전통방식에서 탈피하여 독특하고 독창적으로 사용하고, 모방 불가능한 모양과 아름다운 장식을 통해 자신의 개성을 표현했다.

백년이 지나고 지금까지도 공사 중인 건축물을 설계했고, 공사를 직접 진두지휘한 위대한 건축가 가우디는 예수 탄생의 이야기를 담은 사그라다 파밀리아 성당을 1883년부터 시작했다. 그러나 가우디는 1926년 6월 7일 퇴근길에 전차에 치였다. 어릴 때부터 소아마비 때문에 걷기가 부자연스러워 느린 속도의 전차에 치였으며, 노숙자라고 생각해 오랫동안 그냥 길거리에 방치되었었다. 지나가는 행인이 조금만 빨리, 그리고 대가 없는 배려가 있었다면 가우디는 그 성당을 완공했을 것이다. 가우디가 죽은 후 3년 동안 공사 중단 후 가우디 같은 사람이 없었기에 조심스럽고 천천히 지금까지 계속 공사 중이다.

또 하나 슬픈 사실은 못생긴 얼굴에 절름발이로 결혼도 못했는데 오갈 데 없는 어린조카까지 돌보고 있었다. 언제 완공될 지는 아무도 모른다. 왜냐하면 가우디의 건축은 기존에 모방이 아닌 새로운 창조의 건축이기 때문이다. 그래서 지금까지 계속 조심스럽게 공사중인 것이다. 내가 죽기 전에 완공된 성당을 구경할 수 있다면 얼마나 행복할까.

1937년 경성에서 공사판 일꾼이 퇴근길에 술 먹고 선로를 베개 삼아 잠을 잤다가 안개 낀 새벽에 청량리로 가는 전철이 지나갔고, 그 일꾼은 큰 변고를 당하였다.

2017년. 길바닥이 춤을 추었고 가로등이 달려온다. 그 이후로 정신을 잃었다. 그러나 지금 책을 집필하는 것을 보면 죽지는 않았다.

왜냐고 술에 취해 죽음의 공포를 기억할 수 없기에 죽지 않았다. 다만, 아파서 병원에 누워 있기만 했다.

거푸집 해체시 주의사항

콘크리트타설 후 1주일이 지나면 강도는 70% 정도이며, 2주일이 지나면 약 88% 정도의 강도가 나타난다. 이후로 강도가 완만하게 이루어진다. 가능하면 벽체, 기둥, 보 옆은 온도에 맞는 양생과 콘크리트 압축강도가 기준 이상 확보된 후 거푸집을 해체해야 하는데, 제일 먼저 버팀대 및 당김줄을 제거하고 수직과 수평 띠장 파이프를 해체하기 위해 웨지핀을 제거한다. 그리고 슬래브나 1층 보 부분은 골조가 완공될 때까지 합판을 제거하지 않는 것이 좋은데, 한쪽 면부터 해체 후 다른 쪽으로 이동해가며 해체한다. 긴노루발못빼기(현장용어; 빠루)를 사용하여 보 밑과 바닥의 형틀을 해체한 후 마지막으로 수평목을 제거한다.

거푸집 및 거푸집 버팀목을 해체할 경우에는 작업책임자가 안전관리를 위해 상주하고 안전과 작업자 보호에 만전을 기해야 한다. 해체는 조립 역순에 따라 하며 강풍이나 폭우 등의 악천후 시에는 작업을 중단한다. 적합한 안전보호구를 착용하고 충분한 작업공간 확보와 환기설비를 갖추도록 한다.

보호망 설치

비계의 가설구조물 외측면에 보호망을 설치하여 외부로 물체와 기타 이물질이 낙하하는 것을 방지하기 위해 설치해야 한다. 수직으로 설치할 때 틈이 생기지 않도록 하고, 옆 건물로 이물질이 바람을 타고 나가는 것까지 막을 수 있게 꼼꼼하게 설치한다. 노동청 안전관리요원이 현장에 나와 안전망 설치를 하라고 요구하는 경우도 있다.

잠깐만요 | **공사뒷이야기**

판교에서 골조타설할 때 안전망 사이로 콘크리트 파편이 옆 건물에 튀었다. 외벽이 석재나 벽돌로 된 경우는 사다리차를 타고 외벽에 물청소해주면 되지만 공사현장 옆 건물은 드라이비트(뿜칠계)로 되어 있어 물청소를 하니 콘크리트가 번져 외벽이 더 더러워졌다.

멀리서 보면 잘 안 보여 끝났다고 생각했으나 준공서류를 접수하니 옆집에서 분당구청에 진정했기 때문에 준공서류가 반려되었다. 건물 외벽을 재시공해주고 옆집 건축주의 확인서가 첨부되어야 준공서류 접수가 가능하다고 분당구청 직원이 알려주었다. 그래서 옆집 전체를 드라이비트 공사를 다시 해주었다.

건축주는 도면으로만 보던 것을 골조가 완공되어 실물을 본다면 현실감 있게 다가올 것이다. 이때 건축주는 부지런히 현장에 들러야 한다. 시공사는 개인의 생활관과 방식을 알 수 없기 때문이다. 시공을 해보면 건축주는 시공사가 내 마음 같다고 생각하지만 사실 표현을 안 하면 잘 모르며 알아서 해주는 경우는 드물다. 특히 되돌릴 수 없는 각 공정 시점에서 시공자와의 대화는 무척 중요하다.

내 건물이다. 시공자와 설계사는 떠나지만 건물과 그 주인은 그 자리에 서 있다. 가끔 분노가 치밀어도 내 집을 위해 참는다. 나중에 내가 화난 표정이 건물에 나타난다. 살아보면 알게 된다.

방, 거실, 화장실, 주방, 베란다 등 방의 크기, 가구, 전기제품 놓을 자리 등을 감안하여 콘센트, 전등 위치가 잘못되었거나 변경이 필요한 부분에 빨강색 래커로 벽면에 표시한다. 그러면 미장 시 마감처리로 고칠 수 있다.

설계도서 간의 불일치와 건축주, 설계사, 시공자 간의 의견 차이가 발생되는 문제점들은 건축주 중심으로 해결될 것이다. 건축주의 설계변경 요구로 문제발생 시에는 타당성 여부와 건축법적 범위 내에서 설득하고, 충분한 대화로 갈등을 해소하며, 항상 생각하라.

"건축완공이 최우선이다."

민원관련 갈등은 착수 전 소음, 분진, 교통 등 충분한 사전 검토를 한다. 착수 전 이웃주민에 대한 공사설명, 주민의 고충상담 및 장비 운용시간은 출퇴근시간대를 피하여 시공한다.

현장에서는 공사 때마다 "먼지난다. 소음 때문에 못살겠다."고 하는 사람이 반드시 있다. 신도시조성공사에서 이런 불편함은 없지만 신도시조성 후반에 공사한다면 화나도 참고 선물도 돌리고 죄인처럼 굽신거려야 하며 일요일이나 아침 일찍 공사를 못하는 경우도 있다. 한마디로 공사기간이 더 길어진다고 보면 된다. 건축주는 형식에 치우쳐 본질을 잃지 마라. 완공이 본질이다. 분쟁으로 소송까지 가지마라. 지나고 보면 건축주나 시공사나 전부 손해다.

상대방을 'understand'하라. 'under'는 아래이고 'stand'는 서다이다. **상대방 밑에서 서서봐야 이해가 된다.**

가스공사

나의 공사 방법은 골조가 완공되면 외장재를 붙이기 전에 가스관을 외장재 안에 매입한다. 도시가스공사에서 안전검사를 받으려면 특수강으로 시공하면 가스관을 외장재 안에 설치할 수 있다.

시공비는 일반 외벽 밖에 설치되는 가스관보다 다소 비싸지만 외관이 수려하고 가스관을 타고 들어오는 빈집털이범의 침입도 막을 수 있다. 외장재 내부의 매입설치는 골조완공 후 바로 해야 한다. 만약 일반가스관으로 설치하려고 한다면 외벽마감공사가 다 끝날 때 해도 된다.

택지지구의 난방은 도시가스이며, 베란다에 가스보일러가 설치되며, 건물유지비 중에 가장 많은 비중을 차지한다.

가스의 원료는 천연가스와 제조가스(석유계가스, 석탄계가스)가 있고 천연가스인 LNG는 지하에서 발생한 메탄가스가 주성분인 가연성가스를 말하며, 알래스카, 수마트라, 중동 등지에서 생산된다. 무색무취이면서 인화폭발의 위험성이 높아 가스감지를 위해 가스공급 시 부취제를 첨가하여 공급한다.

제조가스인 LPG는 석유정제과정이나 원유채취과정에서 생산된 프로판이나 부탄이 주성분이다. 무색무취이며 폭발한계가 낮고, 인화점이 낮아서 소량의 누출에도 화재나 폭발의 위험이 있다. 가스 누출감지를 위해 부취제인 메르캅탄을 첨가하여 공급한다.

잠깐만요 **가다가 뒤돌아보았네!**

주거시설 중 부엌시설의 발전이 가장 늦다. 1880년도 이후 영국에서는 인건비 상승과 일이 힘들고 인정받지 못하여 가정부 일을 기피했다. 가정부 구하기가 힘들어지자 가정주부가 직접 가사노동을 하게 되었다. 그때부터 가정주부들은 부엌시설 개선의 필요성을 느끼기 시작했다.

가장 불편한 것은 석탄으로 불을 지펴야 하는 번거로움과 시간 낭비가 많았다. 드디어 1891년 가스레인지가 보급되었다. 그로부터 83년이 지나 1974년에 우리나라 신부들의 결혼혼수품 1호가 가스레인지였다.

1970년대 우리나라 중산층 주부들은 인건비가 저렴한 식모가 부엌일을 전담하다가 산업현장과 서비스산업으로 다 빠져나가고 인건비도 상승하여 식모 구하기가 힘들어졌다. 그래서 가사노동을 직접하게 된 가정주부들은 주거의 내부공간 개선을 바라게 되었다.

1971년 서울 동부이촌동 한강맨션에 최초로 중앙난방시설이 들어왔다. 1976년 나는 잠실의 석촌호수에서 낚시했고, 그 호수 바로 옆 주공아파트 3층에서 살았다.

1960년도에 처음으로 등장한 연탄으로 난방과 취사를 했으며, 그때 서울 쓰레기의 80%를 차지했던 연탄재를 버리는 담당이었다. 지금도 이해할 수 없는 없지만 연탄재 버릴 때마다 마주쳐 창피하게 생각했던 빵모자 쓴 어여쁜 무학여고생... 지금은 어디서 나처럼 늙어가겠지? 가는 세월이 서글퍼지는...

문틀 실측 및 발주

골조의 완공 시점은 내부의 거푸집을 제거하고 건물 내부의 청소가 완료된 상태에서 실측하고, 문틀을 발주해야 한다. 건축주는 현관문철재틀, 방문틀, 화장실방문틀을 선택한 후 발주해야 한다. 보통 발주한 후 약 일주일이 지난 후에 납품되므로 미장공사 투입 전까지 방문틀이 완공되어야 한다.

문틀의 색상이 전체 인테리어를 좌우하므로 신중하게 선택한다. 어찌 보면 실내인테리어는 가구가 아닌 색상의 조합이라고 생각한다.

방문은 세로 2,100mm, 가로 900mm를 기준으로 가능하면 규격품 틀을 설치해야 비용절감 효과가 있다.

화장실문의 크기는 세로 2,100mm 가로 700mm~900mm까지의 좌변기에 닿는지 여부에 따라 폭의 크기를 조절할 수도 있다. 현관문틀은 철재로 소방법에 준하여 방화문을 설치해야 한다. 문 크기가 너무 작으면 답답해 보이고 너무 크면 현관문이 힘을 못받는 경우가 있다.

세입자의 현관문은 세로 2,100mm 가로 900mm의 일반 보급형으로 한다. 그런데 요즘엔 디지털자동문을 설치하는 것이 추세이다.

주인세대는 3층과 4층 사이 계단 복도에 아래층 거주자들이 출입하지 못하게 차단문을 설치하고 현관문은 고급형으로 선택한다. 문 크기는 보통 세로 2,100mm 이상, 가로 900mm 이상이 좋지만 일조건을 받는 건물일 때 높이가 안 나올 수도 있다. 현관문 크기는 현실에 맞게 골조 타설 전에 결정해야 한다.

방 문틀의 색상이 전체 실내인테리어 분위기를 좌우하므로 공사 시작 때부터 창, 방, 문틀의 색상에 대하여 정보나 자료를 미리 수집해 신속히 결정해야 공사기간을 단축시킬 수 있다.

화장실은 반드시 ABS문틀 및 방문을 선택하라. ABS는 강성, 내약품성이 뛰어난 성질이며 충격과 습기에 강하고 광택과 성형이 자유로운 장점이 있다. 그리고 수지첨가제 비율로 다양한 색상을 만든다.

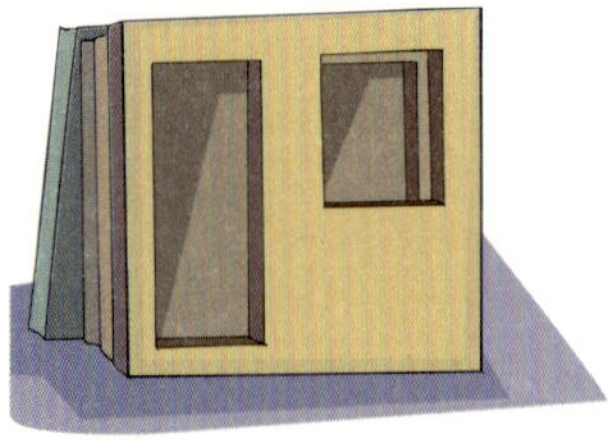

잠깐만요 **경험의 한수**

지인의 부탁으로 분당의 아파트를 리모델링한 적이 있다. 20년 된 아파트라서 전체 수리하고 리모델링을 많이 했는데, 그중에 화장실 문과 문틀이 썩어 있었다.

습기와 암모니아냄새가 나무를 썩게 하기 때문이다. 더욱이 목재인지 ABS제품인지 육안으로 확인이 쉽지 않았다. 목재와 개당 몇 만 원 차이가 나기 때문에 건축주가 모르거나 신경을 안 쓰거나 만약에 양심불량인 시공사라면 목재로 쓸 수도 있다.

페인트가 벗겨지는 3년부터 서서히 썩기 시작한다. 처음 분양받은 아파트에는 6년 동안 살고 있는데 화장실문이 썩어간다. 화장실문 교체는 쉬운데 더 큰 문제는 문틀 교체 시 경비가 많이 든다는 점이다. 화장실 내부 타일과 화장실 외부의 거실도배와 마루를 다시 해야 하는 대공사다. 공사 시 건축주가 꼭 챙겨야 할 부분 중 하나이다.

미장과 방수

현관문틀, 방문틀, 화장실문틀을 먼저 설치한 후 미장시공이 이루어져야 한다. 그리고 내장목수가 투입하여 방문틀을 설치하고, 잡철시공자가 투입하여 현관철재문틀을 설치해야 공정이 빨라진다.

1층 상가 잡철의 종류를 선택하여 발주해야 하는데, 보통 알루미늄바, 갈바 중 하나를 선택하며, 두 가지 재료의 폭과 크기에 맞게 미장폭을 조절할 수 있다. 1층 상가의 창문틀도 미리 설치해야 미장이 깔끔하게 마감된다. 방수는 화장실과 베란다, 그리고 평지붕과 경사지붕에 따라 방수계획을 세우고, 이중방수를 원칙으로 한다.

미장순서

바탕정리는 돌출물, 이물질 제거, 방문틀, 창문틀 주변사춤을 확인하고 초벌에 면을 잡은 후 긁어주기 쇠빗으로 수평시공을 원칙으로 가늘고 고르게 바른다. 정벌은 초벌 후 갈라짐과 처짐 발생 여부를 확인한 후 정벌착수는 물뿌리기를 한 후 위에서 아래로 좌에서 우로 시행한다.

1차 바르기 후 1~2시간이 경과한 다음 흙손으로 눌러 기포를 제거하고 면을 매끄럽고 평활하게 마무리한다. 시공요령은 불순물 제거로 하자 발생을 방지하며 시멘트 한 포당 약 (50~70%) 정도의 접착제를 혼합한다. 건조 상태를 확인하고 습도가 적고 바람이 없는 흐린 날이 가장 좋다. 우천시와 저온 시에는 백화현상 및 탈락현상이 발생하므로 공사를 중단한다.

부위별 주의사항으로 현관문은 반원형의 줄눈을 사용해야 다른 공정 시 마감하는 것이 수월하다. 승강기 출입구는 미장두께를 과다하게 바르면 진동으로 인해 크랙이 발생한다. 모서리 부분은 메탈라스를 설치해 미장 균열을 방지하고, 비트를 사용하여 균열이나 모서리 깨짐을 방지한다.

방문 주변은 방문틀 주변에 크랙이 안 생기게 정밀 미장한다. 외벽 새시틀 부분은 사춤 후에 1종~3종 중 2종 모르타르방수 후 정벌바름한다. 바닥의 기포콘크리트는 수분 흡수가 잘 되도록 하루 전에 물을 뿌려주고 문 입구 주변과 외부와 접촉하는 면은 수분 증발에 주의한다. 그러나 너무 많은 물을 뿌리면 침하로 인한 방바닥 크랙이 발생하므로 주의한다.

스티로폼 받침대를 신발로 사용할 경우 입자가 모르타르면에 부착되어 마감상태가 불량해지므로 신발자국을 확실히 마감처리한다. 기포콘크리트 타설 후 최단기간에 방바닥 미장마감 공사를 해야만 방바닥에 생기는 크랙을 방지할 수 있다. 외기에 접한 벽체의 경우에는 면조정재가 단열재 위로 올라와 열전달현상으로 결로발생이 우려되므로 석고면 부분에 단열재를 시공하여 석고보드를 타고 오는 냉기를 차단해야 한다.

미장 시 재료 구입 및 점검사항

시멘트 제조일로부터 3개월 이내의 것인지 확인하고 강모래를 사용해야 하고, 모래에 불순물이 섞여 있으면 나중에 백화현상이 생긴다. 바닥바름의 초벌바름은 입자가 굵은 것, 정벌바름은 고운 것을 사용하며, 접착증강혼합제의 유효기간이 6개월 전 것인지 제조일 확인 후 구입한다. 만약 5℃ 이하에 보관하면 변질되며 사용할 수 없다.

접착제는 접착 향상과 방수성을 증대시킬 수 있게 시멘트 한 포당 50g~70g을 섞어 사용한다. 그러나 혼합물이 과다투입될 때 백화현상이 생긴다. 우천 시나 저온 시에 백화현상 및 탈락현상이 발생하므로 습도가 적고 바람이 없는 흐린 날 작업하는 것이 가장 좋다. 요즘엔 모래와 시멘트를 섞어 만들어서 판매하는 모르타르를 주로 사용한다.

잠깐만요 경험의 한수

건축주가 챙겨야 할 부분은 골조타설 시 화장실방수턱과 베란다방수턱, 옥상 외부 출입구 바닥방수턱을 만들어 콘크리트 이어치기하면 방수효과가 매우 높다. 그러나 골조목수들이 인건비가 더 들어가고 일손이 많아진다고 방수턱을 안 만드는 경우가 많다.

외기 접촉면에는 미장을 하지 않고, 1차 테크론, 2차 석고보드로 내단열한다. 요즘에 분양되는 아파트 일부는 시공비를 절약하려고 미장보다 값도 싸고 마감면이 좋아 내부는 모두 석고보드 붙임시공을 한다.

입주 후 액자를 걸기 위해 벽에 내 마음대로 못 하나 박을 수 없는 집의 내부가 되어버렸다. 더구나 충격으로 벽면이 함몰되는 하자도 발생한다. 건축주는 내부에 미장을 하지 않고 석고로 가배했는지 확인해야 한다.

지금 내가 살고 있는 아파트 내벽이 석고보드로 가배되어있다. 하물며 화장실벽까지도!. 지금 살고 있는 곳의 벽을 두드려 봐라! 금방 알 수가 있다.

동탄2차 신도시 아파트는 내부를 전부 석고보드로 마감했고, 판교 복합단지 내 아파트는 벽걸이 TV를 설치할 곳만 미장처리한 것을 도배 전에 아파트 내부를 청소하러 현장에 가서 일하면서 내부의 석고보드로 마감한 모습을 휴대폰으로 찍어 보았다.

방수

방수재의 종류 및 규격품인지 확인하고, 바탕이 불량하거나 요철 부위는 철저히 보수해야 한다. 바닥먼지나 기름때를 제거하고 정밀청소하며 물흘림경사는 최소 1/200 이상 배수쪽으로 유도하고 강우 및 동결온도 2℃ 이하일 때는 공사를 중단한다.

밀폐된 공간에 프라이머방수할 때는 충분히 환기시키거나 조명기구를 설치하고 기포나 주름이 생기지 않도록 균일하게 도포한다.

방수시점은 화장실, 부엌, 베란다, 수도 및 오수배관을 설치할 때나 미장초벌 때 시공하는 것이 좋다. 시멘트 액체방수 1종이 사용되는 부위는 화장실 바닥, 최상층 지붕 트렌치, 지하실이고, 2종 모르타르방수는 화장실 벽면 1mm 이상으로 바르고 베란다 창틀 주변에도 바른다.

1차 방수시멘트풀칠은 방수액을 묽게 갠 시멘트를 바탕면에 풀칠한다. 2차 방수용액 도포는 방수시멘트가 경화된 후 약 2시간이 지난 후 제조사에 맞춰 배합비율을 준수하여 방수액을 침투시키고 표면이 응결될 때까지 기다린다.

3차 방수시멘트풀칠은 방수액으로 되게 갠 시멘트로 바탕면에 밀착시켜 또 한 번 풀칠한다. 마지막 방수는 방수모르타르를 바닥은 두께 10mm 정도, 벽은 두께 6mm로 일정하게 바르되 거친면 상태가 유지되게 한다.

방수요령 (화장실, 베란다, 창틀 주변)

창틀 주위의 모르타르 사춤 부위, 문틀 주변에 목심을 반드시 제거하고 화장실 및 배수관 수도배관 파손 여부를 확인한다. 베란다 방수턱이 파손된 경우에는 보수하며 트레인 및 슬래브 주변은 정밀 방수한다. 트레인 및 배수트랩 주위에 기타 이물질과 테이프와 먼지 등을 깨끗하게 청소한 후 정밀 방수한다.

화장실 조적벽면체일 때 미장한 후 방수해야 한다. 바닥구조의 구배 확인 각도는 지붕슬래브는 1/50이며, 욕실 및 화장실은 1/100, 발코니는 1/150이다.

지붕공사 시공 전에 비가 내려서 우수가 장기간 빠져나가지 못하고 고여 있으면 누수가 발생하므로 먼저 빗물배수 조치를 취해야 한다. 베란다 보일러 배관턱 부위에 누수 방지를 위해 방수턱을 설치하고 방수공사는 날씨가 5℃ 이하일 때는 공사를 중단해야 한다.

잠깐만요 경험의 한수

이 시기에 미장, 방수, 전기와 설비작업자와 중복되는 작업이 많아 간혹 시비가 발생한다. 처음 만나 같은 공간에서 작업을 한다면 작업 중 갈등이 발생할 수도 있다. 그 갈등을 건물에 화풀이하기도 하므로 업자끼리 모여 식사나 술 한 잔 같이 하며 인간관계를 갖게 하는 게 좋다.

보라신도시 시공 때의 일이다. 좌변기가 자주 막혀 세입자가 항의하여 펑 뚫어서 사용해보았다. 그래도 계속해서 막혀 변기를 통째로 뜯어보니 오수관 구멍 안에 이물질을 넣어 놓았다. 누군가가 나에게 화풀이하려고 그런 것이리라.

골조완공 후 외부인이 출입 못하게 임시로 출입문도 만들고 문에 잠금장치를 마련해야 한다. 만약에 설비 오·배수배관에 이물질을 넣으면 정말 대책이 없다. 간혹 오수배관에 시멘트를 부어넣고 물을 부었던 사건도 있었다.

광교공사현장 주변에서 다른 땅 소유자가 건물의 내부구조를 밤에 몰래 구경하다가 승강기 구멍에 빠져 크게 부상당하여 119구급차가 출동하여 간신히 목숨을 구한 경우도 있었다.

건축주는 명심 또 명심 요즘엔 신축건물에 야번이 없으므로 건물에 상상도 못할 일이 생길 수도 있다는 점이다.

건축주는 형틀목수한테 합판으로 출입문을 만들어 입구를 봉쇄하고 열쇠로 잠금장치를 해놓으라고 해야 한다. 특히 인간관계 관리에 서툰 건축주라면 더 주의해라.

방수 종류

시멘트계 방수

방수제와 시멘트 또는 모르타르와 혼합하여 표면에 도포하는 폴리머방수 공법으로써 방수층 두께로 1종과 2종으로 구분하여 사용하고, 공정도 단순하고 부착성능도 뛰어나 방수효과가 우수하여 주로 사용한다.

시멘트모르타르의 공극을 메우는 방법인 시멘트액체방수나 발수제를 모르타르 및 콘크리트벽면 등에 바르는 발수방수도 있다. 방수제를 혼합한 모르타르를 2~3회 발라 10mm~20mm 두께로 하고 방수층이 넓을 때 적당한 위치에 신축줄눈을 사용한다. 하절기에는 직사광선이 직접 노출되는 곳은 피하고 새벽이나 저녁에 바른다.

멤브레인 방수

불투수성 피막에 의해 방수하는 공법으로 아스팔트 합성수지방수, 합성수지시트방수, 합성수지도막방수 등이 해당된다. 합성수지시트방수는 가열하여 사용하며 접착성과 조인트처리 문제로 현장에서는 자주 사용하지 않는다.

비가열식인 고무아스팔트시트 이중방수 및 우레탄 도막방수 등이 있으며, 얇은 피막을 형성하여 방수하고 프라이머 두께는 3mm 이상 바르고 현저하게 굴곡진 곳이 없어야 하고, 갈라진 곳이나 접혀진 주름 및 구멍이 없어야 하며, 표면층에 흠이 있거나 보강재와 재료 사이에 틈이 없어야 한다. 경사지붕인 경우 아스팔트시트 붙이기할 때는 토치램프로 시트면의 뒷면과 바탕면을 균일하게 가열하여 밀착하며, 이음 부분을 덧붙임한다.

도막방수는 바탕면 도막에 여러 번 바르는 아크릴수지와 에폭시 등과 고무도료인 아크릴고무와 우레탄고무 등의 도막방수제가 있으며, 아크릴수지도막방수제는 습한 바탕에 시공이 가능하고 화재 및 중독위험은 없으나 건조시간이 길다.

에폭시 도막방수는 방수층이 필요한 옥상바닥에 사용하고, 균열보수에도 사용하며, 비록 고가이지만 성능이 좋아 많이 사용한다.

우레탄고무 도막방수제는 촉감이 부드럽고 여러 가지 색깔을 낼 수 있어 사무실이나 주차장 바닥 등에 사용하고 콘크리트타설 후 2주 정도 양생시키고, 겨울철에는 3주 정도 양생시킨 후 시공해야 한다. 아크릴고무 도막방수제는 신축성이 있어 복잡한 부위에도 시공이 쉬우며, 화재나 중독의 위험이 없으며 벽면에 뿜칠시공이 가능하다.

시트방수 재료는 합성수지나 아스팔트를 원료로 만든 두께 1mm~3mm 정도의 시트를 접착제나 토치를 이용하여 방수면에 붙여 사용하고 방수층이 튼튼하고 시공은 편하며 주로 목욕탕이나 지하실, 그리고 지붕공사 전 경사지붕 바닥면에 사용한다.

잠깐만요 **가다가 뒤돌아보았네!**

고무의 발견은 서로 자기나라에서 최초로 발견했다고 주장한다. 1906년에 유럽과 아시아, 아메리카, 아프리카에서 동시에 생쥐의 지능검사를 해본 결과 20점 만점에 6점이었다. 똑같은 항목으로 1965년 지능검사를 다시 해보았는데 20점 만점에 8점이 나왔다. 전 세계에서 조상 생쥐보다 더 진화한 것이다.

"발견이나 발명이 동시에 이루어지는 것을 보면 아이디어들이 대기권에서 떠다녀 세계 각국에 전달되는 게 아닌가 생각된다."(베르나르 베르베르의 상상력사전, 책 내용 중 "공시성"에서 인용함)

고무는 잘 휘어지고 방수도 잘되며 질기고 오래 가지만 녹는점이 낮아 겨울에 잘 신었던 장화가 여름만 되면 흐물거리고 끈적끈적하며 달라붙었다.

1843년 찰스 굿이어는 난로에서 졸다가 고무조각과 유황이 같이 엎질러져 탄력도 있고 더위에도 잘 견디는 고무를 우연히 발견했다. 그러나 발견되기 전까지 오랫동안의 연구와 시행착오로 재산을 모두 팔거나 저당잡혔고 결국엔 처갓집과 친구들에게도 구걸하다시피해서 돈을 빌렸다. 마침내 가족에게 부와 명예가 주어질 참이었는데, 제조과정이 너무 간단해 아이디어를 다른 사람들이 훔쳐갔다. 그리고 1860년 가족들에게 빚만 잔뜩 남기고 이름만 남긴 채 죽었다.

"돈은 떠나고 이름만 남았다."

검정고무신을 신고 다니다가 1963년 12월 28일 난생처음으로 운동화를 생일선물로 받았다. 너무 기뻐 함박눈내리는 눈길을 넷째 형과 같이 뛰어다녔다.

지금 생각하면 그 시절이 내 생애에서 손꼽히는 행복한 순간이었다. 같은 해 박정희 대통령은 군인을 동원하여 10개월 만에 만든 워커힐 호텔을 완공했다. 우리나라 최초로 볼링장까지 있었고 호텔개관식 때 루이암스트롱이 축하재즈공연을 했다.

그로부터 7년이 지난 1970년 지금의 신사동 강나루터에서 수영도 하고 놀았으며 그때 워커힐 호텔에서 흘러내려온 것으로 추정되는 콘돔을 주어 입으로 불어서 풍선을 만들어 공놀이하면서 놀았다.

"무엇에 쓰는 물건인지 나는 정말 몰랐다"

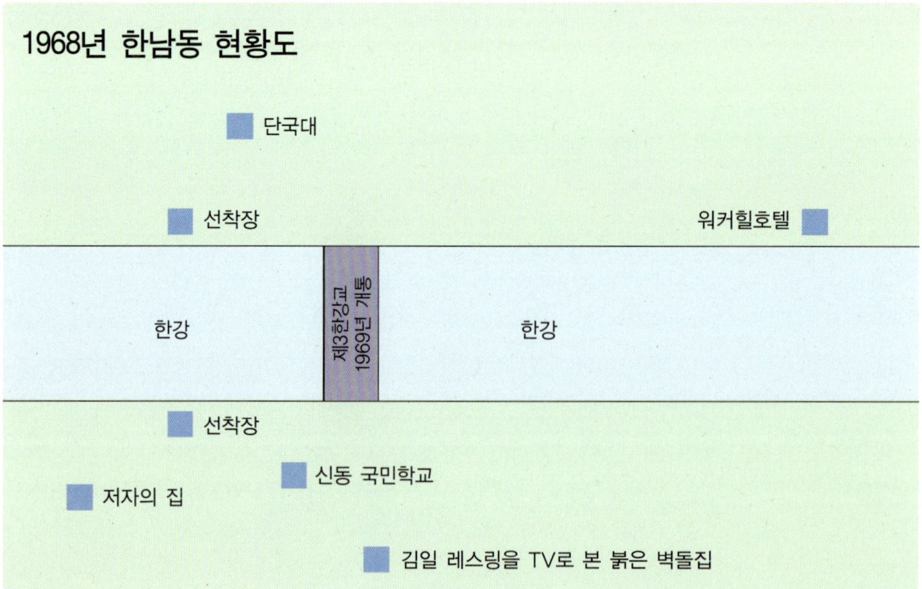

실링재 방수

건축물의 틈새나 알루미늄새시 주변에 충전하여 빗물이 새는 것을 방지할 수 있는 코킹 및 실리콘 등의 실링방수가 있으며, 코킹은 틈새를 충전하기 위해 사용되지만 용도가 유사하여 같은 실링재로 보고, 건축물의 수축이나 팽창률까지 고려하여 줄눈에 충전하여 수밀과 기밀상태를 유지하기 위해 사용한다. 또한 접착성이 있어야 하고 태양광, 산성비, 유독가스 등에 내구성이 강해야 하고 줄눈 주변에 오염되지 않고 실링재 자체에도 오염성이 없어야 한다.

실리콘계 비초산형의 항균작용 제품명 SR-1-9030은 욕실의 타일조인트 부분, 욕조 주위, 세면기, 욕실문틀, 주방가구 상판, 복층유리 부분에 사용한다. 오염방지 제품명 F형-25LM은 창호 외측 주위, 보일러 외부 연통 주위, 에어컨 외측 슬래브 주위에 사용하고, 용도에 맞게 선택하여야 한다. 특히 욕실이나 주방 상판에 반드시 물곰팡이방지용 실리콘을 사용할 것을 건축주가 강력히 요구해야 한다. 방화문틀, 창호 주위, 조적조인트 부분, 승강기 주위는 폴리우레탄계 실링재를 사용한다. 교차부나 가장자리부터 시작하여 기포 또는 빈공간이 발생하지 않도록 꼼꼼하게 채워넣고 마감공구로 충분히 눌러 마감면을 고르게 한다.

담수 확인과 하자

화장실과 베란다 바닥은 1차 시멘트액체방수 1종으로 바르고 완전건조 확인 후, 2차 아스팔트 프라이머로 2중 방수공사 완료 후 10시간이 지나야 하고, 담수기간은 3일 동안 담수해야 한다. 건물의 특성과 용도에 맞는 방수제를 사용하지 않았거나 설계 당시부터 경제적 기능만 지나치게 강조해서 건물구조가 온도변화에 적응하지 못해 누수가 발생할 수 있다. 또한 공정을 무시하고 시공하거나 바탕처리, 지수배합, 바르기, 마무리 불량, 동절기 시공 등의 작업환경 불량과 작업자 숙련도가 떨어진다. 그리고 부적합한 방수재료를 선택하는 경우이다.

사춤

미장공사 중 상당히 중요한 작업임에도 가장 허술하게 취급되는 공정이다. 하자도 많이 발생되므로 미장작업자에게 중요성을 강조해야 한다. 외장마감재로 석재나 조적이 완성되면 유리창틀을 끼워 넣어 외부에서 사춤이 불가능하고 내부에서만 사춤을 하다보니 아무리 잘 한다고 해도 비올 때 누수가 생기는 경우가 많다. 사춤재는 백업재에 모르타르를 섞어서 외부에서 1회, 내부에서 2회 사춤한 후 외부는 아스팔트방수액을 발라 결로를 방지해준다.

잠깐만요 공사뒷이야기

판교 백현 초등학교 주변에서 공사할 때의 경험이다. 가스보일러 분배기 조인트 부분이 더운물 때문에 고무패킹이 느슨해져 물이 새는 경우였다. 만약 보일러 작동 시 물이 새면 조인트 부분의 고무패킹을 교환하면 된다. 그리고 보일러 분배기 밑바닥 부분에 모르타르 방수액을 발라준다.

또 다른 현장인 판교 백현동 롯데리아 주변에서 겨울철 방수공사 경험인데, 건축주가 자금난에 시공사와 상의도 없이 전세계약을 맺어 갑자기 입주한다는 것이다. "나는 절대 안 된다."고 했으나 세입자와 건축주의 간곡한 부탁으로 어쩔 수 없이 겨울철 방수공사를 강행했다.

내부는 난로와 온풍기를 작동시켜 최대한 단열한 후 방수했다. 문제는 외부의 노출된 평지붕으로 1차는 시멘트계 방수하고 2차는 우레탄계 도막 방수했다.

2010년 겨울은 이상기후로 정말 추웠다. 건축주나 세입자에게 얼어 있는 방수층이 날씨가 풀리면 방수층이 떠져 물이 샐 수가 있다고 말하고, 하자 시 재시공을 조건으로 입주했다.

2011년 날씨가 풀리고 봄이 되자 당연히 물이 샜고 하자보수를 해주었으나 동네주민 및 근처 부동산중개소에 소문이 안 좋게 났으며, 건물이나 내 신용도에 큰 타격을 입었다. 그 당시 저자는

'돈도 떠나고 이름도 떠났다.'

건축주는 시공하면 안 된다고 하는 것들은 절대로 강행하지 말아야 한다. 어떠한 경우에도 타협과 양보는 있을 수 없다.

"건축의 도" 자연의 이치에 순응하고 인위적으로 무엇을 하려고 하거나 구하려고 애쓰지 않는다.

잠깐만요 **경험의 한수**

저자의 건축법은 창문에 비가 들이쳐 빗물이 침투하는 고통의 경험에서 찾아낸 나만의 시공법이다.

벽돌외벽재 마감시공 후 창호를 설치하다보니 외부에 위치한 창호 주변에 사춤 및 방수를 못하고 내부에서만 사춤할 수밖에 없었다. 사춤이 완벽하지 않아 겨울에 외벽석재 표면에 습기가 생기는 집을 자주 보게 되는데, 그런 집은 실내 창문 주위에도 결로현상이 생길 수 있다.

석재는 실리콘에 틈이 없다면 창문 사이로 빗물이 유입은 잘 안 되지만 미장벽돌집일 때는 창문을 통해 빗물이 유입되므로 사춤을 정말 잘해야 한다.

참고로 실리콘을 쏠 때는 먼지나 머리카락이 실리콘에 섞인다면 그것을 통해 빗물이 유입될 수도 있다. 그리고 창대석이나 두겁석에 실리콘을 쏠 때는 좀더 세심하게 시공해야 한다. 나만의 건축법으로 공사한다. 골조가 끝나면 창호 틀을 먼저 설치한 후 미장방수 사춤을 한다.

창호공사

문의 형태

개폐방식에 따라 여닫이문, 자재문, 미세기문, 미닫이문, 회전문, 접문으로 나누어지고 구성재료에 따라 플러시문, 양판문, 널문, 합판문, 유리문, 창호지문, 세살문, 비늘살문 등이 있다. 자재문은 여닫이문에 자유경첩을 달아 안팎으로 자유롭게 열리고 저절로 닫히는 형태로 현관문에 사용한다. 미닫이문, 외미닫이문, 쌍미닫이문은 거실 입구에 사용하고, 유리문은 문에 울거미를 하고 그 중간에 살을 넣어 유리를 끼우는 문이고, 온장유리를 쓰기도 하며 하부에 널을 댄 징두리널 유리문도 있으며 건축주가 선택해야 한다.

비늘살문은 직사광선을 막고 통풍이 잘 되게 하는 문으로 외부에서는 실내쪽이 보이지 않으면서 통풍이 가능한 문이고 화장실과 세면장의 내부 출입문으로 사용된다.

양미닫이는 환기나 채광이 좋은 부엌에 설치하고, 외측여닫이는 계단에 설치하며, 내측외여닫이는 실내쪽으로 높은 옥탑방에 설치해야 채광과 통풍이 좋고 붙박이창은 실내에서 청소할 수 없으므로 별도의 대책이 필요하며 천장창은 건물의 지붕이나 천장에 채광을 목적으로 수평 창문이나 경사진 창문은 조도가 균일하여 측창에 비해 3배 정도 밝으나 대류현상으로 창문에 결로가 발생하여 물방울이 거실 바닥에 떨어지므로 시공할 때 정밀성이 요구된다.

창호 마감치수 및 위치 결정사항

건물 외 · 내부에 간격을 맞춰 창문틀을 설치하기 위해서는 건물벽의 단열재와 외장마감재의 두께를 계산하여 창문틀을 주문해 설치하고, 방문 틀의 끝 부분이 방바닥의 방통모르타르에 묻히게 설치해야 문 흔들림이 없다.

내부창호의 마감치수는 내단열재+석고보드+내민 폭을 감안하여 창의 내민길이를 결정해야 하며, 화장실문틀은 내부의 타일 폭을 고려하고, 주방 창은 싱크대 위치를 고려해야 한다. 특히 각종 마감을 고려하여 기능상 지장이 없도록 창호와 문틀 위치를 고려해 설치한다.

문짝 규격의 1호는 가로 800mm 세로 1,800mm 이하에 무게는 24~25kg, 2호는 가로 900mm 세로 2,100mm 이하에 무게는 40~60kg, 3호는 가로 950mm 세로 2,100mm 이하에 무게는 60~85kg, 4호는 가로 1,050mm 세로 2,400mm 이하에 무게는 80~120kg, 5호는 가로

1,200mm 세로 2,400mm 이하에 무게는 100~150kg으로 나누어지며, 특히 화장실문짝의 경첩은 스테인리스 나사못을 사용하여 녹을 방지해야 한다.

목재창호

울거미, 띠장, 살, 널로 구성되며 변형이 생기지 않게 잘 건조된 목재에 겉모양이 옹이나 갈라지거나 기타 흠이 없는 곧은결과 촉감이 좋고 우아한 광택에 담색이나 갈색을 사용하여 전체 분위기와 조화를 이루어야 우수한 창호이다. 침엽수인 삼송, 삼나무, 미송, 적송 등과 활엽수인 삼나무, 주목, 라왕 등을 사용한다. 창호틀은 건축물에 고정시켜 설치하므로 비교적 강도가 우수하고 흠집이 없는 것을 선택하며, 주택 내부에 채광, 환기, 전망, 출입목적에 맞게 설치해서 부드럽고 아름답게 연출한다.

현관 앞에 미세기용으로 사용되는 문틀과 문짝의 재질은 래핑, 나왕, 발포PVC 등이 있으며, 문틀을 설치할 때는 수직과 수평을 정확히 확인하여 문틀을 고정시켜 시공해야 문여닫기가 편하다.

알루미늄창호

색상이 다양하고 외관이 아름다워 현대건축물에 많이 사용되지만 전기화학작용으로 부식이 생기기 쉬우므로 철이나 놋쇠와 접촉을 금지해야 한다.

창틀 규격에 맞도록 실측한 후 제작하고 창틀 접합 부위의 누수를 방지하기 위한 실링재 시공이 적합한 제품인지 확인한다. 계단에 있는 창문은 유리를 달기 전에 계단마구리 부분을 미리 미장한 후 페인트까지 칠해 놓아야 마감이 깔끔하다.

스테인리스창호

알루미늄창호보다 열에 강하고 강도도 크며 표면이 미려하여 장식효과가 좋으며 부식에 강해 녹슬지 않으나 다른 금속에 비하여 가격이 비싸고 외국에는 다양하게 사용되지만 우리나라에는 1층 상가에 많이 사용한다. 1층 상가 창틀은 바닥면에서 10cm 모르타르 방통을 계산하여 설치하고 천장에 닿는 부분은 마감을 계산하여 창호틀을 설치하고, 방화문틀 설치 시에는 마감면을 고려하여야 한다.

잠깐만요 **가다가 뒤돌아보았네!**

지독하게 가난한 집에서 태어나 가정형편이 어려워 학교를 그만두고 12살 때부터 제철소의 강철용광로에서 일하며 그곳에서 숙식을 해결했다. 그리고 영국 제철소공장에서 철과 관련 없는 그의 일은 병닦는 일이었고 일과가 끝나면 야간학교에 다니며 학업을 마쳤다. 그는 1910년 수많은 시행착오와 실패에도 굴복하지 않았다. 드디어 기존 강철에 크롬 10.5%와 니켈 8%를 혼합하여 거친 환경에도 견딜 수 있는 가히 혁명적인 철물인 스테인리스강을 발명했다. 그의 이름은 해리 브레얼리이다.

1966년. 주간에는 마이신 캡슐을 만드는 공장에 다니고 야간에는 한양공고를 다니며 한남동 선착장에서 한강 건너 집에 갈 배가 끊기면 근처 쓰레기통 속에서 자면서도 학업을 절대로 포기하지 않았다.

어려운 환경에도 불구하고 대학교 때는 장학금을 받았으며 한양대학교 석사학위를 받고 졸업했다. 그 당시 최고의 직장인 현대중공업에 취직했으며 최근에 부장으로 정년퇴직했다. 그 이름은 정덕영이고, 자랑스러운 나의 셋째 형이다.

플라스틱창호

합성수지창호는 철재창틀이나 목재창호에 비해 내식성, 내구성이 우수하고 경량이면서 강도가 크고 유지관리가 편하며 값도 저렴하여 많이 사용하지만 실내와 실외에 사용할 때는 물에 강하나 자외선에 약하여 비닐시트래핑으로 의장성을 보완하기도 한다. 용접 부분의 강성 부족으로 시공 시 처질 수 있으므로 정밀시공해야 한다.

유리를 달기 전에 창문으로 건축자재와 작업자들이 수없이 왕래하므로 창문틀에 보양재로 덮어 흠집을 방지한다.

설계 창호도의 플라스틱 문틀 115mm 하이새시는 지정색 마감두께 t16mm 페어글라스로 사용하고, 컬러 알루미늄 문틀 125mm, 알루미늄바는 불소수지코팅이며, 마감두께 t16mm 페어글라스로 한다.

잠깐만요 **가다가 뒤돌아보았네!**

뉴욕타임지에서는 코끼리상아는 당구공, 고급 빗을 만드는 데 대모거북이 등껍질은 단추를 만들기 위해 채취하여 두 동물이 곧 멸종될 것이라며 보도했다.

1863년 미국의 뉴욕타임지에 당구공 재료로 상아를 대신할 수 있는 물질을 발견하는 사람에게 포상한다는 광고가 실렸다. 그 당시 상아로 당구공, 단추, 피아노건반, 빗 등을 만들었고, 유럽이나 미국의 상류층 사이에 당구가 엄청 유행했다.

1870년 뉴욕의 인쇄공 하이엇은 수많은 실패를 무릅쓰고 7년 만에 플라스틱의 기본재료인 셀룰로이드를 만들었다. 그러나 탄력성도 부족하고 당구공끼리 서로 부딪치면 '땅' 하고 총 쏘는 소리가 나 당구장에서 당구치던 마피아들이 깜짝 놀라 죄다 총을 꺼내들고 난장판이 되었다. 죽을 뻔했다며 포상금은 줄 수 없다고 말했다. 그러나 가장 큰 업적은 영화필름으로 사용한 것에 만족해야 했다.

암컷깍지벌레의 천연곤충분비물수지를 처음으로 이용한 것은 고대 중국과 인도에서 강력한 접착력을 이용하여 칼자루에 보석을 붙이거나 깨진 도자기를 붙이는 데 사용했다.

1906년 이 벌레를 이용한 미국의 화학자 레오 베이클랜드가 지금의 플라스틱을 완성시켰다. 처음에는 암컷깍지벌레의 점성 있는 분비물이었고 15,000마리의 6개월 동안 분비물을 열심히 모으면 천연곤충수지인 셀락 450g을 만들 수 있었다. 생산성 향상을 위해 공업용 수지를 석탄부산물인 페놀에 포름알데히드를 섞은 뒤 열과 압력을 가해 플라스틱을 만들었다.

태종이방원이 군사5만 명을 동원해 만들었던 청계천. 옆에 위치한 광희중학교시절인 1971년. 가수 배호가 죽었던 그해에 난생처음으로 당구를 쳐보았다.

청계천복개도로를 따라 걸을 때 빨간 립스틱에 미니스커트를 입은 누나들이 담배를 물고 웃으면서 "학생 더 커서 놀러와" 그 농담을 뚫고 종로에 있는 화신극장까지 걸어서 영화도 보고 쇼도 보았다. 극장은 항상 만원이라서 앉아서 보는 사람보다 서서 보는 사람들이 더 많았다.

게이들이 내 엉덩이를 만져도 모를 정도로 쇼를 보던 즐거움에 빠졌던 그 시절을 잊을 수가 없다.

화신백화점은 일제강점기인 1937년에 우리나라 사람끼리 똘똘 뭉쳐 건물을 처음으로 설계도 해보고 직접 지어본 첫 번째 서양식 건물이었다. 우리나라 최고부자들은 참 낭만과 멋없는 분들이었다. 그런 건물 하나 보존 못하나, 건물도 많이 가지고 있으면서 1987년 꼭 철거해야 했느냐는 것이다. 이 글을 썼다고 혹시 소송당하지 않겠지...

플라스틱의 모든 것

폴리에틸렌은 모든 플라스틱 중 가장 많이 사용하는데, 그 이유는 단단하고 습기를 막아주며 가공하기 쉬워 비닐봉지, 포장랩, 우유팩코팅, 우윳병, 시리얼 상자 안 봉지 등으로 다양하게 사용된다.

폴리프로필렌은 비틀어 따는 뚜껑, 자동차범퍼, 일회용 기저귀, 우주복으로 사용하고, 폴리염화비닐은 다른 화학물질과 섞기 쉬워 다양하게 가공할 수 있고, PVC 위생배관, 모조가죽옷 등을 만드는 데 사용한다.

폴리스티렌은 공기를 넣어 부풀려 단열에 뛰어난 발포스티로폼, 가정에 단열재, 일회용 면도기, 화재경보기 덮개, 자동차번호판 테두리, 조립식 장난감 등에 사용한다.

폴리우레탄은 2차대전 중에는 고무 대용으로 사용했으며, 1954년도에 우레탄폼이 나왔고, 가구쿠션이나 냉장고 단열재로, 라텍스콘돔, 운동화로 사용한다.

폴리에틸렌 테레프탈레이트(PET)는 페트병, 필름, 비디오 및 오디오테이프, 특히 페트병은 산소 때문에 상하는 것을 막아주고 탄소가 빠져나가는 것을 막아준다.

페놀수지는 강하고 단단하여 녹여서 주물로 다시 사용할 수가 없다. 주로 전기 관련 용품, 스위치 등에 사용한다.

나일론은 강하고 내구성과 신축성이 있어 스타킹, 악기줄, 찍찍이 단추, 밧줄, 칫솔 등에 사용한다. 폴리카보네이트는 주형으로 만든 금속 대용으로 만든 것으로 매우 단단하고 투명하여 CD, DVD, 안경알 등에 사용한다.

아크릴은 유리처럼 투명하고 단단하며 거친 환경에 잘 견디고 총알까지 막아준다. 대통령 전용차, 비행기창, 안구인공수정체, 샤워부스 등으로 사용한다.

아크릴로니트릴 부타디엔스티렌은 1940년 인조고무를 개발하는 과정에서 생겨났고 고무 같지는 않지만 단단하고 매끄러워 충격을 잘 흡수한다. 레고 장난감, 골프채머리, 클라리넷악기, 자동차부품처럼 가볍고 견고한 주형제품에 사용한다.

문의 유형

기계장치나 조작방법에 따라 분류하는데, 문의 형태를 계산하여 주거공간을 더 효율적으로 이용해야 한다. 여닫이문은 작동이 간편하고 문을 닫으면 방음효과가 좋지만 문 개폐 시 회전을 위한 허용공간이 필요하다.

미닫이문은 상부와 바닥의 트랙으로 고정되어 있어 여닫이와 달리 바닥공간이 필요 없고 문틀의 홈에는 2개 내지 4개의 문으로 미끄러지는 여닫이 문이다. 미세기문은 위의 틀과 아래의 틀에 두 줄로 홈을 파서 문 한짝을 다른 한짝 옆에 밀어 붙게 하고 두짝 미세기와 네짝 미세기가 있으며, 주거공간 확보에 좋다.

접이문은 실내에서 반침장이나 창고에 시각적인 공간 구분용 스크린에 주로 사용되며, 상하트랙으로 지지하여 사용하고, 아코디언도어(자바라)는 폭이 좁은 여러 개의 패널로 되어 있어 최근 1층 상가 커피전문점 등에서 많이 사용한다.

잠깐만요 **경험의 한수**

기포나 방통치기 전에 미리 시공해야 할 것을 알려줄 것이다. 건축주는 미리 꼭 챙겨라.

첫 번째 기포공사 전에 방통선 높이를 벽면에 먹선으로 표시해야 한다. 형틀목수에게 부탁하라. 만약에 형틀목수가 떠났다면 내장목수에게 부탁해도 된다.

두 번째 거실에 대리석으로 바닥을 시공하고 싶다면 거실에 방통높이가 다르다고 벽면에 표시하거나 구두로 방통칠 때 설명해야 한다.

세 번째 주방에 아일랜드식탁을 설치하고 싶을 때는 기포공사가 끝난 후 이틀 정도 지난 후에 전기업자에게 전기선을 바닥에 설치할 것을 요구해라.

네 번째 방문의 틀을 미리 설치해야 한다. 설치방법은 두 가지가 있다. 하나는 문틀을 납품하는 사람에게 연락하면 문틀 개당으로 계산하여 돈을 받고 설치해준다. 또 하나는 내장목수에게 설치해줄 것을 요구하면 된다.

다섯 번째 거실 한 쪽에 간이세면기를 설치하고 싶다면 기포치기 전에 설비업자에게 연락하여 배관설치를 부탁해라. 그리고 수도배관은 기포가 마른 다음 이틀 후에 설치해줄 것을 요구해라.

여섯 번째 기포가 마른 후 단열·방수액셀을 깔 것이다. 다 깔면 액셀배관에 물을 넣어 물이 새는지 여부를 직접 육안으로 확인해라.

이렇게 전부 지시하면 업자들이 건축주를 다시 보게 될 것이다. 아마도 존경스러운 눈으로.....

기포공사

만약 외부 조적공사와 겹칠 때는 조적공사를 먼저 한 후 기포공사를 한다. 조적벽돌을 방이나 거실에 적치하여 사용하기 때문에 기포가 파손될 수 있다. 수도배관은 수압을 걸어놓은 상태이므로 물이 새는지 주변을 확인하고, 오수배관은 잘 고정시켜 기포타설 시 배관이 들떠 바닥이 고르지 않는 것을 막을 수 있다.

외벽 먹줄선에 맞추어 수평작업한 후 구석까지 손흙손으로 마감하고, 기포층 두께를 유지하여 균열 방지 기포에 습기를 오래 유지해야 크랙이 발생하지 않으며, 특히 화장실, 베란다, 신발장 등에 기포가 넘치지 않도록 경계턱을 설치해야 한다.

바닥에 스티로폼과 콩자갈공법으로 대체한 기포공사는 방바닥마감 시 수평 유지가 좋으며, 난방배관시공이 우수하고 습기를 흡수하여 건조함을 유지한다. 특히 기포에 혼합재 배합비율을 준수하고, 아토피 예방을 위하여 식물성을 사용하고 부유물이 뜨는 일이 없도록 방바닥을 깨끗이 청소해야 한다.

온수난방

개별 가스보일러를 작동시켜 온수난방을 하며 온도 및 유량 조절이 좋고 방열온도를 낮게 하여 쾌적감을 높일 수 있다. 증기난방에 비하여 연료소비량이 적으며 보일러 취급이 쉽고 안전하다. 그러나 단점으로는 방열온도가 낮고 유량이 많아 배관의 용량이 커지고 열용량이 크므로 예열시간이 길다.

혹한기 난방운전 중단 시에는 동파될 위험이 있다. 급탕수는 70℃~80℃의 온수에 찬물을 섞어 사용하며, 급탕온도가 60℃ 이상이 되면 물속에서 오존산소가 분리되어 철재의 부식을 일으키므로 요즘엔 PVC관을 사용한다.

모르타르 방통

기포가 충분히 마른 것을 확인하고 와이어메시를 깐 다음에 엑셀PVC관을 고정시킨 후 와이어메시와 엑셀PVC를 고정시킨 그 위에 비닐천으로 된 차광막을 깐 후 U핀을 촘촘히 기포 위에 박아 고정시킨다. 그래야만 PVC관이 뜨는 현상과 크랙을 방지할 수 있다. 엑셀PVC 새들 간격은 1m로 유지하고 난방배관에 이물질의 유입 여부를 확인한다.

먹줄선에 맞게 방통모르타르 미장으로 수평을 잡고, 약 5cm 정도로 친다. 너무 두꺼우면 난방 효과가 떨어지고 너무 얇으면 크랙이 발생할 수 있다. 방바닥은 균일하게 밀기로 마감선에 맞추어 평활하게 하고 물이 빠지면 쇠흙손으로 면을 잡는다.

물걷힘과 마감 시까지 평균 6시간이 소요되므로 주간에 마감하고 작업지연에 대비하여 야간조명등을 준비해야 한다.

리프트식 승강기 밑 부분에 있는 구조물을 고정시키기 위해 방통모르타르를 채워야 하고 1층 상가 바닥에는 10cm 정도 모르타르 마감하여 수평마감면을 바로잡는다. 상가에 모르타르를 칠 때는 창호틀이 미리 설치되어 있어야 바닥마감이 깔끔하고 방바닥 모르타르 방통을 칠 때 한꺼번에 쳐야 비용이 절약된다.

잠깐만요 **공사뒷이야기**

저자가 초창기 공사시작 할 때 업무를 몰라 업자들이 서로 짜고 나를 골탕먹이려고 한 공정에 이구동성으로 말을 하며 속이는 경우가 있었다. 저자가 건축이 초보라는 것을 알고 업자들끼리 뒤에서 비웃거나 빈정거리는 경우도 많았다. 그러나 그게 빈정거리는 것조차도 몰랐으니 지금 생각하면 한심했다는 생각이 든다.

내 아내가 젊은 남자와 내가 잠자는 안방에서 간통을 하고 있었다. 출장갔다가 갑자기 안방에 들어섰다. 젊은 놈은 벌거벗고 곧장 문으로 도망갔다. 그 남자가 누구냐? 아내에게 물었다. 그러자 아내 왈! 당신 미쳤어요. 남자라니요, 당신이 헛것을 보았다고 말했다. 집안에 있던 하인 모두에게 젊은 놈을 보았냐고 물었다. "대감마님 헛것이 보이세요!" 이구동성으로 대답했다. 그래서 남편은 아내 말을 믿었다.

그 당시 저자가 남편 꼴이었다.

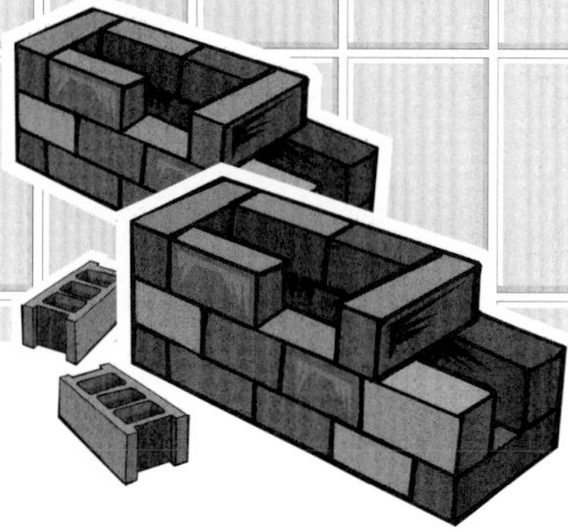

외벽마감재 종류

• 조적 • 뿜칠계 • 패널 • 노출콘크리트 • 석재 외장재
• 계단공사 • 잡철공사 • 지붕공사 • 유리공사

알아두기

선택조건

역사적으로 볼 때 외장재의 변화는 유행에 민감했고 외장재 선택의 고민은 옛날부터 현재까지, 그리고 미래에도 계속될 것이다. 외장재 마감은 골조공사 전에 선택하면 좋으나 늦어도 마지막 층 공사 시작 전까지 결정이 끝나야 골조마감이 깔끔하고 비용도 절감된다.

외장재는 햇빛, 풍우, 건습, 한기 등에 우수하고 열손실과 차음성, 물흡수가 작고 외기온도에 휨과 변형이 생기지 않는 것으로 선택한다. 균열, 들뜸, 벗겨짐, 변형, 처짐 등의 결함이 없어야 하고 균일한 품질과 외부충격에 강해야 한다. 색상, 모양, 질감이 뛰어나고 시공하기 좋고 가격도 좋으며 보수하기 편한 것으로 선택하고, 특히 산성비에 변색이나 오염되지 않아야 한다.

조적

벽돌은 건물구조재로 많이 사용했으나 20세기에 들어와 철강 및 콘크리트 사용으로 골조구조보다는 장식재나 비내력벽체의 구성재료로 사용된다. 벽돌은 점토벽돌과 시멘트벽돌로 구분하고, 점토벽돌은 특유의 색깔과 질감을 살려 장식용으로 사용하고 시멘트벽돌은 시공성이나 경제성 측면에서 벽체재료로 사용한다.

점토벽돌은 내화성과 내구성이 높아 장식성이 뛰어나며 현대건축에서 외부와 내부마감재로 널리 사용되었고, 특히 모래를 더하여 점성조절하였으며, 석회를 혼합하여 색을 조절했고, 산화철을 넣어 붉은색도 만들었다.

보통벽돌은 불완전연소로 구운벽돌은 검정색이고 완전연소된 것은 붉은색이며, 갈라지는 결함도 있다. 잘 구워진 벽돌은 치수가 작고 색이 짙으며 두드리면 청음이 나고 질이 좋지 않은 벽돌을 사용하면 백화현상이 발생할 수도 있다.

경량벽돌은 저급점토와 목탄가루에 톱밥 등으로 혼합하여 만든 것으로 보통벽돌보다 가볍고, 단열, 방음효과가 있어 특수 목적에 사용하고 구멍벽돌은 벽돌 내부에 구멍을 뚫어 속이 비게 만든 벽돌이고 다공벽돌은 점토에 유기질분말인 분탄, 톱밥, 겨 등을 혼합하여 만든 것으로 무게가 가볍고 절단이나 못박기 등이 가능하다.

내화벽돌은 내화온도가 1,500℃에서 2,000℃까지 구운벽돌로 황백색이고 내화도에 따라 저급품, 고급품, 보통급으로 구분되고 벽난로, 사우나굴뚝, 보일러 등의 내화성이 요구되는 곳에 사용하고, 저장 시 빗물에 젖지 않도록 하고, 모서리가 깨지기 쉬우므로 던지거나 쏟아져 내리는 일이 없도록 한다.

특수벽돌 중 이형벽돌은 원형과 둥그스름한 아치를 쌓는 데 사용되는 벽돌이고, 검정벽돌은 진흙을 불완전연소로 만든 벽돌로 치장용으로 사용하며, 포도모양의 벽돌은 도로나 마룻바닥에 까는 두꺼운 벽돌이다.

고령토나 점토흙, 황토 등은 1,200℃ 고열로 구워내며, 단열과 보온, 방음효과가 크고 공사기간이 짧으며 공사비가 저렴하며 유지관리비가 들지 않고 반영구적이며 질감이나 색상이 친밀성 있기 때문에 오랜 시간이 지나도 싫증나지 않는다.

고령토벽돌은 파스텔 톤으로 색상이 밝고 미세하며 균열이 없고 규격관리가 좋아 생산수

급이 좋으며, 점토벽돌은 주로 어두운 색상이라 표면오염이 상대적으로 적어 보인다.

외부 조적을 쌓을 때는 내부 비트를 쌓을 곳과 상가 화장실 부분, 계단 부분 등의 조적쌓는 부분을 미리 조사하여 한꺼번에 시공해야 효율적이고 공정도 빠르며 인건비도 절약된다. 만약 1층만 석재시공할 경우 수입국에서 오는 시간이 있기 때문에 2층부터 조적쌓기를 시작한다면 아마도 짧으면 10일에서 16일 정도가 소요될 것이다.

조적시공–줄눈넣기–발수재뿌리기는 벽돌 물량과 크기에 따라 다르고, 약 2,000만 장에서 30,000만 장 정도 소요된다고 보면 된다. 벽돌량은 1헤베당(190×90×57) 75장~78장이 사용되고 1헤베당(210×90×57) 46장~48장이 사용되므로 벽돌 발주량은 각부 상세도면을 보고 벽돌수량을 직접 산출할 수 있다.

잠깐 만요 **가다가 뒤돌아보았네!**

1842년 산업혁명 시기에 석탄 사용으로 석재건물에 악영향을 끼쳤고, 건물은 공해로 인해 얼룩덜룩해지고 모퉁이마다 지저분한 검정색이 되었다. 1850년 공해에도 끄떡없는 현대식 벽돌이 다시 외장재로 유행되었다.

패널방식이 도입되기 전 1880년대에는 8층 이상의 조적건물을 세울 수가 없었다. 그 이유는 벽돌구조에서는 아래층에 창문과 출입구가 있으면 위층 부분의 무게를 지탱할 수 없었기 때문이다.

철구조의 발전은 두 가지 중 하나는 철봉구조에 콘크리트를 직접 부어 넣은 방식과 또 하나는 콘크리트 안에 철근을 먼저 넣은 후 거푸집으로 양쪽에서 단단히 죄는 방식으로 콘크리트의 탄력을 크게 향상시켰다.

1849년 프랑스인 프랑수아 엔비크는 콘크리트 건물에 획기적인 방법으로 철근을 구부리는 방법으로 기둥과 빔의 접합문제를 해결하여 고층건물을 가능하게 했다. 1854년 스프링과 톱니바퀴를 이용하여 엘리베이터 브레이크를 발명한 오티스가 있었고, 고층건물에 필수인 통풍장치와 냉난방시설 개발로 건물의 고층화가 드디어 실현되었다.

과학적인 증명이나 이론적 발전이 아닌 돈되는 것만이 오직 발명품이라고 생각한 사나이가 있었다. 그는 발명품을 체계화시켜 돈버는 것으로 전환시키는 데 천재적인 재능을 가졌고, 조명의 빛이 발하기 위해 꼭 필요한 것이 전기인데, 그 원천인 발전소를 만들었던 똑똑한 발명가 에디슨이었다. 그러나 그는 우리가 생각하는 것처럼 인격적으로 좋은 사람은 아니었다.

남의 발명을 훔치고 주변상황이 불리해지면 뇌물로 포섭했으며 목적을 위해서는 수단과 방법을 가리지 않았었다. 또한 직원들을 닦달했으며 직원의 천재성까지 가로채어 큰돈을 번 에디슨은 또 돈 냄새를 맡았다. 콘크리트조로 욕조, 싱크대, 옷장, 의자 심지어 콘크리트 피아노까지 만든 황당무계한 계획대로 건축을 지었다. 하지만 분양이 안되었고 승승장구하던 에디슨에게는 가장 값비싸게 실패한 경험의 한 수였다.

15세기에 골프채는 감나무와 개암나무로 만들었고 골프공은 회양목이었다. 18세기에 우드와 아이언으로 나누어졌으며, 19세기 중반에 호두나무로 만든 샤프트가 개발되었고 골프공은 천연고무로 만들었다. 이후에 고무코어에 탄성고무줄을 감고 고무표피를 씌워 비거리를 높였다. 1970년 스테인리스스틸에서 1990년대 드라이버 티타늄으로 제작되었는데, 골프공의 직경은 42.67mm까지 허용하고 무게는 43.93g를 초과할 수 없다.

2001년 7월 5일 난생처음으로 홀인원을 했다. 뉴서울골프장 12번 홀에서 내 우드는 땅바닥을 쳤고 골프공은 그 자리에 서 있었다. 더구나 골프채 헤드가 똑 부러져 할 수 없이 여자친구의 1번 우드골프채로 쳤다.

사실인지 모르겠지만 뉴서울골프장에서 처음으로 머리 올리려고 온 사람이 홀인원한 경우는 내가 처음이라고 했고, 부상으로 클럽하우스에서 카메라를 선물로 받았다.

참고로 누구처럼 캐디에게 뇌물을 준 사실이 절대로 없다. 사실은 나는 운동신경이 지지리도 없다. 컨디션이 좋고 캐디가 봐준다면 약 120타 정도 친다. 그러나 나는 현역에서 은퇴했다. 야구선수 박찬호가 은퇴한 시점에 맞추어!

시멘트블록

시멘트와 모래를 사용하여 보강철근을 삽입할 수 있도록 속을 비게 만든다. 비내력벽체나 실내에서는 칸막이벽으로 사용하며, 한국규격품인 B1형은 한국에서 주로 사용하고 기본블록은 두께에 따라 19cm(8인치), 15cm(6인치), 10cm(4인치)이고 길이는 39cm이다.

이형벽돌은 기본블록의 형태나 치수가 다르고 사용하는 용도에 따라 반블록, 양 마구리 평블록, 인방블록, 창대블록, 장식블록이 있다. 특수블록은 거푸집블록, 보도블록, 치장콘크리트블록, 방음블록으로 특수용도로 사용한다.

잠깐 만요 **경험의 한수**

수입벽돌을 사용하지 않고 국산벽돌을 발주하는 경우에는 약간 부족하게 발주하고 물량이 부족할 때는 추가로 발주하는 것이 좋다. 남는 비용이나 추가로 발주하는 비용이 거의 비슷하기 때문이다. 벽돌은 모래와 시멘트를 섞어 사용하지만 요즘엔 조적용 모르타르가 나와 있으므로 구입하여 사용하면 간편하다.

기온이 4℃ 이하일 때 물을 가열하여 사용하고 영하의 온도에서는 작업을 중지하며, 벽돌 3단마다 보강H철선을 매입하도록 준비해 놓고 실 띄우기는 매 단마다 설치하여 수직을 맞추어야 한다.

창문의 폭이 넓거나 또는 건물 중간 중간에 조적을 단단히 고정할 수 있는 녹방지용 앵커철물을 준비해 외벽에 설치한다.

건축주가 꼭 챙겨야 할 부분이 있는데 창문 윗 부분의 벽돌무게를 지탱할 수 있게 도금처리된 철판을 벽에 앵커를 이용해 부착시킨다. 벽돌을 튼튼하게 고정시키는 H철선을 벽돌 사이에 촘촘히 매입해줄 것을 요구해야 한다.

외장재 공사가 시작되기 전 출입구 옆의 비디오박스를 벽 안으로 매입할 수 있도록 비디오박스 크기로 골조면에 표시해야 한다. 비디오폰은 회사나 제품에 따라 박스 크기가 다르기 때문이다.

또한 우체통박스를 벽 안으로 매입을 원할 때도 표시해야 한다. 시공자가 자주 깜박하고 놓치는 부분이므로 건축주가 꼭 챙겨라.

백화현상

시멘트의 가수분해에서 생기는 수산화칼슘이 공기 중에 탄산가스와 반응하여 외벽면에 하얀 가루가 나타나는 현상이다. 모르타르 혼합 시 깨끗한 물을 사용하며 해사(바닷모래) 사용은 백화현상이 발생하므로 강사(강모래)를 사용해야 한다. 그러나 요즘엔 강모래가 귀하여 주로 바닷모래를 사용하며 소금기를 제거하기 위해 물세척을 하는데, 세척한 횟수에 따라 모래질이 달라진다.

조적 시기는 겨울철과 장마철을 피하며 발수재를 뿌리고 싶다면 창문을 달기 전에 뿌려야 한다. 특히 벽돌벽 최상단에 우수가 침투하여 백화현상이 생길 수 있으므로 석재 두겁석으로 두 장 겹쳐 시공한다.

백화 부위 보수(D.R.A)는 신축 구조물이나 염분 침해 구조물에 침투성 발수재를 섞어 알칼리성을 부여함으로써 열화물질을 억제 및 제거하여 방수성능을 향상시키고 강도를 증진시키는 방수공법이다.

잠깐만요 가다가 뒤돌아보았네!

기원 3000년 전 메소포타미아 유적지에서 발견된 내화벽돌은 12세기 영국의 종교건물부터 시작하여 주택으로 유행되었고 더 많은 벽돌이 필요하게 되었다. 벽돌의 수요를 충당하기 위해 로마 유적지에서 길고 납작한 모양의 벽돌을 약탈하고 유적지를 닥치는 대로 파괴했다.

12세기 독일에서 지금과 비슷한 짧고 두꺼운 모양의 벽돌을 수공으로 만들었고, 19세기말이 되어서야 흙에 불순물을 제거하고 틀에 2주일 동안 말린 다음 가마에 차곡차곡 쌓아 굽는 과정을 거치고 습기함량이 높거나 가마온도가 적절하지 못할 경우 불량벽돌도 나타났다. 이런 모든 과정의 단점을 보완한 기계화가 시작되었으며 대량생산도 가능하게 되었다.

1910년에 105인 사건으로 김 구 선생이 서대문형무소에 잠깐 있었을 때의 담장은 나무기둥에 함석을 붙였다. 마음만 먹었다면 탈출할 수 있을 정도로 허술했다. 지금 모양의 붉은벽돌 담장은 1923년도에 만들어졌다.

1968년에 지금의 강변북로에 기차가 다녔고 한남동에서 생필품을 사서 한강 건너편 집에 갈 때는 선착장에서 배를 기다렸다. 그때 나의 집은 지금의 강남구 신사동에 위치한 제3한강교 다리를 놓기 전이었다.

그 당시 신사동은 전기도 설치가 안 되었고 등잔불 밑에서 살았다. 우리 동네 붉은벽돌집에 살고 있는 인심 좋은 부자는 발전기를 돌려 마을사람들이 앞마당에서 텔레비전을 볼 수 있게 했다. 누구나 공짜로 구경하였으며, 특히 김일 레슬링을 할 때면 온 동네 사람들이 다모여 박수치고 환호와 탄성을 지르기도 했다.

뿜칠계

순수아크릴 결합체와 요업술로 착색된 석영가루를 혼합재로 이용한 세라믹 마감재료를 스톤코트 또는 마감스톤이라고 한다. 드라이비트는 수용성 순수아크릴수지와 천연의 골재로 만들어진 도료로서 단열효과가 우수하고 습기에 강하여 곰팡이 발생을 억제하며 건축물 내 · 외부마감재로 사용한다.

스티로폼의 메시로 불리는 유리섬유망은 강한 인장강도를 가진 소재로 스티로폼을 보호하기 위해 사용되며, 공사기간이 짧고 부분보수가 가능하며 가격도 저렴하고 다양한 색상이나 형태로 외관을 연출할 수 있지만 때가 쉽게 타고 다른 마감재에 비하여 고급스러워 보이지 않고 외부충격에 약해 1층에는 시공하지 않기를 바란다.

창호 주위의 시공이 부실한 경우에는 문틀 주위를 통하여 누수하자가 발생할 수도 있으므로 요즘에는 계단에 타일시공을 하지 않고, 트라이비트 시공을 하는 경우가 있는데, 계단에 정밀 미장해야 하므로 가격면에서 타일시공비와 비슷하다.

종류

석재 질감은 초고온에서(1,000℃ 이상) 특수가공, 내구(후)성, 경제성이 우수, 반영구적으로 색상을 유지하고 자연스러운 천연석 문양도 있으며, 대리석 질감은 다양한 색상과 무늬가 가능하고 방수성, 내구성, 접착성이 우수하며, 뿜칠형, 미장형 모두 가능하다.

스터코는 내 · 외부 마감재로 사용하며 접착성, 신축성, 발수성이 우수하여 콘크리트 미장면이나 석고보드 등에 모두 사용 가능하고 소석회의 주재료로 대리석 가루에 점토분 등을 섞어 만든 마감재료이며, 먼 옛날부터 지금까지 건축마감재로 사용했다.

드라이비트는 외단열공법 마감재용 자재로 경제성, 기능성, 시공성이 우수하고 아크릴수지, 화학약품, 특수규사 등을 혼합하여 사용한다. 탄성코트는 아크릴수지 에멀션, 초내후성 안료를 사용한 고탄성 방수도료로 보수가 용이하고, 헤어크랙 발생 방지 효과가 있다.

패널

목재, 합성수지제, 철재, 콘크리트 등이 있으며 단열재와 복합하여 외장재로 사용하고, 종류는 목재패널, PVC패널, 금속패널, 콘크리트복합패널, 유리, 플라스틱제품의 패널이 있다.

외장에 붙이는 판상제품이며 붙이는 방법에 따라 가로와 세로붙이기가 있으며 방수면에는 가로붙이기가 좋다. 단부 이음 부분에는 홈가공하고, 표면에 스테인 등의 도장이나 방부처리를 하며 단면 가공형태에 따라 외관 디자인 목적에 맞는 종류로 선택한다. 미래에는 거의 모든 건물이 패널방식으로 시공될 것이며, 패널의 종류도 더 다양해질 것이다.

세라믹 패널

양질의 점토를 물로 빚어 1,100℃~1,300℃에서 소성하여 만든 패널형태의 제품으로 테라코타 패널이라고도 하며, 불연재이면서 친환경재료이고 다양한 색상으로 표현이 가능하고 벽돌처럼 질감이 중후한 느낌을 가진다.

부착건물에 시공방법은 건식시공으로 하며 공사기간도 빠르고 겨울철 공사도 가능하며 하자 발생도 거의 없다.

목재패널

천연원목이나 천연펄프섬유에 친환경합성수지를 합성하여 고압으로 성형한 패널제품이며 표면이 평활하고 색상이 선명하여 물흡수가 극히 작아 방수성이 있으나 박리현상이 생기는 단점도 있는데, 2년에 한 번씩 페인트칠을 해야 하는 단점이 있다.

금속패널

아연알루미늄 도금강판은 알루미늄, 아연, 실리콘 등의 합금을 도금한 재료를 갈바륨이라고 하며, 은백색이 아름답고 우수한 내식성이 있어 외벽재나 지붕재료로 사용한다.

스테인리스강판은 내식성과 내구성이 좋고 외관이 아름다워 장식적 목적으로 사용하고 금속판 특유의 잇기방식인 마름모잇기와 일자잇기로 독특한 외관을 만들 수 있다.

징크는 티타늄합금판으로 은회색에 아름답고 경량이며 온도변화 등에 신축성이 줄어들고 수입제품에 고가이며 반영구적이어서 지붕에만 사용했으나 요즘엔 외장마감까지 확대되고 있다.

외장타일

흡수율이 작고 내구성이 좋은 자기질계 타일을 많이 사용하며, 타일면이 깨끗하고 더러워지지 않으며 장점으로 청소하기는 쉽지만 단점은 낱장의 크기가 작아 시공이 번잡하고 부분 탈락 등의 하자 발생이 잦아 요즘에는 많이 사용하지 않는다.

잠깐만요 **경험의 한수**

이미 만들어진 표면을 나중에 또 손을 댄다는 것은 노출콘크리트의 의미를 잃게 되며 노출벽면에 동일한 색깔이 나타나지 않고 면에 굴곡이 발생하거나 이음 부위가 벌어져 보수한 흔적이 보인다. 곰보나 조인트 부분이 잘못되어 보수한 것처럼 보이며 구조물에 균열이 있고 균열 부위에 백화현상이 있다. 합판과 합판이 만나는 부분과 모서리 부분, 폼 타이 부분에 시멘트풀이 빠져나와 색이 다르게 나타난다.

줄눈이나 폼 타이 구멍의 배치가 창문 위치와 조화를 이루지 못하고 또한 외부 단열을 할 수 가없다. 이렇듯이 주택단지에 가보며 한두 군데 엉터리 노출 형 주택이 꼭 있다. 하려면 재돈 주고 재대로 해라, 노출콘크리트의 창시자 일본인 안톤 다다오가 몹시 화낸다.

노출콘크리트

노출콘크리트는 시공자의 경험뿐만 아니라 작품을 만든다는 열정이 바탕이 되어야 하고 발주 시 경쟁항목이 아닌 품질 확보와 예술작품의 개념으로 접근해야 하며, 골조시공비가 약 3배 정도 비용이 더 들어간다. 공사난이도는 건조수축의 온도변화에 따라 균열 방지 및 단열에 필요한 내구성과 방수성을 확보해야 한다. 거푸집 이면의 형태는 변형되지 않도록 별도의 합판과 각재제작하거나 거푸집이 우수해야 하고 타설 시 다짐을 잘 해야 한다.

시멘트풀이 새어 나가는 것을 방지하기 위해 폼타이 구멍에 패킹테이프 설치가 필수이다. 그리고 보강철근으로 보강하고 주로 사용하는 25－210－18 콘크리트강도 조절을 위해 골조 크기와 강도조정 19－270－18로 주문해야 한다. (골재굵기 25MM－19MM)

골재가 뭉쳐 표면에 곰보가 발생하지 않도록 타설높이 1.5M 이하의 규정을 준수하며 타설해야 한다. 벽체는 10M 거리에 진동기 1대를 배치하여 진동다짐해야 미충전으로 인한 물곰보 발생을 방지할 수 있다.

상층 타설시 흘러나오는 물에 하층 부분이 오염되지 않도록 고압살수기로 시멘트풀을 제거해야 한다. 줄눈재는 목공소에서 특수제작하고 합판에 먹자국과 분필자국 때문에 표면이 오염될 수도 있다. 콘크리트 표면의 완벽한 마무리를 위하여 거푸집 표면에 코팅시트를 붙이고 줄눈 부위와 거푸집 이음 부위도 추가필름을 붙여 노출면을 관리해야 한다.

잠깐만요 가다가 뒤 돌아보았네

건축을 공부하다보면 자주 거론되는 또 한 사람의 건축가가 있다. 1941년 가난한 집 쌍둥이로 태어나 공고를 졸업하고 복싱선수를 하다가 건축을 우연히 접하고 독학으로 공부하여 일본을 대표하는 건축가로 성공했으며 건물의 누드화까지 실현했다.

노출콘크리트의 창시자인 그는 섬세한 콘크리트를 만들기 위해 재료의 적정혼합비율을 발견했다. "거푸집으로부터 콘크리트타설까지 나름대로 새로운 대책을 세웠습니다."라고 건축가 다다오는 말했다.

재봉틀은 1846년 불쌍한 젊은이 보스턴 출신인 엘리어스 하우가 만들었으나 전직 도둑놈이었던 아이작 싱어가 특허권을 훔쳐 공장도 세우고 큰돈을 벌었다. 법정 투쟁 끝에 특허권 사용료는 받았다. 지금도 사람들은 재봉틀하면 미싱이라고 한다.

"돈은 남았고 이름은 떠났다"

일제강점기인 1930년대 부잣집 외동딸에 영화배우 김태희 얼굴형으로 미모의 나의 엄마는 당시 최고의 혼수감으로 재봉틀과 놋그릇을 가지고 시집오셨다.

집에서 음식을 담아 먹던 놋그릇을 1941년 일제강점기에 강제로 수탈해간 일본군으로부터 굳건하게 지켰다. 그러나 1974년 같은 민족이자 그 여인의 혈족인 막내아들이 유흥비와 담뱃값으로 엄마의 역사와 추억이 담겨 있던 재봉틀과 놋그릇을 고물상에 헐값으로 팔아먹었다.

"그 도둑놈이 바로 필자입니다."

석재 외장재

석재의 장점은 불연성이고 압축강도도 크고 내수성과 내구성, 내화학성이 풍부하며, 내마모성도 뛰어나고, 종류도 다양하여 같은 종류의 석재라도 산지 및 조직에 따라 외관과 색조가 다르게 나타나기도 한다.

석재는 외관이 묵직하고 치밀하며 갈면 아름다운 광택이 나지만 단점으로는 장대석을 얻기 어려우므로 가구재로 적당하지 않다. 화강암은 비중이 크고 가공성이 좋지 않아 열에 닿으면 파괴되고 석회암과 대리석처럼 분해되어 저항력이 없어지는 것도 있다.

대리석은 흰색에 깨끗하여 신전과 조각에서도 많이 사용하나 칼슘을 함유한 알칼리성으로 산성비에 거무스름하게 변한다. 사문암은 짙은 녹색 표면에 하얀 부분이 뱀의 표피 모양이며 광택도 있어 실내장식에 사용하지만 수분을 쉽게 흡수하므로 외장재로 쓸 수 없다. 화강암은 외·내장재로 마그마가 굳어져 생긴 화성암으로 내구성, 내마모성, 내수성이 좋아 가장 많이 사용된다.

앵커로 연결하는 건식공법으로 석재 두께는 30mm 이상이 되어야 하고 철물의 녹방지대책이 필요하고 진동드릴을 이용하여 앵커구멍을 뚫는다. 연결철물의 상단은 석재의 고정용으로 하단은 석재를 지지하기 위해 사용되고 석재마구리면에 미리 꽂임촉을 꽂기 위해 진동드릴로 구멍을 뚫어놓은 곳에 촉을 넣고 볼트와 너트로 앵커를 고정시키고 일종의 패널방식으로 이음매에는 실리콘으로 코킹마감한다.

석재의 종류

화성암은 화산작용으로 마그마가 지구 표면에서 냉각되어 응고된 가장 흔한 암석이고 구조용이나 장식용으로 가장 많이 사용한다. 종류는 화강암, 안산암, 섬록암, 현무암, 부석 등이 있고 수성암은 지표의 암석이 풍화, 침식, 퇴적 등의 작용으로 만들어진 암석으로 강도가 약하고 동해 및 변색의 우려가 있다. 종류는 석회암, 사암, 점판암, 응회암, 석고 등이 있다.

변성암은 화성암이나 수성암이 지각변동과 압력, 지열 등의 화학작용으로 변질되어 광물성분의 변화로 만들어진 것으로 변성암이라 하고 종류는 대리석, 사문암, 석면 등이 있다.

용도별 분류

석재가 약하여 가공하기 쉽고 색상이나 무늬가 아름다운 것은 주로 내장재로 사용하고, 그 종류는 사문암, 사암, 대리석이 있다. 조직이 치밀하고 강도가 강한 석재는 외장재로 사용하는데 종류로는 화강암, 점판암, 안산암이 있다.

각진 석재는 일반적으로 길이는 60cm~150cm에 각은 40cm이고, 150cm가 넘는 것으로 장대석은 고가이며, 판석은 실내마감재로 사용되며, 두께는 20mm, 30mm, 40mm, 50mm 등이 있다.

가공별 분류

물갈기나 광내기는 자동연마기를 사용하여 돌 표면을 평활하고 광택이 나게 하는 것이다. 버너구이는 버너를 사용하여 고열의 불꽃으로 돌 표면을 엷게 벗겨 거친면을 보이게 하는 것이며, 샌드블라스트는 석재 표면에 작은 모래를 분사하여 세밀한 흠집을 내어 거칠게 만드는 마감이며 바닥에 물기가 있어 미끄러져 넘어지는 것을 방지하기 위해 바닥재로 많이 사용한다.

워터젯 다듬은 돌 표면을 고압수로 분사하여 표면을 돌다듬하는 방법이고 빗살무늬나 입체무늬 등의 여러 가지 무늬로 나타나게 하며, 주로 실내장식이나 논슬립으로 사용한다. 혹두기 마감은 그대로 쪼갠 표면마감보다 더 울퉁불퉁한 모양을 만들어 천연 그대로의 멋을 나타나게 하려고 사용한다.

인조대리석

대리석, 사문암, 화강암 등에 채석을 얇게 자른 석분에 백색시멘트와 안료를 혼합 · 반죽하여 경화하고 양생한 제품이다. 천연석재의 모양과 질감, 색상을 가지면서 비중이 작아 시공이 편하고 건축물에 하중을 주지 않는다. 건축주가 원하는 어떠한 모양이나 색상으로 주문가공이 가능하므로 치장에 필요한 건물 내 · 외장재의 모든 것을 만들어 사용할 수 있다.

폴리에스테르수지나 아크릴수지 등의 액상에 결합하여 만든 수지계 인조석도 있고, 시멘트인조석보다는 경화가 빠르고 균열이 적어 수밀도가 좋지만 내열과 내화성에 약하므로 사용할 때 주의해야 한다.

석재 선택 시 유의사항

견고하고 강도가 크고 내구성이 좋으며 외부마찰에 강해야 하고 무늬가 우아하고 균일하며 방수와 방습에 강하고 무늬가 변질이나 변색되지 않아야 한다.

공사 시에는 충격에 약하므로 취급에 주의하고 구조석재는 강도가 큰 것으로 선택하며 동일 건물에서는 동일 종류의 석재와 같은 산지의 석재를 사용하고 무늬가 동일한 것을 사용한다. 외부나 바닥에 사용할 때는 내구성과 내수성을 고려하고, 특히 태양열에 강한 석재를 사용한다.

잠깐만요 **경험의 한수**

외부마감재 선정은 건축주가 가장 고민을 많이 하며 물어보는 사항 중 하나이다. 판교나 동탄에 같이 구경 다니거나 다른 현장사진을 가져와 보여주기도 한다. 건축 상담에 가장 많은 시간이 소요된다.

외장재는 주택의 첫인상을 주는 요소이며 건축주의 경제력과 취향, 주변의 외장재 종류에 따라 결정되며, 외출복은 자주 바꾸어 입을 수 있지만 건물의 경우 한 번 입히면 평생갈 수도 있기 때문에 고민이 많을 것이다. 그러나 점포주택은 1층에 간판이 설치되는 것을 명심하고 특히 2, 3층에 세입자와 상가를 이용하는 이동인구가 많아 전원주택 개념으로 외장재 마감하면 낭패를 본다.

트라이비트(페인트뿜칠 계 공정)의 실제 광교공사장 건축 시 경험이다. 1층은 파손 및 쉽게 오염되기 때문에 2층 이상부터 시공했다. 3층 세입자가 이사할 때 사다리차가 외벽에 부딪쳐 건물 벽이 함몰되었다. 특히 판교 운중동 주택에 많이 시공되어 있다. 외관도 수려하고 시공비도 저렴하지만 2층 이상 점포주택시 문제가 많다.

또한 노출 콘크리트조나 목재로 외부마감 시에는 오염이 없고 외부인의 출입이 드문 곳에 좋으나 이동인구가 많은 점포주택에는 피하는 것이 좋다. 굳이 하고 싶다면 부지런히 외부를 관리하고 신경써야 한다. 1층이 상가라서 오염과 화재에 강하고 관리하기 쉬운 것으로 선택하되 가격 대비 효용까지 생각해야 한다.

계단공사

조적공사와 중복되지 않게 외부 1층부터 최상층까지 계단석을 시공하고 2층과 3층 세입자 세대의 현관 바닥 부분도 같이 시공해야 시간과 공사비가 절약된다. 계단은 검은색의 마천석으로 걸레받이 시공을 마친 후 중복되지 않게 먼저 계단벽 타일시공을 한다.

계단석은 화강암, 안산암, 사암 등의 마모성이 강하고 흡수율이 적은 석재로 선택하고 현관 입구나 승강기 앞 부분은 포인트 고급석재를 사용하여 건물의 가치 상승을 고려해 선택한다. 승강기 입구까지 가능하면 계단을 만들지 않고 유모차도 올라갈 수 있도록 경사지게 시공하고 1층 현관 입구는 미끄럼 방지를 위해 버너구이 석재로 시공하고, 계단홈 폭 3mm~5mm을 파내어 시공한다.

청소가 힘든 논슬립보다는 일정 폭에 버너구이마감하는 것이 좋고, 물갈기로 가공한 후 앞부분 50mm 폭에 50mm 깊이 양쪽 커팅한 후 버너구이로 처리하며, 계단높이는 18cm 이하로 계단의 넓이는 26cm 이상으로 하는 것이 안정감 있고 오르기가 편하다.

계단공사는 습식으로 시멘트 1에 모래 3의 비율로 건비빔으로 모르타르를 만들어 약 30mm 두께로 깔고 모르타르 위에 시멘트풀을 고르게 뿌린 후 석재를 올려놓고 고무망치로 수평을 잡고 완전히 밀착되도록 두드리며 석재시공을 완료한 후 계단출입을 금지시키고 3일이 지난 후에 줄눈시멘트를 이용하여 줄눈 채우기를 한다.

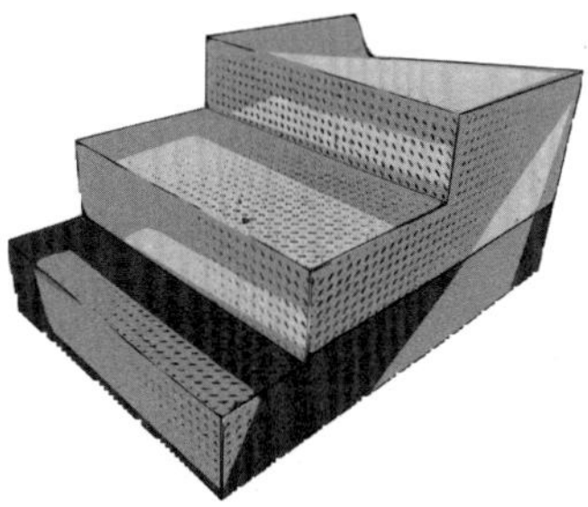

잠깐만요 가다가 뒤돌아보았네!

저자는 계단이 처음 만들어졌을 때 올라가는 목적으로 만들어졌다고 생각했다. 하지만 최초의 계단은 청동기시대인 약 3000년 전에 오스트리아에 있는 지하 100미터 아래의 소금광산 밑으로 내려가는 목재 계단이었고, 2004년도에 발굴하였고 아직까지는 다른 계단이 발견된 것이 없으므로 최초의 목재계단일 것이다.

통계에 의하면 약 3,616,666번 오르고 내릴 때 1번꼴로 계단에서 넘어져 병원신세를 지며, 계단에서 부주의로 다치는 이유보다는 전체적인 설계 및 시공상의 잘못인 것으로 나타났다. 어두운 조명과 난간대 부실, 단이 높고 폭이 좁거나 오르내리기의 리듬을 방해하는 층계참도 사고를 유발한다.

계단에서 가장 사고가 많은 위치는 사람의 주의력이 떨어지는 계단 맨 위 칸이나 맨 아래 칸의 3번째 계단이고, 올라갈 때보다 내려올 때의 사고가 90% 정도로 많다. 통계 중에 반전이 있는데, 날씬한 사람이 뚱뚱한 사람보다 더 많이 넘어지는데, 그 이유는 아마도 조심성이 없어서일 것이다. 경사도가 45도 이상이면 가파르고 걸어 올라가기 힘들다고 느끼고 만약 27도 이하가 된다면 지루하고 느리다고 느낀다.

"잘 나갈 때 더 겸손하고 더 친절해야 했는데, 인생계단을 내려와 아래에서 위를 보니 내 자신이 한없이 창피합니다."

어느 수학자가 안전하고 편리한 공식을 만들었는데, 독자 여러분도 한 번 계산해 보길...

계단높이 = 9- $\sqrt{7(G-8)(G-2)}$　　계단폭 = 5+ $\sqrt{\frac{1}{7}(9-R)^2+9}$

(G=계단폭, R=계단높이)

석공사 시 유의사항

원석을 가공할 때 사용하는 쇠톱을 충분히 세척하지 않을 경우 철분의 다량 함유로 시공 후 녹이 발생할 수 있으며, 색상의 동일성 여부, 물을 뿌림으로써 변색, 균열 여부를 확인할 수 있고, 계단석시공 시에는 다른 공정을 중단하고 출입통제를 하는 것이 좋다.

석재두께가 30m일 경우 마감치수는 70~100mm이고, 최소마감치수는 100mm이며 건식공사의 주요 하자는 탈락, 처짐, 파손이다. 계단을 오를 때 미끄럼 방지를 위한 계단 끝 논슬립 부분에 설치하고, 매입방법은 고정식 매입과 추후에는 매입법과 접착제법이 있다.

주인세대 승강기 앞이나 신발장, 주방 등에 대리석을 사용하여 고풍스럽고 우아한 분위기를 연출하고 승강기 앞이나 주인세대의 현관대리석 색상은 백색, 흑색, 핑크색, 노랑, 빨강, 초록 등 다양하므로 아름다운 광택이 나는 최고급 석재로 건축주의 취향에 맞는 색상을 선택한다.

수입산 석재 유통단계

수입산 석재는 발주 후 현장반입까지 약 15일~30일이 소요되고, 불량품이 발견된다면 재발주로 인한 1~2개월 후속작업이 지연되고, 수입국가의 사정이나 기후 여건에 따라 2개월 이상이 걸리며, 90년대 중반 이후 인건비 상승으로 중국과 동남아에서 90% 이상 수입되며, 가공한 수입석과 포천석, 마천석, 일부 화강석이 소규모로 생산중이다. 요즘엔 중국도 인건비가 상승하여 베트남에서 수입한다고 한다.

국산의 화강석 생산지는 신북석, 포천석, 거창석(포천 신북면), 운천석(포천 영북면), 대천석(충남 대천), 황등석(전북 황등면), 마천석(경북 함양면), 고흥석(전남 고흥), 가평석(경기 가평), 문경석(경북 문경) 등이 있다.

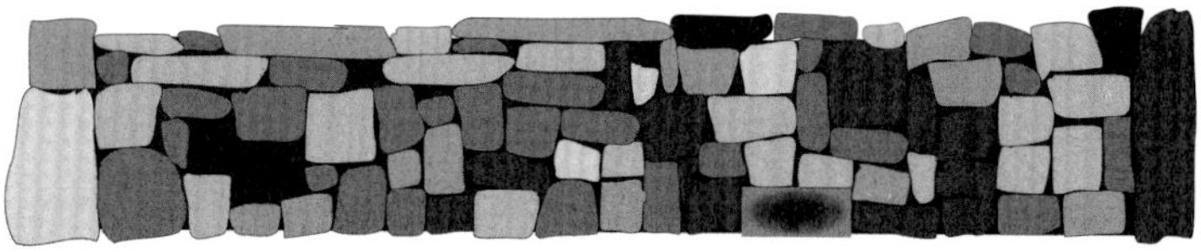

잡철공사

외부마감재인 조적이나 석재공사가 끝나면 잡철공사를 시작하면 된다. 잡철공사는 1층 상가 창틀, 발코니난간, 창문난간, 계단창틀, 계단난간, 선홈통, 캐노피가 있다. 알루미늄제품은 경금속으로 내식성이 우수하여 지붕마감재료, 창호철물, 계단손잡이, 라디에이터, 싱크대, 상하수도 등의 건축물에 사용이 급증하고 있다.

코너비트는 벽이나 모서리 부분에 미장바름을 보호하기 위해 묻어 붙이고, 길이는 1,800mm이고 아연도금, 황동, 스테인리스, 경질염화비닐 등이 있으며 주로 아연도금을 많이 사용한다. 알루미늄 루버는 외부로 노출되어 있는 1층 상가의 천장마감재로 모양과 색상이 다양하여 상가나 관공서 건물에 많이 사용한다.

금속제철물은 창호철물에 쓰이는 제품으로 창이나 문을 여닫고 잠금에 사용되는 일체의 것으로 경첩은 보통경첩, 자유경첩, 플로어힌지, 피벗힌지가 있다. 자물쇠 및 열쇠는 함자물쇠, 핀텀블러 자물쇠, 본 자물쇠, 나이트래치가 있고, 창호개폐 조정기는 도어클로저, 도어캐치, 도어홀더이며, 손잡이는 알손잡이, 레버핸들, 파이브손잡이, 오목손잡이가 있다.

세대별 현관문은 아연도금강판이나 컬러강판을 사용하며, 문틀은 냉간압연강판을 사용하고 여닫음에 충격방지용 고무패킹을 부착하고 계단 논슬립은 미끄럼방지 철물로 황동, 스테인리스, 철제가 있는데, 주로 황동이 많이 사용되며, 폭은 50mm 무게는 2.3kg 이상에 길이는 1,800mm이다. 2층 이상의 창문 및 옥상 난간대는 건축법시행령 제40조에 의거하여 1.2미터 이상의 높이로 설치해야 한다.

금속 종류

동판은 옛날부터 많이 사용했으며 가공이 용이하여 지붕잇기와 창문 주변 물흘림 등의 복잡한 구조에 사용되고, 시간이 경과하면 청록색을 띠었으나 도심의 오염된 대기 중에는 흑색의 산화동으로 되기 때문에 표면을 미리 화학처리한 녹청색으로 발색한 것도 있다.

스테인리스강판은 철에 크롬과 니켈을 합금하여 내식성과 내구성이 우수하고, 외관이 아름다워 장식적으로 채색한 도장 스테인리스강판이나 동으로 도금한 스테인리스강판 또는 표면처리 화학 발색 스테인리스강판이 있다.

티타늄 합금판은 은백색으로 아름답고 경량이며 온도변화 등에 신축이 작고 여러 성능면에서 우수하고 가격은 비싸지만 부식의 우려가 있는 바닷가 근처에 사용하면 좋다. 티타늄 아연은 아연에 구리와 티타늄을 추가하여 합금한 것이며, 알루미늄은 은백색의 광택에 전연성이 좋아 가공하기 쉽고 내식성에 열반사가 크고 전기전도성이 좋지만 산이나 알칼리, 바닷물에 침식되기 쉬우므로 알칼리성인 콘크리트 및 땅속에 매립할 때는 사용하지 말아야 한다.

착색(컬러)강판은 아연도금강판, 알루미늄강판에 도료나 시트를 입혀 색상 및 무늬를 띄고 가공법은 도료의 종류에 따라 폴리에스테르 수지강판이나 불소수지강판 등으로 구분한다.

알루미늄 아연도금강판(갈바륨)은 알루미늄 55%, 아연 43.4%, 실리콘 1.6% 등의 합금을 도금한 재료로 은백색에 아름답고 우수한 내식성을 갖고 있어 외벽이나 지붕 등에 사용한다.

잠깐만요 **가다가 뒤돌아보았네!**

백반을 라틴어로 '알루벤'이라고 하며, 우리나라에서는 손톱에 봉숭아물들일 때 사용했고 로마인들은 옷감에 물들이거나 상처소독제로 사용했다. 지구상에 많이 존재하지만 제련하지 못하다가 1825년 덴마크 화학자가 보크사이트광물에서 산화알루미늄을 분리하고 전기분해하여 순수한 알루미늄으로 정제했다.

그 당시 제조비용이 비싸고 생산량이 적어 금보다 더 비쌌다. 나폴레옹 3세는 아주 귀한 손님이 오면 알루미늄 식기로 식사를 대접했고 그렇지 않는 손님은 황금식기로 대접했다고 한다. 20세기 초에 대량생산이 가능했으며, 알루미늄의 단점인 너무 가볍고 강도가 약한 것을 보완하고자 합금하여 두랄루민을 만들었다. 오늘날 집 안팍으로 알루미늄 제품에 둘러싸여 있다.

1931년 영국의 에어미 존슨은 여성 최초로 영국에서 일본까지 비행하여 도착했을 때 그녀의 바지가 온통 젖어 있었다. 대부분 사람들은 땀에 젖었다고 생각했다. 1933년 스튜어디스를 채용했는데, 비행기 탑승 전에 저울에 올라가 승마기수의 몸무게인 60킬로그램을 초과하면 비행기를 못타고 집으로 바로 귀가조치되었다.

그로부터 59년이 지나 1992년 난생처음으로 두랄루민으로 만든 비행기를 타보았다. 그녀처럼 바지에 오줌도 안 쌌고 비행기 탑승 시 몸무게는 75킬로그램이었으며 더구나 신발도 안 벗었다.

계단난간

계단난간 손잡이의 종류는 착색아연도 컬러강판난간과 스테인리스난간이 있으며, 시공 시 유의할 점은 최상층 마지막의 난간높이는 1,200mm 이상 안목치수는 100mm 이하로 하고 난간설치 시 계단의 수직과 상단면의 수평 유지를 위해 계단의 첫 단과 마지막 단에 난간기둥과 난간대의 간격 및 난간높이를 실측한 후 현장에서 제작 · 시공한다.

발코니 난간

난간높이는 바닥마감에서 1,200mm 이상 간살간격은 안목치수 100mm 이하로 하고, 난간 하부 수평대와 턱과의 이격거리도 100mm 이하로 한다. 난간대가 너무 긴 4m 이상인 경우에는 흔들림이 있으므로 중앙에 지지대를 세우고, 스테인리스 난간은 일자형, 돌출형, 항아리형, 화분대형, 유리형틀 등이 있으므로 건축주가 이 중에서 선택해야 한다.

분체도장난간의 난간살은 다양한 모양이 있으므로 선택하여 시공할 수 있고, 난간 종류는 철제난간, 알루미늄난간, 스테인리스난간, 분체도장난간 등이 있으므로 이것 또한 건축주의 취향에 맞는 것으로 선택한다.

잠깐만요 **경험의 한수**

주거하는 외부창의 난간대 설치 높이는 내부 바닥에서 창문 밑 부분까지 1,200mm이며, 2, 3, 4층에 주거하는 세대의 어린이 낙상사고 방지 차원의 안전높이이다. 골조공사 시 창문 높이를 법적 안전높이(1.2m)에 맞추어 난간을 설치하지 않도록 창문 높이를 맞추어 골조공사를 한다. 건물의 외관이 수려하고 필요 없는 공사비도 줄일 수 있다.

베란다 부분은 방바닥에서 창문 밑 부분까지 최소 300mm 이상 높이고 베란다 창을 통하여 이삿짐이 들어올 수 있는 크기로 만들며 베란다 창은 난간대를 설치하며 건물과 난간 사이의 폭은 화분이나 에어컨 실외기를 놓을 수 있는 폭으로 정한다. 우리가 거주하는 대부분의 방은 바닥에서 천장까지 높이는 2,300mm이고 그중에 방바닥에서 창문 밑까지 높이는 1,200mm이며 이를 빼면 1,100mm가 남고 커튼 박스 200mm를 뺀 나머지 900mm가 최대 창문높이다. 만약 건축주가 창문을 더 크게 하고 싶다면 옆으로 넓혀 창문 크기를 조정해본다.

우편함

우편함은 세대수에 반송함 숫자를 포함하여 만들고 상가 우편함은 없어도 된다. 부득이 외부에 설치할 경우 빗물에 의한 우편물이 젖는 것을 방지할 수 있는 처마가 달린 제품을 사용하고, 우체통은 기성품보다는 주문제작하여 나만의 예술성과 독창성이 돋보이게 제작하는 것이 좋다. 생각보다 주문제작비는 비싸지 않다.

건물 입주자의 통행동선과 편의성을 고려하고 비디오폰 높이는 1,200mm 이하에 설치하는 것이 좋으며, 우편함은 비디오폰 옆이나 근처에 설치하고 주소나 건물명을 적어 넣을 수 있는 공간이 확보된 우편함으로 제작 · 설치한다.

도로명판을 제작하는 곳은 해당 구청에서 알려주며 도로명판을 꼭 부착하고 사진을 찍어서 도로명판 사진도 준공제출서류 중 하나이므로 챙겨야 한다.

지붕공사

공사 시점은 외부마감공사가 끝나면 지붕공사를 하면 된다. 지붕공사가 완료되면 비계를 철거할 수 있으며, 비계가 철거되면 외부공사인 오 · 배수, 수도, 통신, 전기, 가스 등의 인입공사를 할 수 있다.

상가주택에 식당이 들어올 때는 지붕에 후드가 설치될 수 있고, 만약에 태양광설치까지 한다면 도로에서 지붕이 더 눈에 띄지 않으므로 값싸고 하자보수가 편한 지붕자재를 선택하는 것이 좋다.

지붕재료 선택은 가볍고, 방수, 방습, 내화, 내수성이 좋으며 외관이 좋고 열전도율이 낮은 것으로 건축주가 직접 선택해야 한다. 그러나 단독주택이라면 최고층이 보통 2층 이하인데, 도로에서 잘 보이므로 지붕이 건물의 완성도를 좌우하므로 지붕자재 선택에 신중해야 한다.

지붕 종류

아스팔트 싱글

미국, 이탈리아에서 수입하는 자재이므로 제조업체와 제조날짜를 확인하고, 두께는 2.8mm 이상에 330mm×990mm 정도 크기의 3탭 제품이다. 두꺼운 바탕의 원지에 아스팔트를 침투시킨 후 표면을 블로운 아스팔트로 입히고 모래나 광물입자를 밀착시켜 만든 것이다. 시공이 간편하고 가격도 저렴하다. 그리고 경량이며 바람에도 강하고 곡면 및 급경사 지붕에도 사용 가능하다. 다양한 색상의 싱글을 이용하여 미려한 지붕을 창출하고 방수효과도 뛰어나며 내수성, 내 변성이 우수하다. 무게가 기와의 1/5 이하이기 때문에 상부로부터 하중의 부담을 줄여 구조체가 안전하며 시공도 쉽다. 중앙부에 평균 폭 10mm 이상의 접착제가 있는 제품이며, 동판이음 부위, 싱글 및 동판 고정못 보강용, 녹방지 처리된 콘크리트못을 사용한다. 다양한 색상의 지붕은 제품의 실물을 직접 보고 건축주가 선호하는 색상으로 선택한다. 단점은 바람이 심한 곳에서는 접착불량일 경우 떨어져 날아가는 하자가 발생할 수 있으므로 더욱 치밀한 시공을 해야 한다.

점토기와

점토에 약간의 모래를 섞고 900℃에서 1,000℃로 구워 만든 기와이며, 가마의 온도 차이에 의해 표면광택과 강도 차이가 난다. 색상은 다갈색, 적갈색, 청색인 청기와가 있고, 기와모양에 따라 한식기와, 일식기와, 양식기와로 나누어진다. 기와색상은 건축주의 취향에 맞는 것으로 선택한다.

금속기와

골조공사가 끝난 후 지붕 위에 있는 폐기물 등을 모두 치우고 깨끗이 청소하며 싱글공사 후 동판의 싱글 접합 부위는 실링재로 마무리한다. 4.0t 이상의 부식 방지를 위한 보호용 피막이 되어 있고 금속기와와 동일한 재질의 기성품으로 결정하고, 시공할 지역의 기본풍속까지도 확인하여 금속기와 제품을 결정한다. 맴브레인방수 후 각형강판 트러스를 대고 기와걸이틀을 설치한 후 금속기와를 올리고 마지막으로 플래싱을 설치한다.

경사지붕은 슬래브, 거푸집 설치－내부단열재 설치－바닥철근배근－지붕슬래브 콘크리트 타설－방수모르타르 및 보호미장－아스팔트 프라이머－플래싱 설치－싱글잇기와 방수모타르 및 보호 미장－아스팔트 프라이머－플래싱 설치－싱글잇기 순서로 한다.

프라이머 도포 시 유의사항은 바탕면이 완전건조상태에서 시공하지 않으면 갈라지는 하자가 발생한다. 추운 날씨인 10℃ 이하 작업을 금지하고 작업순서는 처마에서 용마루방향으로 시공한다.

금속지붕

알루미늄아연도금 강판은 내구성, 내후성, 경량성, 시공성이 양호하고 불소수지 알루미늄 시트를 사용하며, 스프레이 코팅방식으로는 불소함유량 미달이 우려되고, 단점으로는 제조사별 품질편차가 크며, 색상의 균일성 저하, 표면오염, 긁힘이 발생한다.

티타늄 아연징크는 티타늄과 구리가 첨가된 아연합금제품으로 표면의 산화보호층이 산화 억제되고 내부식성, 내마모성, 가공성이 양호하여 유지보수가 필요 없이 반영구적 수명이며, 단점은 고가의 제품이고 원자재수입 후 국내에서 가공 · 제작하며 시공순서는 바탕정리–금속프레임 설치–내수합판 설치–방습지 설치–마감판 순으로 설치한다.

잠깐만요 **가다가 뒤돌아보았네!**

징크는 유럽에서 수입되며 반영구적이고 가격이 비싸다. 그래서 가격이 싼 가짜 징크가 탄생되었다. 시공 전에는 모양이 비슷해서 구분하기 어렵지만 시공 후에 보면 표면이 고르지 않아 그 금속재질은 바로 알루미늄아연도 강판을 사용한 것이다.

1750년대 처음으로 달달한 설탕을 접하게 되자 거의 모든 음식에 첨가했고 심지어 와인에 섞어 마셨고 더구나 길가에 걸어 다니면서도 찍어먹었다. 비싼 설탕을 먹고 치아가 썩어 새까맣게 되어야 부의 상징이라 생각했다. 설탕을 살 돈이 없는 가난한 사람들은 부자처럼 보이려고 이를 까맣게 칠하고 다녔다.

1000년경 중국에서 돼지 목 뒤의 털을 작은 막대기에 심어 이를 닦았다. 그로부터 500년 후 중국에서 나무 막대기에 천연명주실로 솔을 엮은 칫솔을 1570년 스페인 대사가 프랑스 왕에게 소개했다. 왕족과 귀족들은 보석으로 치장한 칫솔을 목걸이로 하고 부의 상징처럼 길거리를 활보했다.

눈에 보이는 것만 쫓아다니고 조건에 마음이 쉽게 좌우된다면 내면에 중심이 없기 때문이다.

물동이공사

드레인은 15~20mm 정도 크기로 홈통걸이는 1m 간격으로 설치하고, 홈통받이는 가능하면 상부와 하부치수가 동일한 사각형으로 선정하며 슬래브 관통 부위는 방수모르타르로 꼼꼼히 방수 처리한다.

홈통받이 하단 부분의 토양침하가 발생하지 않도록 잡석 및 콘크리트를 타설하며 1층 보도로 배수되어 겨울철 결빙으로 인한 안전사고 발생에 대비하여 트렌치 설치를 고려해본다. 선홈통이 콘크리트조나 벽돌조의 건물외벽 속에 매입된다면 막히거나 누수될 경우 보수가 어려우므로 피하는 것이 좋다. 옥상에 사용되는 주철제 드레인은 뚜껑이 조립 가능한 제품을 선정해서 거름망 역할을 할 수 있게 한다.

건축주가 꼭 알아야 할 중요한 사항이 있는데, 창문 옆으로 물동이가 지나간다면 비가 오면 물 떨어지는 소음이 매우 크므로 가능하면 창문 쪽에서 먼 곳에 설치해야 한다.

처마 설치

건물 처마 끝에 설치할 홈통에는 안홈통, 밖홈통이 있고, 처마홈통 경사는 1/200 이상으로 하는데, 요즘은 처마 없는 집이 늘어나고 있다. 외관은 세련되어 보이지만 비가 벽에 직접 닿아 벽에 물때가 생겨 지저분해지고 곰팡이가 피기 쉽다.

만약 설치하려면 처마폭 길이는 30cm~45cm 정도가 좋으며, 1m 간격의 홈걸이로 고정해주어야 한다.

잠깐만요 **경험의 한수**

비가 몹시 많이 내리던 추석 때의 일이다. 지인 집에 인사차 시골로 내려가는데 옥상에 물이 차서 계단으로 물이 쏟아진다는 전화를 받고 대전에서 다시 되돌아 올라왔다.

세입자들이 입주한 지 약 1년 지난 동탄고등학교 옆에 위치한 점포주택인데, 건축주가 거주하지 않고 전부 세입자만 살기에 건물관리가 엉망이었다. 원인은 옥상 드레인망에 먼지와 낙엽이 거름망을 막고 있었는데 세입자들은 옥상에 1년 동안 한 번도 올라가지도 않고 또한 청소도 안했다. 그래서 배수구가 막혀 빗물이 옥상에 가득 차 옥상계단으로 역류한 것이다.

계단을 마른걸레로 다 닦아내고 옥상을 청소하고 거름망을 제거했다. 혹시 건축주가 거주하지 않고 전부 전세로 놓았다면 옥상에 거름망을 절대로 설치하지마라. 장마 시 계단이 홍수가 나는 낭패를 볼 수도 있다. 좋은 세입자 만나는 것도 건축주의 복이다.

지붕공사할 때 건축주가 꼭 알아야 할 것은 점토기와나 금속기와 안에 지붕의 틀을 만들기 위해 지붕 내부에 하지작업을 해야 하는데, 점토기와에는 2인치각목(현장용어; 다루끼)을 사용하고 금속기와는 각파이프를 사용하는데, 10년이 지나면 하지자재가 썩어 함몰될 수 있으므로 방부목재나 도금처리된 파이프로 하지작업을 해줄 것을 강력히 요구해야 한다.

유리공사

규산과 같은 산성분과 염기성 성분을 함유한 원료를 혼합하여 1,400℃~1,600℃ 사이의 온도로 용융하여 다시 냉각시킨 후 만든 재료이며, 유리강도는 휨강도를 말하고 두께가 얇을수록 크고 많이 휘어진다. 가열했다가 급히 냉각시키면 파괴되기 쉽고 공중에 습도가 많으면 유리 표면에 습기가 흡착되어 절연성이 떨어지며, 보통판유리는 750℃ 정도의 온도에서 녹는다.

유리 종류

보통판유리는 건축물의 창호, 출입구에 사용되는 것은 맑은 판유리와 흐린 판유리가 있고, 흐린 판유리는 한 면을 규사로 갈거나 때리는 방법으로 불투명한 상태로 가공한 것으로 실내장식용이나 칸막이용으로 사용한다. 두께는 2mm, 3mm, 4mm, 5mm로 얇은 것을 판유리라 하고, 채광용도인 목재유리창의 두께는 2mm, 강제유리창은 3mm이다. 두께가 6mm, 8mm, 12mm, 15mm로 두꺼운 판유리는 채광용보다 실내차단용, 칸막이벽, 통유리, 기타 특수목적으로 사용한다.

보통판유리는 두께가 2mm인 경우에 최대 크기 600mm×1,200mm이며, 두께가 3mm, 4mm, 5mm인 경우에는 최대 크기 1,800mm×1,200mm이다. 무늬유리는 한 면이나 양면에 무늬가 새겨진 반투명유리로 아늑한 실내분위기를 연출하고 투시를 차단하여 프라이버시를 확보해주고 장식적인 효과도 있다. 두께는 2mm, 3mm, 4mm, 5mm, 6mm가 있다.

마판유리는 투시성과 투명성이 우수한 고급유리로써 고급건축물의 외부 창유리로 쓰인다. 강화유리는 강도가 5배 증가시켜 파손율이 낮고 충격으로 깨져도 파편모서리가 날카롭지 않아 안전하여 샤워부스창과 계단난간의 옆판, 엘리베이터 창, 테두리 없는 유리문에 사용하고 보통유리는 온도 차이가 70℃면 파손되는데, 200℃의 온도변화에도 견디고 12mm는 절단이 불가능하여 열처리로 절단해야 한다.

색유리는 광선의 일부를 조절 · 통과시켜 눈부심을 막아주고 복사열을 흡수하여 냉 · 난방비의 절감효과가 있어 주거 안쪽 창문에 설치한다.

망입유리는 내부에 금속망을 삽입하여 깨지는 경우에도 파편이 튀지 않고 연소도 방지할 수 있어 엘리베이터 문에 사용하고 두께는 7mm, 10mm가 있다.

반사유리는 실내에서는 그대로 보이고 실외에서는 거울처럼 보여 외부의 시선을 막아주는 효과가 있으며 태양열 차단효과가 투명유리나 색유리보다 좋다.

젖빛유리는 유리의 한쪽 면을 사포로 물갈기한 안개 낀 모양으로 거친 면은 실내가 되도록 하고 반투명과 불투명이 있고 실내 안쪽 창에 설치한다.

로이유리는 유리 표면에 얇은 금속막을 입힌 판유리로 난방기구에서 발생되는 열선을 대부분 창문에서 내부로 반사시켜 난방과 보온을 극대화시켜준다.

스팬드럴유리는 공장에서 열처리하여 일반유리보다 내구성과 강도가 높아 열에 강하고 다양한 색상으로 만들 수 있어 각종 인테리어에 응용이 가능하고 건물의 보나 기둥을 감추기 위해 창 및 커튼월에 끼워 사용한다.

창문 설치

내부목공사 전 창틀에 유리를 끼워야 하고 외장재 시공이 완료되면 비계를 철수한 후 유리창을 끼우는 것이 가장 좋다. 페어 글라스(이중유리)는 내부를 진공으로 하거나 특수기체를 넣어 방음, 차음, 단열효과가 크고 결로방지가 우수하다. 현장에서 절단가공이 불가능하고, 2중, 3중의 판유리를 일정한 간격으로 띄어 금속재로 기밀하게 테두리한 유리이다.

복층유리는 2장 판유리 사이 6mm 공간에 건조한 공기를 넣거나 진공상태로 만든 후 밀봉·접착하여 만든 유리이다. 컬러로이복층유리는 코팅면이 강하여 두께는 18mm와 24mm가 있고 녹색 창문은 최근 주택 외부 창으로 많이 사용된다. 단열, 방음, 결로방지, 채광효과 등이 뛰어나며, 특히 특수금속막을 코팅하여 가시광선만 통과하고 자외선과 열전달하는 적외선은 통과시키지 않는 차열효과가 높은 유리이다.

북쪽 창은 단열효과가 뛰어난 유리를 설치하여 결로를 막고 한여름에 석양빛을 받는 쪽에는 차광효과가 뛰어난 유리로 설치한다.

창문 실링재

각 접합부의 틈새 및 줄눈을 충전하며 기밀성과 수밀성을 높이는 재료를 말하고 '실' 이라는 뜻은 틈서리를 밀봉한다는 뜻이다. 실리콘은 기온에 영향을 받지 않고 탄력성이 우수하여 반복되는 접합부 틈새의 신축에도 강하다.

줄눈 부분, 창호 주위 충전 및 유리끼우기 등에 광범위하게 사용되며 내수성과 신축성이 우수하다. 요구성능 조건은 줄눈을 구성하는 부재에 접착하여 장기간 접착성이 확보되어야 한다. 그리고 태양열, 비, 눈, 유독가스에 노출되는 환경에서 강한 내후성이 있어야 하고, 줄눈 주변에 오염이 덜 되어야 한다. 종류로는 실리콘, 변성실리콘, 폴리설파이드, 폴리우레탄, 아크릴계가 있으며 기후와 건축자재 조건에 맞게 선택하여 시공한다.

유의할 점은 먼지나 이물질, 그리고 습기가 있으면 접착 부위가 떨어지므로 바탕면을 철저히 청소하고 습기 여부를 확인한다. 외부 창호 주위의 누수원인은 난간바닥 고정 브래킷을 통해 누수되거나 외부 실링재의 찢김과 훼손으로 누수된다. 또한 창틀 하부 앵커 고정 부위의 실링재 탈락으로 앵커 부위에서 누수된다.

잠깐만요 **가다가 뒤돌아보았네!**

영국을 여행하다보면 오래되고 역사적인 건물의 창문틀에 유리 대신 벽돌로 막혀 있는 것을 볼 수가 있는데, 유리창에 엄청난 세금의 부과를 피하기 위해 이런 일이 생겨났다.

1564년 셰익스피어가 태어날 때만 해도 유리창이 너무 비싸서 멀리 여행갈 때마다 창문을 떼어내어 이웃집이나 창고에 보관했다. 셰익스피어가 50살이 된 후 가격이 저렴해지고 창문 세금도 폐지되자 창문을 보관하는 불편에서 자유로워질 수가 있었다.

지금도 창문 크기가 너무 크면 단열에, 너무 작으면 환기에 어찌 보면 창문에 대한 고민은 계속 하게 된다. 어떠한 것도 처음부터 완벽한 것은 없다. 수많은 사용 반복과 불편함을 극복하고자 노력한 결과로 지금 우리가 사용하는 모든 것이 좀더 편해진 것이다.

미국 3대 대통령인 토머스 제퍼슨이 소장했던 18세기에 만들어진 포도주 샤토마고는 한 병에 약 6억 3천 만 원 정도였는데, 1989년 와인 판매상 윌리엄 소콜린이 뉴욕식당에서 포도주를 입수한 것을 자랑하다가 그 옆에 지나가는 음식카트에 와인병이 부딪쳐 박살났다. 그렇게 해서 세상에서 가장 비싼 포도주는 사라졌다.

건설현장에서 자주 사용되는 용어와 표준말

아래의 단어만 알아도 건설현장에서 무시당하거나 소통이 안 되어 혼자된 느낌에서 해방될 것이다.

가다와구–거푸집, 고바이–물매, 게코미–경사, 기래빠시–토막, 나라시–고르기, 노리비끼–시멘트칠, 딥바–높이, 데꼬보꼬–요철, 데마찡–품삯, 데나오시–재시공, 덴바–윗면, 시다시–바탕, 가베–벽, 시누–결속선핸들, 시다–보조원, 시바다–밑면, 도끼다시–갈아내기, 산승–세치, 스미–벽돌공, 가이당–계단, 게고미–계단의 수직면, 곰방–운반, 구베–물매, 기리까이–바꾸기, 나와바리–줄쳐보기, 노미–정, 다루끼–2x2인치각목, 오비끼–멍애, 단도리–마감, 데모도–조공, 덴죠오–천장, 스덴공구리–버림콘크리트, 스미다시–먹매김, 시마이–끝냄, 사게부리–다리추, 루베–입방미터, 메지와리–줄눈나누기, 미스모리–수평보기, 반생–굵은철선, 보르꼬–블록, 오삽–평삽, 빠루–노루발못빼기, 아시바–비계, 와꾸–틀, 야리가다–규준틀, 이찌마이가베–벽돌한장두께벽, 자바라–주름틀, 주꾸미–바탕몰탈, 하바–폭, 하시라–기둥, 함바–현장식당, 해라–주걱, 메지–줄눈, 매지보–줄눈대, 야기리–측벽, 야리끼리–도급, 오도리바–계단참, 오사마리–일이끝남, 오야–우두머리, 오함마–대형해머, 와리–구분, 우마–받침대, 유도리–여유, 이찌방–첫번째, 멘시야기, 멘나라시–면고르기, 바라시–해체, 보루방–드릴머신, 아나방–구멍철판, 잰다이–창선반, 지리–벽홈, 하바끼–걸레받이, 하리–보, 하께바리–솔질마무리, 하찌마끼–테두리보, 헤베–평방미터, 후끼–뿜칠, 압사바리–25톤트럭

아파트현장에서는 아침 7시 조회 때 체조 및 각 공정 업자들의 업무보고나 안전교육을 한다.한국말이 있음에도 일본말로 말하면 유식하게 보인다고 생각하는지 하도급이나 심지어 1군 아파트 직영건설회사 직원까지 일본어로 말한다.

혹시 직영건설소장이 이 책을 읽는다면 안전교육할 때나 아침조회 때 한국어를 사용하자고 교육 좀 시키세요. 공사현장에 일하는 사람들은 80%가 외국인인데, 데마찌가 한국말인 줄 알겠지요. 외국사람들이....

내부공사

• 현관 • 화장실 • 위생도기 • 주방 • 실내공사중 깜박하는 것들
• 타일공사 • 도료의 종류 • 도배공사 • 조명과 색채 • 하자

내부공사 시 건축주가 자재선택 및 모양과 색상까지 선택해야 하고 빨리 결정해야 공사를 단축할 수 있다.

방통모르타르가 끝나고 완전히 전조시킨 방바닥상태를 확인한 후 천장공사, 등박스, 커튼박스, 외기에 노출된 내벽면 단열재 및 석고붙이기와 몰딩, 아트월틀짜기, 문선돌리기, 걸레받이 등을 공사해야 한다. 내장목수 인건비가 주택공사 중 가장 비싸므로 공사계획을 잘 수립하고 자재나 기타 준비물을 미리 준비하여 작업자가 흐름이 끊어지지 않도록 해야 한다.

질감, 색채, 패턴, 가공성, 시공성, 경제성, 안전성 등을 종합적으로 고려하고 거실과 방은 건축주가 선택한 자재 특성과 취향에 맞게 공사해야 한다. 면적이 적은 부분은 개성이 강하고 다소 강한 색채를 선택하고, 재료 선택은 면적이 큰 것부터 작은 것으로 바꾸기 어려운 재료를 우선하여 선택한다.

천장, 바닥, 벽 등이 공간배경의 역할을 하므로 돋보이거나 싫증나지 않는 재료로 선택하며 유지보수가 쉬운 제품으로 선택한다. 실내공간의 크기, 용도, 형태, 조건을 고려하여 재료의 색상과 패턴을 결정하고 좁은 실내는 밝은색을 선택하는 것이 넓어 보이는 효과가 있다.

전반적인 색상을 조화롭게 하기 위해서는 한국적인 자연풍경의 색채는 친밀감을 느끼지만 낯선 배색은 이국적인 느낌을 주므로 친숙하게 받아들이지 못한다. 명도, 색상, 채도의 차이가 작고 배색이 공통적인 것에 가깝다면 조화롭다고 느낀다. 색상차가 너무 작으면 구별하기 어렵고 애매한 느낌을 주며, 또한 색상차가 너무 커도 자극적이어서 피하는 것이 좋다.

천장이 낮은 공간은 세로줄무늬를 사용하면 높아 보이는 효과가 있다. 창문이 작거나 어두운 곳이라면 광택 있는 재료를 사용한다.

잠깐만요 **가다가 뒤돌아보았네!**

요즘에 인테리어 관련 책을 보면 자연친화적인 소재라는 단어를 많이 사용하고 있다. 과연 현대건축에서 자연친화적 건축물이 존재할까? 하는 의문이 생긴다.

벌레들이 접근도 못하게 화학약품으로 만들어진 제품 안에 사람들은 자연친화적인 소재라고 안심하고 살 수 있을까?라는 생각이 든다. 진정한 자연친화란 주변에 사는 모든 것을 살피고 가꾸고 보존하는 노력이 진정한 자연친화가 아닐까 생각한다.

무지막지하고 추악한 과거의 가슴 아픈 만행이 있었다. 황금색머리에 에메랄드의 녹색을 띈 너무나 아름다웠던 쇠 앵무새는 산탄총으로 쏘아 나무에서 떨어져 죽으면 다른 새들은 멀리 도망가지 않았다.

동정과 우려 섞인 표정으로 죽은 동료를 나무 위에서 내려보는 습성 때문에 신나게 쏜 총을 맞고 멸종되었고, 이 지구에서 영원히 사라졌다.

나무

현대건축은 철재 및 콘크리트 사용으로 구조목재는 점차 감소하고 내장재로 사용하는 목재는 나뭇결이 좋으며 무늬가 곱고 뒤틀림이 적은 것으로 장식재, 창호재, 가구재로 많이 사용한다. 침엽수는 잎이 비늘모양으로 소나무, 전나무, 낙엽송, 삼송나무, 잣나무 등이 있고 벌목 후에 건조가 빠르고 가공이 쉬우며 강도가 커서 목조의 뼈대로 많이 사용한다.

활엽수는 잎이 넓고 편평한 모양으로 느티나무, 단풍나무, 참나무, 벚나무, 은행나무가 있으며 침엽수에 비하여 가볍고 건조시간이 걸리지만 건조 후 단단해진다. 건조 전에 재질이 연하여 가공하기 쉽고 다양하며 우아한 나뭇결을 갖고 있어 실내장식이나 가구재, 장식재, 창호재로 사용한다.

나무의 성질

여러 가지 색상 및 특유의 광택이나 향기를 가지고 있으며, 아름다운 나뭇결을 가지고 있고, 나무의 특징에 맞게 실내치장, 창호재, 가구재로 선택하여 사용한다. 광택은 곧은결면이 가장 아름답고 그 다음은 널결면이며 마구리면이 가장 떨어진다. 활엽수가 침엽수보다 광택이 좋으며 실내치장이나 가구재로 사용되는 목재는 색깔과 광택도 중요하지만 나뭇결이 얼마나 아름다운가에 따라 나무의 가치로 결정된다. 나뭇결의 종류는 널결, 곧은결, 엇결, 무늿결이 있고 목재의 향기와 맛은 건조 전에는 강하지만 건조함에 따라 점점 줄어든다.

목공사 기본자재

목재(나왕)의 길이는 6m이고 도장, 현장가공 가능하며, 단점으로는 건조 시 휘어지고 갈라진다. 또한 중밀도섬유판(MDF)의 길이는 2.4m이고 비닐시트에 도장하고, 단점은 수축 시 접합부에 틈이 발생한다.

PVC계는 길이 제한이 없고 비닐시트 파손 시 보수하기 어려우며 천장 등박스, 천장마감, 천장장식판, 몰딩돌림, 아트월, 문선 및 벽체모서리장식, 걸레받이에 사용한다. 주택 외부의 직접 접촉하는 면에 테크론이나 아이스핑크 내단열 후 석고보드를 댄다. 실내공간(주인세대)의 개방감을 위해 등박스 내부의 천장고 양쪽의 폭은 최대한 넓게 확보하도록 계획한다.

합판은 실내천장, 칸막이내벽, 바닥재와 기타 마감재로 사용되나 합판 자체만으로 사용하는 것은 드물고 필름이나 무늬목 등을 붙이거나 채색 도장하여 가공한 것을 사용하고, 합판의 두께는 3, 6, 9, 12, 15, 21, 24mm이고 길이는 900mm×1,800mm, 1,200mm×2,400mm 합판 마루인 경우 수축팽창으로 들뜨거나 걸레받이와의 과다로 틈으로 인한 하자가 발생할 수 있고 합판두께 만큼 걸레받이를 띄워 시공한 후 재단 및 마루에 끼워넣어 마감한다.

가로세로방향의 각재는 접합부에 틈이 발생하지 않도록 정밀제작하고, 전기박스와 설비 배관 주위는 석고보드를 고정시키기 위한 보강목을 설치한다. 천장공사에서 달대 및 달대틀은 시방서에 지정된 각재를 사용하고 간격은 400×600mm로 하여 반자틀을 짜며 천장틀에 사용하는 못은 녹이 슬지 않는 것을 사용하고 전선은 정확히 빼놓고 등기구나 점검구 등의 주위에 보강목을 설치한다.

거실 등박스는 여러 가지 포인트를 주어 실내분위기를 업그레이드시킬 수 있는 모양으로 건축주가 선택하며, 등박스는 기성품 중에 기본형, 매입형, 돌출형, 전통형 있고 조명기구에 따라 건축주의 개성에 맞게 현장제작도 고려해본다. 커튼박스는 나왕합판이나 12mm 합판을 사용하고 함수율이 15% 이하의 증기건조된 나무를 사용해야 틀어짐이 없다.

잠깐만요 **가다가 뒤돌아보았네!**

16세기 중엽 이탈리아 시장에서 사형수나 자살한 사람의 시체를 목수들이 망치와 톱으로 절단했으며 시민들은 입장료를 내고 구경했다. 가끔 만원사례가 될 때가 있었는데, 그때는 아주 드물게 여자시체를 해부할 때였다. 그렇게 떠들썩한 해부에서 16세기말부터는 대학에서 조용히 해부했다.

1667년 파리에서 데니스는 최초로 수혈을 실시했다. 동물 중에 사나운 동물은 인간에 나쁜 영향을 줄 수 있다고 생각해서 순한 양의 피로 수혈했다. 그러나 치명적인 합병증으로 동물의 피 수혈을 중단했다. 그로부터 234년이 지난 후 혈액형을 발견하면서 다시 수혈하게 되었다. 그로부터 정확히 300년 후인 1967년 난생처음으로 친구 집에서 TV를 보았다. 해골바가지를 쓴 황금박쥐는 망토를 두르고 지팡이를 두 손으로 잡고 하늘을 날면서 "어디 어디서 왔나? 황금박쥐" 친구와 나는 노래를 따라 부르며 악당을 찾아 응암동 골목길을 누비고 다녔다. 나이가 들수록 그때가 가장 행복했던 것 같다. 혹시 먼 훗날에 타임머신이 개발된다면 1967년으로 다시 돌아가고 싶다.

몰딩과 걸레받이

몰딩은 건물 내부의 모서리나 가장자리 등의 미관상 설치하는 띠형태의 마감재이며, 특히 천장과 벽마감이 다르기 때문에 만나는 부분을 자연스럽게 연결해주는 역할을 한다. 몰딩은 인테리어에서 시공면은 작지만 집안의 분위기를 좌우하는 중요한 부분이고 재료로는 천연무늬목이나 인조시트마감재로 많이 사용된다.

원목몰딩은 가격은 비싸고 추가로 도장처리해야 하는 번거로움이 있고, 원목의 고유색상과 고급스러운 색상 때문에 고급주택에서 사용하며 랩핑몰딩은 가격도 저렴하고 도정공정이 추가로 발생하지 않으며 색상을 자유롭게 선택할 수 있어 가장 많이 사용한다.

천장몰딩은 벽과 천장이 만나는 곳을 깔끔하게 마감하기 위해 붙이는 것으로 평수와 분위기에 따라 적절한 모양 및 크기로 선정하고 몰딩과 걸레받이와 조화되는 색상으로 고른다.

문선몰딩은 문틀 주변에 설치하여 문을 돋보이게 하고 문선의 재질은 문틀과 같은 재질과 같은 색상으로 마감한다.

평몰딩은 벽면을 장식하기 위해 붙이고, 코너몰딩은 벽의 모퉁이 안쪽을 매끈하게 마감하기 위한 것이고, 허리몰딩은 벽을 구분해주고 보호하기 위해 붙이는 몰딩이며 몰딩의 폭은 60mm에서 90mm이고 길이는 2,400mm이다. 뒷면에 목공본드를 칠한 후에 실타카 핀은 본드가 마를 때까지 임시 고정시키는 역할이다.

걸레받이는 바닥과 닿은 벽의 오염을 방지해주는 역할을 하고 벽마감면과 다르기 때문에 만나는 부분을 자연스럽게 해주는 역할을 하며, 걸레받이는 벽면과 바닥이 만나는 부분에 부착하는 몰딩으로 신축주택인 경우에는 방바닥에 습기가 있을 때 곰팡이가 생길 수 있으므로 완전 건조 후에 시공한다.

걸레받이 시공은 강화마루나 데코타일 마루를 깔 때 마루시공자에게 맡겨 같이 시공해야 마감도 깔끔하고 비용도 절감된다.

잠깐만요 **경험의 한수**

누가 대신해 줄 수 없는 인테리어과정인 만큼 건축주가 현장에 상주해서 상황을 눈으로 직접 확인하고 자재를 선택해주면 작업자들도 시간이 단축될 수 있다. 간혹 임의로 현장에서 마감재를 바꾸어 자재는 너무 멋진데 전체적인 분위기와 어울리지 않는 상황이 연출될 수 있다.

예를 들면 한복입고 운동화나 운동모자를 쓴다든지 양장입고 머리에 족두리 쓰는 부조화가 초보자가 흔히 하는 실수이다. 샘플을 보고 고르면 실패할 수 있으니 실제로 시공된 집을 보고 고르는 게 가장 좋다. 견본과 다른 경우가 있기 때문이다. 가능하다면 인테리어는 와이프에게 맡기는 게 좋다.

집안에 살면서 두고두고 와이프의 잔소리를 듣고 싶지 않다면 혹시 내 마음에 안 들어도 이런 모든 것이 가정의 평화보다는 우선될 수가 없다. 몰딩작업이 다 끝나면 방문을 달아야 하는데, 목수가 투입될 시기에 맞추어 방문과 손잡이, 경첩을 주문해야 하는데 건축주는 방문색상이나 모양을 선택해 주어야 한다.

벽과 천장이나, 바닥의 만나는 부분과 마감과, 마감 부분에 경계를 주기 위해서나 틈이 생긴 부분을 몰딩으로 막아준다.

"그런데 사랑하는 당신과 나와의 생긴 틈을 가려줄 몰딩은 어디 없을까?"

무늬목

색상과 결이 아름다운 원목을 종이처럼 얇게 벗겨낸 것을 합판 표면에 부착하여 원목의 질감을 내는 것으로 장식재로 사용한다. 무늬목은 원목의 수종에 따라 색상과 표면의 모양이 다르고 각자의 특유 색상을 가지고 있어 사용코자 하는 목적에 맞는 나무로 선택해야 한다.

바탕처리가 잘 되어야 떨어지거나 들뜨는 것을 방지하고, 광택을 살리려면 사포작업의 방향이 일정해야 하고 뜨거나 부푸는 현상 발생 시 해제계획을 수립한다. 무늬목은 원목의 나뭇결과 색깔에 따라 구분된다. 요즘의 원목은 뼛속까지 원목이 아니고 피부만 원목이라 서글프다.

기타 목재

나왕은 필리핀, 말레시아, 인도네시아 등에서 생산되며 담홍색으로 나뭇결이 교차되어 있다. 비중이 작고 가공이 용이하며 건조 및 접착성이 좋아 가구재, 수장재, 구조재로 사용한다.

미송은 미국, 캐나다, 멕시코에서 생산되며 담황색으로 연륜이 뚜렷하고 나뭇결이 곧고 강도는 소나무와 비슷하며 수축성이 작고 강도가 약하여 광택이 나는 구조재나 수장재로 사용된다.

티크는 인도, 미얀마, 태국에서 생산되며 황백색으로 강도는 보통이고 수축성이 작고 흡수성은 매우 적음, 그리고 내구성이 매우 커서 마룻널재나 수장재와 가구재로 사용한다.

지단은 인도와 태국에서 생산되며 적갈색이며 단단하여 아름다운 고급가구재로 사용하고 흑단은 미얀마에서 생산되며 담갈색으로 단단하여 아름다운 고급가구재로 사용한다.

마호가니는 멕시코나 쿠바에서 생산되며 홍갈색으로 치밀하고 견고하며 아름다운 광택이 있어 수장재나 가구재로 사용한다.

루버는 여러 장을 맞물려 끼울 수 있도록 양쪽 옆면을 제혀쪽매로 만든 목재로 향목루버, 오크루버, 레인파인루버가 있으며, 나무 색깔과 향기가 나며 실내 벽장식으로 다양한 색상을 내기위해 니스나 오일스테인 등의 도료로 하고 단, 습기조절이나 나무색을 그대로 살리려면 도료를 칠하지 않는 게 좋다.

보드는 벽마감용이나 판재, 각재로 이루어져 있고 다양한 색깔과 나뭇결을 갖는 목재로 실내장식효과와 습기조절 및 단열효과를 높여 주며, 무공해 소재로 주거환경에도 유익하다.

MDF는 중밀도섬유판이라고 하며, 종이조각 모양의 나무를 접착제로 굳혀 만든 재료로 천연목재보다 재질이 균일하고 강도도 크고 변형이 적으며 기계가공성과 접착성이 뛰어나 실내마감공사에 합판 대용으로 다양한 형태의 시공에 용이하고 마감도 깔끔하다. 그러나 습기에 약하고 일반 고정철물을 상용하는 곳에는 재사용이 불가능하다.

O.S.B는 얇은 나무조각을 서로 직각으로 겹쳐지게 배열하고 방수수지로 강하게 압축가공한 보드이며, 실내 칸막이와 벽이나 가구제작에 사용하고, 표면의 질감과 문양을 이용하여 사용한다. 방부목은 수분, 곰팡이, 해충에 강하고 외벽재와 데크바닥재로 정원 등에 사용된다.

석고보드 붙이기

벽과 천장에 붙이는 일반 석고보드는 불연, 단열, 저음성능을 갖고 있으며, 가볍고 백색에 두께는 12.5mm이고 주방은 다습한 부위에서 높은 강도와 방수성능을 유지하는 내수석고보드를 붙이고 두께 12.5mm에 색상은 연한 푸른색이다.

결로 방지용 석고보드는 결로발생 부위에 곰팡이 방지를 위한 것으로 색상은 아이보리이며, 길이는 90mm×180mm이고 두께는 12.5mm이다. 장점은 내화성이 크고, 차음성, 단열성이 좋으며 경량이며 신축성은 없지만 가공이 용이하여 설치 후 도료나 도배할 수 있다.

단점은 강도가 약하고 파손의 우려가 있으며 습기에 약하고 유의사항은 석고 납품 후 휨이나 변형을 방지하기 위해 단변방향으로 세워서 보관한다. 건물 내부 칸막이벽에 각 부위별로 사용되는 자재로 용도에 맞는 석고보드를 선택하여 사용하는데, 용도별 종류로는 방화, 방수석고보드, 미장석고보드, 항균석고보드, 황토석고보드 등이 있다.

수분침투에 의한 석고판의 부풀음 및 곰팡이가 발생하므로 보관 시 주의하며 석고보드 시공 시 절단된 부분은 위로 향하게 설치하고, 바닥에 습기가 있으면 들뜨는 하자가 발생할 수 있으므로 난방 후 시공한다. 외기접촉면은 미장하지 않고, 1차는 테크론으로 2차는 석고보드로 내단열하는 것이 가장 이상적이다.

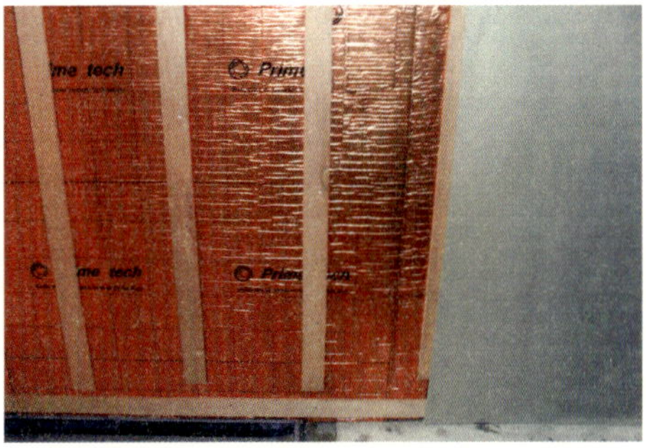

잠깐만요 **공사뒷이야기**

앞에서 거론한 '일목'을 모르면 어떠한 일이 발생하는지 현장에서 겪은 경험담을 통해 설명하겠다.

서판교 근처의 호화주택 건설현장에서 보일러 열선을 깔고 방통을 친 후 방바닥이 완전 건조된 후 벽에 석고보드를 붙여야 하는데, 거꾸로 석고보드를 붙이고 난 후 모르타르 방통공사를 하여 물기가 석고보드로 흡수되고 도배가 끝나자 도배지로 흡수되어 얼룩이 생기고 검정곰팡이가 발생하여 모두 제거한 후 재시공하는 것을 보았다.

또 한 곳은 용인동백지구의 관청 공사현장 2층에 천장텍스를 붙인 상태에서 3층에 방통을 치는 바람에 물기가 2층 천장에 침투하여 천장텍스가 함몰되고 얼룩져서 전부 제거하고 그 폐기물을 청소한 적이 있는데, 이럴 경우에는 필요 없는 비용이 기존 공사비에 2배 이상 더 들어간다.

추운 겨울철의 모든 마감공사는 추운 날씨로 인해 '일목'이 뒤죽박죽되어 하자건물이 될 수 있으므로 모든 공사를 중단하고 봄에 다시 시작하는 것이 좋다.

이런 결정은 시공사나 설계사의 말에 흔들리지 말고 과감하게 건축주가 중단을 지시해야 한다. 만약에 건축주가 상가나 주택, 기타 건축물을 언제 공사를 시작하면 좋으냐고 저자에게 묻는다면 1월 초에 해당 관공서에 착공서류를 접수하고, 2월 중순부터 공사를 시작하면 가장 이상적이라고 대답할 것이다.

위험한 문제들

맞벌이 부부 증가로 인하여 낮에 집의 창문을 닫아두어 환기 부족으로 결로가 발생할 수 있고, 화장실이 북쪽에 위치할 경우 습기가 마르지 않아 결로현상이 생길 수 있다.

콘센트 위치가 주거생활에 안 맞고 벽걸이에어컨 전용 콘센트도 없는 경우 등이며, 계단 높이가 18cm 이상으로 가파르게 만들어 오르내릴 때 힘들다.

영아 1살부터 4살까지의 사망사고는 욕조에서 일어나며, 문 구조상 어린이 손이 끼어 다칠 수 있고, 출입구 주변, 계단 주위, 욕실 등에 쓰이는 유리의 강도가 충분한지 검토한 후 선택한다. 도시가스관을 타고 빈집털이범이 집안으로 침입할 수 있어 방지하는 시공법을 찾고 점포주택은 저녁에 취객들이 집 벽에 노상방뇨를 할 수 있으므로 어두운 곳에 가로등을 설치함으로써 이를 방지한다.

1층 상가에 음식냄새가 나는 식당이 들어와 위층으로 올라오는 냄새를 방지할 수 있게 지붕 위에 후드를 설치해야 한다.

대부분의 상가 수도계량기는 외부에 설치되어 있어 추운 겨울에 수도동파방지를 위한 단열방법을 찾는다. 외부창호의 법적 안전높이는 방바닥에서 창문 밑 부분까지 1,200mm인데, 이보다 낮을 경우 낙상위험 방지를 위해 난간대를 설치해야 한다.

현관

거실, 계단, 화장실과 가깝게 위치하며 현관문 내측으로 외기와 바람, 먼지의 차단을 위해 미닫이문으로 설치하고 실내측이 보이도록 유리면이 넓은 것을 선택한다.

미닫이문 앞에 발 디딤판을 설치하면 문 열기와 신발벗기가 편하고 넉넉한 신발장과 현관에서 화장실이 보이지 않아야 한다.

요즘 신발 종류의 다양화로 신발장은 넓고 크게 만들어야 하고, 우산과 기타 운동기구까지 수납할 수 있게 넉넉한 수납장을 만들고, 신발장 깊이는 400mm로 한다. 미닫이문을 열고 내측을 볼 때 정면이 벽이 되게 하여 그림과 장식장, 꽃꽂이를 설치하면 좋고 가능하다면 현관에 창문을 설치하는 게 좋으나 만약 불가능한 구조라면 조명을 균등하게 밝고 따뜻한 색으로 선택한다.

현관문은 보통 밖으로 열도록 설치하지만 만약 현관문을 크게 설치하고 싶다면 한쪽은 밖으로 한쪽은 안으로 열리게 할 수도 있다. 현관문의 크기는 건축주 취향대로 최대 2,500mm까지 선택해라.

침실

기본 조건은 프라이버시 보장과 심리적 안정에 필요한 도배, 조명, 침대와 가구배치를 고려하고 주거의 최저 생활공간과 식사공간을 분류해야 한다.

침대배치법은 머리쪽은 외벽에 면하도록 누운 채로 출입문이 직접 보이도록 하고 출입문은 안여닫이로 하며, 침대 양쪽에 통로를 두고 한쪽은 75cm 이상이 되게 한다.

의류수납을 위한 충분한 길이의 옷장을 설치하고 창문이나 방문이 닿지 않도록 하며, 가능하면 붙박이장으로 설치해야 벽면이 깔끔하게 마감된다. 부부 전용 욕실이 있어야 하고 비데나 월풀욕조는 부부 취향에 맞게 결정하고 욕실에서 나오자마자 탈의실에 화장대와 잠옷과 속옷 등을 보관할 수 있는 공간을 설치한다.

전용 침대는 안방문을 열었을 때 침대가 보이지 않고 붙박이장이 보이는 것이 좋다. 화장대의 깊이는 600mm 정도가 좋으며, 침실 색상은 단색계통으로 파란색은 긴장감을 완화시켜주는 이상적인 색상이며 오렌지색은 따뜻한 느낌을 준다. 빨강색과 오렌지색 등 난색계열은 심리적으로 방에 실제 체류시간보다 길게 느끼고 긴장감을 주고 운동하기에 적합하다.

파란색과 초록색 등 한색계열은 심리적으로 실제 체류시간보다 짧게 느낀다. 그러나 베이지색이나 적황색은 근육의 긴장이 풀어지고 평온해진다. 건축주의 생활환경에 맞는 색상을 선택하여 도배하는 것이 좋다.

잠깐만요 **가다가 뒤돌아보았네!**

1867년 지금의 스프링 매트리스가 처음 발명되었으며, 대중화되기까지는 스프링강도가 너무 약해 스프링이 구부러지거나 부러져 부상당했고 누울 때 찔려 죽을까봐 조심스럽게 누웠다. 그전에는 매트리스의 속은 솜털, 양모, 톱밥, 짚, 해초말린 것을 사용했는데 이런 매트리스 속에는 쥐와 각종 벌레들의 거주지였다. 1886년 「톰 소여의 모험」 책을 쓴 콧수염이 멋진 마크 트웨인은 "침대는 세상에서 가장 위험하다. 왜냐면 80% 이상이 침대에 누워서 죽는다"고 말했다. 그래도 침대는 부의 상징이었고 자랑하고 싶어 지나가는 행인들이 잘 볼 수 있게 창문 가까이에 침대를 배치했다고 한다.

1988년 난생처음으로 침대를 구입했고 올림픽경기를 누워서 TV로 시청했고 잠자리도 편해 바로 잠을 잘 수가 있었다. 그러나 자고나면 허리가 너무 아프다는 것이다. 아직도 침대에 적응하지 못해 준비운동을 하지 않고 일어날 때 허리가 너무 아프다.

"다 좋을 순 없나보다."

자녀방

성장기에 맞고 동심을 키우는 가구배치를 하고 조명은 고연색성의 형광등 색상은 국부조명으로 설치한다. 색채는 순색을 기본으로 색 면적이 너무 크고 현란하면 어지러우므로 주의하고 무채색을 혼합하여 설치한다.

작은방은 화사하게 큰방은 색상 톤을 다소 낮추는 것이 좋으며 아동이라면 중간색과 원색을 조화시키고 벽, 천장, 바닥은 중간색으로 하고 가구를 원색으로 할 수도 있다. 내구성과 안전성을 유지보수하기 좋은 마감재로 선택하며, 크기는 2층 침대 사용 시 아래층과 위층의 높이 1m 이상으로 해야 머리가 부딪치지 않는다,

책상은 기성품을 놓는 것보다는 방의 크기와 기능에 맞고 자녀에 의사를 적극 반영하여 적합한 디자인과 크기로 직접 제작하는 것이 좋고, 지저분한 방을 두고 십대들과 싸우지 말고 인공지능이 탑재된 로봇청소기를 선물하자.

잠깐만요 **경험의 한수**

집들이 때 계단의 타일, 현관대리석, 거실인테리어, 주방가구, 마지막으로 화장실에 가보면 그 집의 수준과 인생관을 어느 정도 짐작할 수가 있는데, 아마도 나의 직업병인가보다.

화장실 인테리어는 상당히 중요하고 건물가치를 상승시켜주는 투자의 가치로 보아야 한다.

타일 선정과 수전 선택에 있어 디자인은 최근에 유행하는 스타일로 선택하며, 유럽산 고급형 타일로 선택하고 화장실과 주방 타일은 전문가의 의견을 묻는 것도 좋은 방법이다. 타일 줄눈선을 소변기에 맞게 시공하며, 벽과 바닥에 쪽 타일을 쓰지 않는다. 화장실의 타일시공만은 전문으로 하는 숙련공에게 맡겨야 정밀시공이 가능하고, 그 집의 수준을 평가하는 지렛대 역할을 하기 때문이다.

단, 주방가구와 화장실은 고급으로 하되 다시 철거하고 바꾸기 쉬운 구조로 해야 하며 유행에 가장 민감한 부분이고 유행에 맞게 유동적으로 리모델링해야 할 곳이다.

부모님 방

부모님과 같이 산다면 자재 선택에 신중해야 한다. 욕실바닥에 화강암을 깔거나 주방 바닥재를 자기류나 석재로 했을 경우 미끄러운 바닥에 넘어져 다치는 일이 발생할 수 있으므로 자재 선택에 신중해야 한다.

방 온도는 기본 온도에 3℃ 정도 더 높고 조명은 밝게 하며 외로움 해소를 위해 외부로부터 접근이 쉽고 전망 좋은 조용한곳에 배치한다. 가능하면 부부침실과 떨어져 배치하고 소장하는 물건을 고려하여 수납장은 큰 것으로 설치하고 전용 욕실을 갖추고 있다면 욕실용 의자를 비치한다. 거실과 부엌 가까운 곳에 위치시켜 가족과 소외되지 않도록 하고 벽과 천장은 온화하고 부드러운 색상으로 도배한다.

부모님 방까지 인테리어할 수 있는 건축주라면 인격적으로나 경제적으로 성공한 사람이다.

화장실

일반 가정은 하루 물소비량이 1인당 약 280리터 정도이고, 네 명 기준으로 하루에 1톤 이상의 물을 사용하고 그중에 화장실은 약 4분 2 정도, 세면과 세탁은 4분의 1, 식사준비 및 기타는 4분의 1을 사용한다. 자재는 수분에 의한 내구성을 고려하고 포인트 타일과 위생기구는 아름다우며 고급형으로 선택해 설치해야 한다.

투자개념으로 점포주택을 신축한다면 주인세대는 최고급 호텔 화장실 스타일로 꾸며야 하며, 만약 평생 한 집에서 살아야 한다면 천천히 진행형 방식으로 인테리어를 하는 것을 고려해보고 디자인계획은 컴퓨터그래픽을 활용하여 시뮬레이션 후 샘플 중에 선정한다.

주인세대는 비데는 반드시 설치한다. 아마도 앞으로는 비데가 없다면 시대에 뒤떨어지게 될 것이다. 그리고 여유 있는 크기로 위생기구를 설치하고 수건걸이는 세면용, 비데용, 발수선용으로 3개를 설치한다.

세면기 높이는 700mm~750mm까지 설치하고 만약 욕조를 설치할 때 출입구는 700mm 이상으로 욕조 높이는 400mm~450mm로 한다. 대변기와 세면기는 같은 공간에 두고 물기가 없도록 한다.

샤워부스를 설치해 물기가 세면기와 대변기에 튀지 않도록 차단하고 욕실 안에 물때 청소만 하게 하여 가사노동을 줄인다. 부부 사이를 좋게 하기 원한다면 전용화장실에 두 사람이 사용할 수 있는 크기의 욕조를 놓고 화장실 입구 바로 옆에 탈의실과 화장대를 설치한다.

단, 겨울철 욕조의 수증기 때문에 결로가 생기므로 탈의실에 환기시설을 설치해야 한다.

잠깐만요 **가다가 뒤돌아보았네!**

화장실에서 남자는 하루에 평균 3회~4회에 총 15분, 여자는 평균 5회~7회에 총 18분 정도 머문다고 한다. 만약 용변만 보는지 여부를 설문조사하면 시간이 달라진다. 남자는 5분 정도이고 여자는 3분이라고 한다. 용변중 29%는 신문과 책보고, 6%는 우편물을 보며, 2%는 스마트 폰하고, 그리고 나머지 63%는 용변에만 집중한다고 한다.

1992년도 난생처음 앉아본 좌변기에서 용변을 못 봐 고생했다. 위의 통계에 전혀 포함되지 못했다. 나의 좌변기 적응기간은 약 1년쯤 걸렸다.

어찌 해결했냐고, 요즘에 중국인여행객이 외국에서 사용하는 것처럼 좌변기 위에 올라가 뒤돌아 벽 잡고 쪼그려 앉아서 용변을 보았다.

자재의 종류

제일 작은 공간임에도 가장 많은 종류의 건축자재가 투입되는 화장실의 천장재는 SMD이며 환기팬, 천장등, 점검구, 환기덕트이고, 벽체는 벽타일, 욕실문틀, 문짝, 샤워부스, 뒤선반장, 욕실장, 욕실거울, 컵 걸이, 비누대, 샤워기, 세면기수전, 샤워수전과 헤드, 수전걸이, 옷걸이, 휴지걸이, 잡지꽂이, 벽부등, 방수콘센트, 샤워부스 강화유리, 바닥은 바닥타일, 재료분리대, 욕조, 양변기, 트레인과 커버 등이 있다. 욕실 내부공간의 크기는 일반적으로 1,500mm×2,000mm이나 1,600mm×2,200mm이고, 샤워부스 부분을 낮춤시공하고, 최소 70mm로 낮추어야 문 개폐시 신발걸림과 물넘침을 방지할 수 있다.

화장실 돔

타일시공이 끝난 후 2일이나 3일 후에 타일이 마른상태에서 화장실 돔을 설치하고, 재질은 폴리에스테르수지로 전기절연성, 내열성, 내약품성이 좋다.

현장에서 제작과 성형이 가능하고 유리섬유로 보강한 것으로 매우 강하여, 욕조, 창틀, 커튼월, 화장실 돔 등에 사용한다. 환풍기는 다공질 알루미늄박을 탄소체 강선으로 보강한 후 환기구에 연결한다.

화장실 시공

벽체와 바닥을 입체적으로 고려하여 조화되도록 한쪽 면에 포인트 타일로 시공하고, 타일 크기는 가능하면 동일 규격으로 선택하며 욕실바닥은 트레인 구배를 맞추어 시공하고 바닥에 오·배수트랩의 정확한 배관과 구배는 1/50을 유지해야 한다.

연결배관의 수직과 수평을 유지하며 연결 삽입구 깊이를 배관에 표시하고, 급수와 온수관은 10mm 두께의 원통형 발포폴리에틸렌보온재를 사용하여 방음과 보온재로 감싸고 구배를 유지하여 설치한다.

급수와 온수관을 연결할 때는 배관 말단부에 이물질이 들어가지 않도록 엘보를 설치하며, 양변기 연결 오수관의 이물질을 제거해야 하고 바닥판 위의 고무패킹과 윗부분에 렌지를 설치한다. 그리고 실링재로 처리하여 마감하고, 방수코킹을 부착한 후 양변기에 조립하고 만약 양변기가 커서 화장실 문에 걸린다면 편심을 사용하여 양변기 위치를 이동할 수 있다.

화장실 거울은 KS G-3117에 1급 규격에 적합한 거울에 기계가공에 의한 테두리 부분의 면처리된 거울을 사용한다.

샤워부스

저자가 주로 시공하는 방법인데, 유닛(욕조, 세면기, 변기와 함께 있는 것) 욕조 설치에서 요즘은 고정식 욕조를 설치하지 않고 자유로운 이동식 욕조 설치로 화장실의 공간을 많이 확보하고 강화유리로 샤워부스를 설치하여 좌변기와 세면기 쪽에는 보일러 배선을 깔아 건식으로 맨발로 들어갈 수 있고 여성들의 발 차가움을 해소한다.

거실에서 턱 없이도 화장실에 들어가고 샤워부스 안쪽에는 턱을 70mm 낮게 시공하며 신발은 샤워부스 안에만 있다. 주부들의 가사노동이 가장 많은 곳 중 하나가 싱크대의 물때 및 화장실 물때인데, 습식 샤워부스쪽만 물때를 청소하므로 편하고, 좌변기와 세면기쪽에는 물기가 없어 쾌적하며 깨끗하게 화장실을 이용할 수 있다.

화장실 시공 시 발생할 수 있는 것

세면실의 수납장 안쪽에 손이 닿지 않아 사용이 불편하고, 욕조에 창문을 너무 높이 달아 손이 닿지 않거나 미닫이문 때문에 벽의 스위치나 수건걸이를 달지 못하고, 욕실의 외닫이문 뒤쪽에 수건걸이가 있어 쓰기 불편할 수도 있다.

샤워부스의 유리문을 여닫을 때 화장실벽에 닿아 유리의 파손 우려가 있고, 미닫이문일 때는 밖에서 물내리는 소리가 들리며, 화장실문이 좌변기에 닿아 문이 다 열리지 않는다. 조명등 안의 전구를 교체해야 하는데, 해체와 조립이 너무 어렵다.

잠깐만요 **공사 뒷이야기**

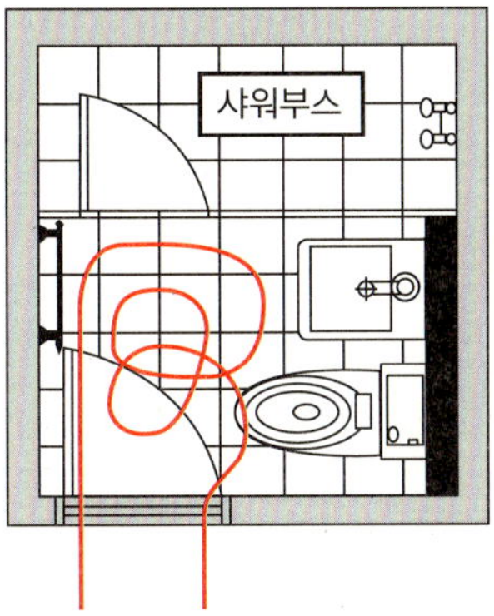

건축주가 잘난 체하고 상대방의 말을 듣지 않고 자기 말만 주로 하는 사람이었다.

화장실 바닥을 단열하여 주부의 가사노동 시간을 줄여주도록 세면기와 좌변기가 위치하는 부분은 건식으로, 샤워부스 부분은 습식으로 구분해서 시공하자고 했더니 건축주 왈 "한국 정서에 안 맞는다"며 단열도 안하고 결국 전부 습식으로 시공했다.

한 번이라도 화장실 물때나 화장실 청소를 수세미로 닦아 보았다면 얼마나 힘든 일인지 알텐데, 또한 집안에서 마누라가 왜 양말을 신고 다니는지 알았다면... 아직도 의문이다. '그놈의 한국 정서가 무엇인지 모르겠지만...'

주방의 싱크대나 화장실 안의 물기가 3일~4일만 지나면 검정곰팡이가 생겨 살림을 해본 사람들은 습기를 바로 제거하는데, 설거지나 화장실 청소를 안 해본 사람들은 잘 모른다.

위생도기

백토와 점토, 납석, 원광석을 주원료로 반죽하여 위생도기 모양으로 만들고 백색, 청자색, 분홍색, 흙색, 상아색에 유약을 성형물에 바르고, 1,250℃에 구워 만든 용화소지는 좌변기로 많이 사용한다.

도기의 소지는 다공성 소지이며, 약간 흡수성이 있으며, 주로 세면기에 사용하고 단점으로는 파손되기 쉽고 파손 부위로 수분이 침투하여 오염이 확산된다. 견고하여 산과 알칼리에 침식되지 않고 내구성이 있고 색깔이 다양하며 표면이 매끄러우며 오수에 변질되지 않는다. 그러나 탄력성이 없어 깨지기 쉽고 열팽창계수가 낮아 금속과 부착 시 파손될 우려가 있다.

세면기는 벽걸이형, 스탠드형, 카운터형이 있고, 모양과 색상이 다양하며, 가족구성원의 체형에 맞는 것으로 선택하고 양변기와 세면기의 색상은 화이트, 아이보리, 그린, 핑크, 은은한 느낌의 파스텔톤이 있다.

샤워부스 폭은 1,800mm 이상이고 문짝 개폐 시 진동과 충격에 의한 강화유리 파손을 방지하기 위해 띄움 시공하고 쿠션재나 실링재처리 등의 조치가 필요하며, 세면기의 종류는 벽에 부착하는 타입, 오버 카운터타입, 언더 카운터타입, 볼 타입이 있다.

좌변기 주변치수로 폭은 최소 750mm~900mm, 문에서 최소 450mm 문 크기에 따라 다르고, 화장실 입구 크기는 600mm 이상으로 하고, 화장실 크기는 0.9m×0.9m이고, 좌변기 설치 시 0.8m×1.2m가 표준이다.

조명기구와 환기시설, 배수시설 등은 효율적으로 배치하고 트랩청소구멍을 열어 고여 있는 머리카락과 이물질을 자주 청소할 수 있는 제품으로 설치한다. 위생기구는 건축주가 제조회사와 제품의 색상 및 모양까지 직접 선택해야 할 품목들이다.

잠깐만요 **가다가 뒤돌아보았네!**

샤워기는 바빌론시대에 처음 사용했을 때는 노예가 위에서 부어주는 방식이었다가 1879년 1차대전 시 프로이센 군대막사에서 냉수샤워기를 설치했다. 1870년 길버트 목사가 발명한 샤워기는 수압이 너무나 세찼고 물줄기를 맞고 기절하지 않기 위해 안전모를 쓰고 샤워했다.

1879년에 미국인 왓슨과 해리스가 특허를 냈는데, 사람이 욕조 안에 있는 의자에 앉아서 샤워꼭지에서 물이 나오도록 발로 펌프를 계속 땀이 나도록 눌러대는 노동을 해야만 했다. 1908년 9월에 고종이 허가내준 수도가 처음으로 개통되었고 한강뚝섬에서 각 가정이 아닌 공용수도관까지만 공급되어 물장수가 집까지 배달했다.

1966년은 서울 인구가 370만여 명이었는데 그것도 설날 이틀 전에 온 가족들과 얼어 있는 한강 위를 건너 난생처음으로 한남동의 어느 목욕탕에 가보았다. 명절 전에는 항상 그랬듯이 목욕탕엔 사람들이 가득했고 욕조 안의 때를 뜰채로 수시로 건져냈고, '탕 안에 오줌 싸지 마시요' 라는 문구도 쓰여 있었다.

그 당시 너무 어려서 몰랐는데 양재역 근처에 1평에 가장 비싼 땅이 400원이었고, 전차요금은 1원 50전이었다.

1991년 온수샤워기가 달린 주택에 처음으로 거주했고, 비로소 1주일에 한 번 목욕탕샤워에서 벗어나 매일 집에서 샤워하는 것으로 호사를 누렸다.

위생기구

물을 사용하고 버리기 편리하게 만든 기구로서 세면기, 욕조, 주방싱크대 등의 세척용과 대변기, 소변기 같은 수세용으로 나누어진다. 급수를 위한 수전의 아랫 부분에 지수전을 설치하여 고장에 대비하고 수격현상을 막기 위해 공기실을 설치한다.

세척용 기구인 세면기의 배수용 마개는 체인이 달린 것과 상하로 움직여 개폐하는 팝업식이 있다. 배수구는 P트랩, S트랩, 드럼트랩, 벨 트랩이 사용된다. 수세용 기구인 대변기는 오물이 유수 중에 냄새가 적으며 세정작용이 우수하고 물막힘이 없으며 소음이 작아야 한다. 소변기는 벽걸이식과 스톨식이 있으며 바닥설치형인 스톨식이 공공화장실에 많이 사용되고 있다.

상가 화장실

상가주택에는 남녀화장실을 따로 설치하는 것이 좋으며, 1층 상가 면적이 축소될 수도 있지만 상가임대 시 상당히 유리하다. 남자화장실이 여자화장실보다 큰 이유는 소변기 설치 때문이다. 소변기의 종류로 전자밸브식은 사용자의 움직임을 감지센서에 의해 작동되는 종류로 설치해줄 것을 건축주가 요구해야 한다.

소변기는 소변이 튀는 것을 막을 수 있는 볼이 넓게 디자인된 제품을 선택하고 종류로는 벽걸이형과 스톨형으로 나누어진다. 좌변기의 종류 중 로우탱크식은 실의 탱크에 물을 담았다가 레버핸들을 조작하고 소음이 적어서 가정용으로 사용하며, 하이탱크식은 탱크에 물 담았다가 천장에서 잡아당기는 과거에 사용한 방식이고, 플러시밸브식은 핸들을 누름으로써 작동되는 장애인용, 공공화장실, 유치원 등에서 사용한다.

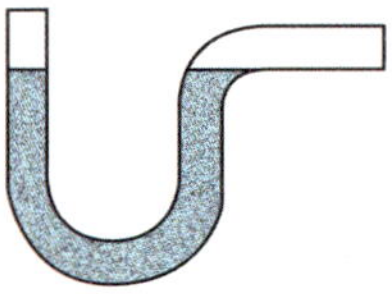

P트랩
벽배수일 때 사용

S트랩
바닥배수인 세면기와 대변기에 사용

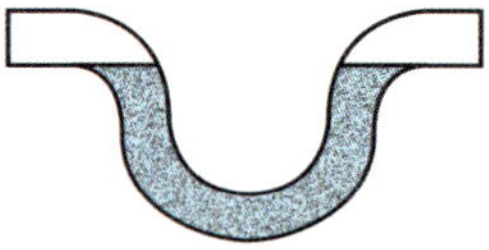

U트랩
하수관으로부터 유해가스나 해충이 실내로 들어오는 것을 방지

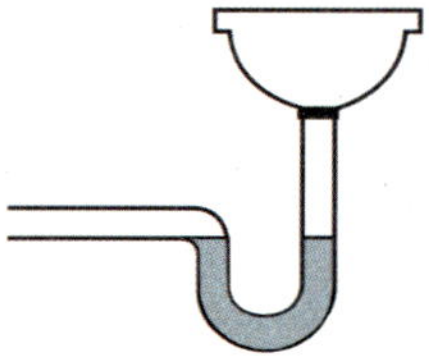

봉수
하수관의 악취나 가스 등이 배수관을 통해 실내로 들어오는 것을 방지하고, 봉수깊이는 50mm 이상~100mm 이하

잠깐만요 | 경험의 한수

용인 보라지구에서 공사할 때의 일이다. 내가 공사하는 옆 건물은 1층 상가 화장실이 현관 출입문을 열고 들어가 계단 옆에 설치되어 있었다. 1층이 고기전문점 식당이었는데 만취한 손님들이 계단에 오줌도 싸고 토해놔서 건축주와 2층 세입자는 골머리 아파했다.

주거공간과 화장실은 분리하고, 만약 1층에 술파는 식당이 들어온다면 어두운 곳 외부에 조명을 달아야 한다. 그렇게 하지 않으면 오줌 냄새에 고생 좀 할 것이다.

잠깐만요 가다가 뒤돌아보았네!

1778년 자물쇠공인 조지프 브라운은 지금의 모양과 비슷한 현대식 수세식 변기를 만들어 특허냈지만 첫 수세식은 S트랩이 개발 전이라 똥물이 역류하고 날씨가 더울 때는 냄새 때문에 인기가 별로 없었다. 이 문제를 1778년 영국 요크셔에 살던 가난한 배관공 크래퍼가 S트랩을 개발해 엄청난 부자가 되었다. 그 당시 대박람회에서 가장 인기가 많아 무려 80만 명이 수세식 변기를 직접 사용하는 체험을 하기 위해 긴 줄을 서서 기다렸다. 그로부터 230년이 지난 2008년. 그런데 나는 지금도 기다린다. 아침마다 딸내미가 화장실에서 나올 때까지.

1750년 영국의 하니웨이 경이 동양에서 가져온 우산을 쓰고 런던거리를 활보했다. 그의 모습을 처음 본 사람들은 미친놈으로 취급했다. 그로부터 36년이 지나 1786년에 그가 사망하던 해에 드디어 우산은 대중화되기 시작했다. 그로부터 176년이 지나 서양에서 가져온 아파트는 1962년 마포에서 처음으로 분양되었다. 가장 적응하기 힘든 시설은 수세식 변기였는데, 사용법을 몰라 애먹거나 물을 내리지 않아 수시로 변기가 막혔다고 한다.

그래도 자랑스럽게도 마포아파트는 우리 기술로 처음 지은 것이었고 5층 건물이었다. 분양 당시에 "저렇게 높은 곳에서 무서워서 어떻게 잠을 자나"했으며 분양도 10%밖에 안 되었다. 꾸준한 홍보 덕에 8년이 지난 1970년도 이후에 드디어 아파트는 대중화되기 시작했다.

상가 천장마감재

상가 내부 천장마감은 천장텍스라고 하는 석고와 시멘트를 혼합하여 만들어진 재료로 두께는 6mm, 9mm, 12mm, 15mm가 있고 크기는 300mm×600mm나 600mm×600mm이고 치장면을 고려하여 알맞은 모양이 새겨진 제품으로 선택한다.

상가 외부에 노출된 천장마감재는 알루미늄 스팬드럴을 사용하면 외관이 수려하여 보기가 좋다. 간혹 목재루버로 마감하여 고급스럽게 연출할 수도 있지만 습기에 약해 변색된다면 미관상 보기가 좋지 않다.

실내소음 잡기

오·배수 소리는 흡음과 차음의 방습재 일체형인 내부 주름배관을 사용하고 흡음재나 아연시트를 사용한다. 세탁기 소리는 방진매트를 사용하고 에어컨 실외기와 벽 사이에 스티로폼을 끼워 넣고 위생도기는 절수형이나 무소음형으로 선정하고 급격한 수압변동이 발생하는 부위에 수격방지기를 설치한다. 오·수배관 진동음 감소를 위해 골조 타설 전에 흡음피복재를 배관에 감싸고, 배수관은 차음성능이 높은 배관재질을 사용하며, 화장실 위생기구는 완충공간이 있는 벽 방향으로 배치한다.

베란다

점포주택은 주거공간에 한정되어 있기 때문에 별도의 다용도실이 설치할 수 없으므로 베란다에 충분히 이용하여 다용도실 역할을 대신할 수 있게 수납장과 선반 설치를 고려한다.

베란다에는 가스보일러와 세탁기 설치대를 만들고 세탁기 놓을 때 동선을 확인하고 가스보일러 위치 선정도 결정해야 한다. 빨래건조대를 설치하는 것이 좋으며, 가능한 부엌과 근접한 곳에 설치하는 것이 좋고 세탁기 위해 수납장이나 문에 조명기구가 닿지 않도록 설치한다.

세탁물과 세제 등을 보관할 수 있는 충분한 수납공간을 설치하고 세탁기, 보조냉장고, 가스보일러 등의 적재적소에 콘센트를 배치한다. 주인세대의 베란다를 크게 만들 수 있다면 보조주방을 설치하는 것도 좋다. 음식 냄새나는 요리를 할 때 베란다에서 하면 거실의 음식냄새를 방지하며, 또 세탁기를 넣을 수 있는 문 크기를 조절하고, 김치냉장고나 보조조리대를 만들 수 있는 공간을 확보하면 좋다.

잠깐만요 **경험의 한수**

점포주택 상가의 천장마감에는 주변 상권을 고려하여 설치 여부를 결정해야 하고, 건축주는 상가가 일반사무실이나 부동산사무실로 임대될 것 같으면 천장텍스를 설치해 주어야 한다. 만약에 커피숍이나 식당으로 임대될 것 같으면 텍스를 설치하지 마라. 인테리어할 때 다 뜯어내며 설치비와 폐기물처리비까지 발생된다.

임대 전에 상가 천장이 미관상 안 좋다면 상가 옆벽에 아이보리색 페인트칠을 할 때 천장도 같이 칠하면 깔끔하고 보기도 좋으며 요즘엔 노출콘크리트공법의 영향을 받아 골조원형상태로 인테리어하는 경우가 많아졌다.

특히 1층 상가 내부마감은 주변의 상가 인테리어를 보고 결정하는 게 좋다. 요즘엔 1층 상가의 갈바 스틸프레임을 사용하여 다양한 모양으로 출입문을 만들 수 있어 많이 사용한다. 그러나 녹이 잘 생기므로 용접 부위는 그라인더로 갈아내고 1차로 녹방지용 페인트로 도장한 후 2차는 원하는 페인트 색상을 골라 꼼꼼하게 도장해야 한다.

거실

아파트에서 가질 수 없는 높은 층고를 가질 수 있고, 높이 연출을 할 수 있으며, 복층구조라면 내부계단이나 내부인테리어를 폭넓게 연출할 수 있다.

현관의 위치와 거실의 위치와는 관계가 있으나 거실 크기와는 무관하고, 색채는 밝고, 아득하고, 안정감 있는 무채색 및 중간색으로 선택하고, 가족을 위한 다목적 공간으로 각 실과 현관에서 접근이 용이하게 중앙배치하며, 거실에서 정원으로 바로 나갈 수 있도록 바닥레벨이 많이 낮지 않게 설치한다.

창문의 각도를 고려하여 여름철 낮에 남쪽 창문으로 들어오는 햇빛을 차단할 수 있는 베네시안 블라인드가 좋으며, 만약 서쪽 창문이라면 두꺼운 커튼이 좋다. 천장이 옥탑방까지 개방된 경우에는 공간이 커서 좋지만 더운 공기가 상부로 올라가 아래층 난방에 문제가 생긴다. 왜냐하면 온도의 대류현상으로 찬공기는 밑으로 더운공기는 위로 올라가 거실이 높을수록 춥거나 더우며, 별도의 단열과 난방계획을 수립해야 한다. 소파와 TV의 거리는 최대한 이격시킨다. 그리고 천장등과 스탠드 램프와 벽부등으로 간접조명하고 벽의 액자에 스포트라이트를 설치하고 색조는 밝고 부드러운 것으로 선택한다.

가구배치

소파 대면형 배치는 서로 마주보고 부담스러움 없이 대화할 수 있는 거리는 2.3m 정도이며, 코너형 배치는 시선이 부딪치지 않아 편하며, TV, 정원, 외부경관을 바라보게 배치하고 대규모 거실은 ㄷ형 또는 대면형 배치가 좋고, 중규모 거실은 ㄴ형 배치가 좋으며, 소파가 거실 출입구까지 동선을 차단해서는 안 된다. 거실 창은 중앙에 대형 유리를 설치하고, 창의 좌우로 작은 창을 내는 것이 좋으며, 그림과 장식등을 설치할 수 있는 긴 벽이 있는 게 좋다.

반려 동물

가족들이 수시로 사용하는 거실이나 의자 및 주인침대는 적당하지 않다. 사람에게 방해받지 않는 공간을 주어야 한다. 이 공간을 인간이 사용하여 반려동물을 몰아내기 때문이다. 큰 공간이 없다면 거실이나 주방의 한쪽 귀퉁이 같은 곳을 활용한다. "내가 문만 열면 멍멍하며 꼬리를 흔들며 달려들던 강아지가 어느 덧 늙어 가까이 가야 그때서야 알아보고 꼬리 흔드는 것을 보면 가슴이 미어진다. **"강아지수명이 사람보다 6배 빠르기에 이런 슬픔도 6번 느끼겠지요."**

주방

주방가구는 사용이 편한 곳에 환기가 잘 되고 밝은 채광이 되는 곳에 방수와 방습에 강하고 청소가 편한 주방가구로 선택한다. 바닥은 미끄럽지 않게 단 없이 냉장고–작업대–개수대–조리대–레인지–배선대–식탁 순으로 배치하고, 트랩의 종류로 드럼트랩은 주방용, P트랩은 세면기, S트랩은 대변기, 플로어트랩은 바닥배수시 사용한다.

트랩의 역할은 하수관에서 발생하는 하수, 가스, 악취, 해충과 세균 등이 위생기구를 통하여 실내에 들어오는 것을 방지한다. 개수대 앞은 창을 내어 밝게 하는 것이 좋으며, 창을 낼 수 없는 경우에는 개수대 위의 벽장 밑에 형광등을 설치한다. 레인지 주변은 창이 없는 벽체로 벽은 타일 또는 대리석을 부착하여 열에 강하게 하고 전기코드는 냉장고, 전자레인지, 식기건조기, 음식물분쇄기, 오븐레인지, 후드 등의 적소에 배치해야 한다. 요즘에 거실은 가족들이 모이는 공간에서 점점 주방의 식탁으로 모이는 장소가 되어 주방에 더욱 효율적으로 배치하여 생활공간의 편리함을 증대시켜야 한다. 특히 싱크대 높이를 자유롭게 조절할 수 있는 제품을 선택하거나 싱크대를 제조할 때부터 사용자의 키에 맞춰 싱크대를 제작하여 허리통증에서 해방되자.

부엌계획의 결정조건

작업대(개수대, 준비조리대, 가스레인지, 배선대)의 면적, 연료의 종류와 공급방법, 주택의 연면적, 가족수와 작업 평균 인원을 계산한다. 식탁 배치에 있어 1인당 소요면적을 가장 적게 차지하는 것부터 많이 차지하는 순서로 나열하고 원형 식탁−정사각형 식탁−직사각형 식탁 순서로 배치한다. 작업에 편리하게 각종 설비를 갖추고 작업공간은 단순하게 하며 적소에 각종 수납공간을 확보한다. 환기와 채광이 좋은 곳에 배치하며 청소가 용이한 마감재료를 선택하고, 습기와 방수처리에 주의한다. 바닥은 고저차를 없애고 미끄럽지 않게 하며 머리나 몸에 부딪치는 돌출부가 없어야 한다. 부엌의 최소면적은 건축연면적 50m^2에는 3.3m^2이고, 60m^2에는 5.0m^2이며, 100m^2에는 6.6m^2이므로 세입자세대에 맞춰 부엌의 크기를 결정한다.

주방 배치

ㄷ자형 배치는 기능면에서 가장 좋지만 부엌이 좁다는 느낌을 주며 집에서 잔치할 때 여러 사람이 같이 일하기가 불편하다. 혹시 동선이 길더라도 공간을 크게 해야 한다.

ㄴ자형 배치는 비교적 능률적이며 부엌공간이 여유롭다. ㅡ자형 배치는 세입자세대에 설치하며 싱크대가 너무 길면 작업동선이 길어져 주부가 피로해진다.

병렬형 배치는 작업 중 자주 돌아서는 불편이 있고, 양쪽이 너무 멀면 불편하므로 1,200mm 정도가 적당하다. 아일랜드형 배치는 독립된 작업대에서 모든 방향으로 접근이 가능하고 식사를 위한 식탁으로도 사용할 수 있다.

동쪽 창문 옆 햇빛을 받으며 식사하면 호르몬이 분비되어 몸의 감각세포가 자극되어 건강에 좋으므로 배치시 고려해보자. 부엌과 거실이 접하는 위치에 배치하고 식탁용 의자는 너무 무겁거나 등받이가 너무 많이 젖혀지는 것은 좋지 않다. 가스레인지대는 작업대보다 50mm 낮게 사용자의 키와 슬리퍼를 신고 작업하는지까지 고려하여 결정한다. 색채는 청결, 온화, 산뜻한 색조로 선택하고 식용을 저하시키는 진한 초록과 보라색은 피하며, 식욕을 증진시키는 빨강색이나 오렌지색을 사용하는 게 좋다.

주방가구

주방가구의 특징은 주부의 작업동선을 최대한 줄이고 수납 기능을 강조하며 보조주방도 설치한다. 작업대가 거실쪽으로 배치된 아일랜드형을 주로 사용한다.

상판의 두께는 0.6mm 이상의 스테인리스제품으로 하고 연결호수는 PVC플렉시블 호스를 사용하며 배수구 마개는 고무패킹을 부착하여 누수를 방지한다. 다리는 15mm 이상 높이를 조절할 수 있는 조절나사가 부착된 구조로 하고, 지름은 40mm 이상인 것으로 한다.

주방가구의 재질

싱크대 문짝은 상판의 재질에 따라 고가, 중가, 저가로 가격대가 다양하게 형성되며 몸통 재질은 MDF에 필름을 입힌 제품이 다수를 차지한다.

문짝 재질로는 몸통과 동일한 필름을 입힌 제품과 고급필름인 멤브레인 제품과 도장한 UV 코팅제품, 그리고 고가의 최고급 원목제품 등이 있다. 가장 선호하는 색상은 화이트계열이며, 두 가지색 컬러를 섞어 사용할 수 있는데, 싱크대 주변에 월넛이나 체리, 기타 등 건축주의 취향에 맞는 색상으로 포인트를 준다. 상판의 재질은 스테인리스상판, 멜라민수지상판, 인조대리석상판 등이 있고, 두께는 9mm와 13mm가 있다.

레인지후드

싱크대의 환기라는 기능적인 면과 장식적인 면이 조화를 이루어야 하며, 일반형은 슬라이딩 후드가 기본형이며, 색상은 은색과 백색이 있고 중가인 스테인리스 후드와 고가인 침니 후드가 있다.

잠깐만요 **가다가 뒤돌아보았네!**

중산층이라는 용어가 생기기 시작한 1745년 전까지는 왕실이나 귀족들의 거실은 우아하고 웅장하다가, 그 당시 중산층인 상인, 부동산업자, 예술가, 은행가, 변호사가 생기면서 부드럽고 따뜻함과 편함을 추구하는 인테리어가 도입되었다. 지금 우리 주변에서 흔히 볼 수 있는 카펫, 거울, 쿠션, 접시, 기타의 수백 가지 물건들이 우리들 집에 쏟아져 들어왔다. 그중에서도 가장 인기 있던 가구는 마호가니목재로 만든 가구였는데, 광택이 뛰어나고 뒤틀림도 없으며 더구나 가공이 좋았다. 이 세상에서 존재했던 가장 좋은 가구용 목재였다. 그것이 바로 쿠바산이였다. 발견한 지 50년 만에 대책 없는 벌채로 이 지구 안에서 영원히 멸종되었지만 그 당시에는 무척이나 비싼 마호가니식탁에 흠집이나 음식물의 오염에서 보호하기 위해 식탁보가 개발되었다.

1850년 식탁보가 미국에서 처음으로 식당에 보급되었을 때의 에티켓으로 '식탁보에 입술을 훔치는 것은 되지만 코를 푸는 것은 안 된다.' 했다. 1896년 12월 12일 '걸어 다닐 때 입 벌리고 다니거나 손가락이나 옷소매에 코를 푸는 것은 안 된다.' 바보처럼 보인다. -독립신문 내용 일부 발췌-

1977년 난생처음으로 먹어본 음식이 두 가지가 있었다.

첫 번째는 그 당시 부자들만 먹을 수 있었다는 바나나였고, 처음으로 먹어본 느낌은 썩은 사과맛 같아서 엄청 실망했고, 그 당시 부자들이 왜 그런 것을 먹는지 그때는 이해하지 못했다.

두 번째는 옛날에 착한 아내가 도박꾼 남편을 위해 만들었다는 샌드위치를 한영고 동창생이 도시락으로 싸왔는데, 모양도 처음 보았으며 구걸하다시피 해서 먹어본 그 맛은 감동이었고 눈물이 나올 정도로 맛 있었다.

왕십리에 위치했던 한영고교시절에 자주 들었던 '왕십리똥파리' 란 말의 유래가 있는데, 조선 후기에 도성에서 나온 분뇨로 채소를 가꾸어 도성에 납품했는데 분뇨 때문에 파리가 들끓었다. 도성 사람들이 왕십리에 사는 사람들을 얕잡아서 '왕십리똥파리' 라고 불렀는데, 그 말은 내가 학교 다닐 때까지 200년 넘게 계속 되었다.

옛날이나 지금이나 인간들은 안 좋은 추억이나 듣기 싫은 말들은 참으로 오랫동안 간직하는 것 같다. 하여튼 친구야 너의 점심을 뺏어먹어 미안하다. 혹시 이 책을 보게 된다면 연락해라. 거하게 술 한 잔 하자.

실내공사 중 깜박하는 것들

화장실에서 나오는 모습이 현관 정면에서 보이거나 방문을 열면 정면에 화장실이 있고, 화장실문이 미닫이라 물내리는 소리가 들린다거나 3층의 화장실과 부엌 위치가 2층 안방쪽에 위치하여 물소리가 들리며, 세면실의 수납장 안쪽에 손이 닿지 않아 불편하다. 주방 창문이 너무 커서 선반장을 설치할 수 없어 어쩔 수 없이 주방 창문을 폐쇄하여 환기를 전혀 못하거나 선반장을 다른 곳에 설치했다.

욕조 뒤에 창문을 지나치게 높이 달아 손이 닿지 않고 거실이 너무 높아 조명기구를 교체하기가 어려우면 벽걸이형 에어컨을 설치하려는 데 콘센트가 누락되어 있고 컴퓨터를 설치하려는데 콘센트가 부족해 방바닥에 거미줄처럼 전선이 널려 있는 등의 문제가 생기기도 한다. 아일랜드식탁에 전기선 콘센트를 바닥에 설치하지 않아 전기레인지를 사용하는데, 전선이 주방바닥에 널려 있어 지저분해보인다.

잠깐만요 **경험의 한수**

통계에 의하면 아침식사를 가족과 함께 먹는 사람은 10명중 1명이고, 저녁식사는 3가구 중 1가구만 가족과 같이 식사한다고 한다.

요즘 부엌의 기능은 조리실에서 가정의 중심지로 변했다. 부엌의 식탁에서 공부와 가족 간에 대화, 업무와 책을 보기도 한다. 하물며 부부싸움까지도... 사실은 거실에서 텔레비전 앞에 앉아 쟁반에 받치고 식사하는 일이 많다. 식탁은 될 수 있는 한 큰 것이 좋으며 서재도 주방에 가까운 곳에 설치한다.

서재는 20mm 합판두께가 적당하고, 책이 무거워 휘어지기 쉬우므로 400mm 정도 간격의 길이가 좋다.

사람은 평균적으로 한 집에서 5년 정도 산다. 몸에 맞지 않는 가구 때문에 긴 시간 고통을 받는다. 주방에 찬장, 싱크대, 조리대 또는 화장실의 세면대 높이를 내 키에 맞추거나 아님 배꼽 바로 밑에서 3인치 정도 낮추어 허리통증에서 해방되자.

드레스룸

안방에는 붙박이장을 하지 말고 드레스룸을 만들고 크기와 위치는 부부욕실에 접하여 설치하고 5~10m² 정도이다. 의류는 집을 난장판으로 만드는 주범인데, 1일년 동안 계절별 또는 옷 상태별 옷장정리가 쉬운 드레스장이 필요하다.

별도의 드레스룸을 만들 면적이 안 된다면 화장대와 같이 설치하는 것이 수월하며, 세면-화장-착의-외출이라는 동선의 흐름을 고려하여 배치하고, 화장코너는 옷의 수납장 가까이에 배치하여 드레스룸 역할을 하게 한다.

옷장정리 요령은 최근에 입은 옷, 1년 동안 안 입은 옷, 2년 동안 안 입은 옷, 여기에 속하지 않는 옷으로 구분하여 매년 4월 재활용함에 과감히 버린다. 겹칠 수 있는 바구니 모양과 크기별로 구입하여 옷이 쌓여 있는 공간에 보조바구니를 준비하고 바로 입을 수 있는 의류를 걸어놓을 기능성 회전 옷걸이도 준비한다.

단, 건축주가 주의할 점은 환기가 잘 안 되어 화장실의 수증기가 옷장에 스며들어 옷장과 옷에 곰팡이가 발생하여 낭패를 당하는 경우도 있으므로 별도의 환기시설을 설치해야 한다.

신발장

가족들이 매일 이용하는 가구 사용의 기여도가 가장 높으나 그에 비해 푸대접을 받는 가구는 신발장인데, 그 중요성에 주목해야 한다.

가족들의 신발 종류가 늘어나고 생활에 필요한 공구 보관, 우산 보관, 기타 외출 시 바로 가져갈 수 있는 수납공간을 확보한다. 신발장 안이나 신발 위에 신발을 쌓아 놓는 일이 없도록 크게 만든다.

콘센트 위치나 부착물 위치에 맞게 설치하고 신발장 개폐 시 현관문 등이 닿지 않도록 하고 신발장의 거울 위치와 크기까지 고려한다.

하이그로시 도장제품의 가구를 사용하는 것이 가장 무난하고 납품업체에 따라 제품이 차이날 수 있으므로 견본을 보고 고른다.

아트월

치장 중 밀도섬유판 크기는 1,200×2,400mm이며, 장점은 가격이 저렴하고 가공성이 우수하지만 단점은 시트지를 현장에서 접착 시 탈락될 수 있다.

타일류의 크기는 600×600mm와 600×300mm이고, 폴리싱타일과 포세린타일이 있으며, 장점은 대리석과 같은 질감으로 대리석에 비해 단가는 저렴하지만 단점은 현장가공이 어렵고 세장한 경우에 문제가 발생한다.

대리석타일의 장점은 대리석에 비해 단가가 저렴하고 표면마감은 대리석과 동일하며 가볍지만 단점은 형태, 무늬, 색상이 불균질하고 대리석 결의 균열로 혼돈할 수 있고, 세장한 경우 휨 문제가 발생할 수도 있다. 대리석은 미관이 우수하지만 단점은 단가가 높으며 형태, 무늬, 색상이 불균질하고 대리석 결이 균열될 수도 있다.

백 페인트의 장잠은 미관이 우수하고 유리 후면에 착색처리할 수 있고, 단점은 파손 시 안전성 확보가 곤란하여 바탕면의 평활도 확보가 필요하다.

잠깐만요 **경험의 한수**

지인의 부탁으로 아파트를 리모델링하면서 느낀 경험이다. 처음에는 아트월 공간에 타일이나 대리석으로 하지 말고, 싫증나면 언제든지 다시 하거나 손쉽고 비용을 적게 들여 바꿀 수 있는 고급벽지 사용을 추천한다.

건축주가 반드시 알아야 할 것은 시공비를 떠나 아트월을 수년 동안 똑같은 것을 본다면 얼마나 재미 없고 싫증이 나겠는가. 건축주가 간단하게 직접 도배하여 매년 거실의 분위기를 바꿀 수도 있고 시공이 편한 것으로 선택하여 처음부터 완벽하게 인테리어하지 말고 살면서 생활환경에 맞게 만들어가는 진행형 인테리어로 하기를 권하고, 초기에는 기본적이며 최소한으로 한다.

커튼 선택

커튼과 블라인드는 외부로부터 시선차단 및 빛과 열을 융통성 있게 조절하며 실내의 풍부한 느낌을 부여하는 기능을 갖는다.

직물류는 소방법시행령에 의한 방염처리 대상에 속하며, 관련법규 확인 후 사용한다. 종류로는 커튼, 블라인드, 셰이드가 있다.

천의 특성과 시각적 효과를 감안하여 세탁 후 형태의 변화나 치수변화와 색의 변화가 없어야 하며 불연재로 선택한다.

커튼의 종류

레이스 커튼은 가는 합섬사를 이용하여 엷게 짠 것으로 통기성이 가장 좋고 바깥쪽에 레이스 커튼을 달고 안쪽에는 드레이프 커튼을 단다. 드레이프 커튼은 두껍고 중량감이 있으며 광택나는 것과 흑색이 있으며 짜임새가 치밀하고 통기성이 적고, 차광, 방음, 보온성이 우수하다.

케이스먼트 커튼은 레이스와 드레이프의 중간형으로 실내의 프라이버시 확보가 가능하고 사계절에 사용하며 현대적 감각이 요구되는 실내에 어울린다.

프린트 커튼은 아크릴계나 레이온 등에 바탕면이 추상적인 무늬이거나 나뭇잎을 프린트한 것으로 커튼과 롤 스크린용으로 사용한다.

로만셰이드는 아랫 부분이 풍선처럼 부풀어 있는 우아하며 직사광선을 자유자재로 조절할 수 있는 장치가 되어 있다. 그러나 너무 두꺼우면 들어올리기가 어려우므로 가벼운 소재를 사용한다.

블라인드는 날개의 각도를 조절하여 빛의 양 및 조망과 시선차단 정도를 조절할 수 있는 가리개로써 수평과 수직블라인드가 있다.

버티컬 블라인드는 큰 창문에 사용하고 햇빛조절 능력이 우수하고 베네시안 블라인드는 수평날개로 각도를 조절하여 광선이나 통풍을 조절할 수 있다.

롤 블라인드는 커튼과 병용하여 사용 가능하며 실내를 경쾌하게 하며 상하 높이와 채광을 자유롭게 조정할 수 있어 어린이방이나 욕실에서 사용한다.

타일공사

내부 목공사마감 후 타일시공을 하는 마감이 깔끔하다. 다른 공정과 중복되지 않도록 시공하는 것이 중요하고 타일시공순서는 계단벽, 주방벽, 주거와 상가 화장실벽, 발코니, 화장실 바닥과 현관 바닥 순으로 시공하고, 특히 화장실 바닥과 베란다 바닥 타일시공 시 방수층을 깨뜨리지 않도록 주의한다.

타일은 성능, 모양과 가격 등을 고려하여 선정하고 타일이 클수록 치수차가 크고 뒤틀리거나 일그러진 것이 많다. 싼 제품일수록 표면에 흠집이 많고 옆면 가장자리가 곱지 않으며 나만의 스타일로 디자인해서 발주하고 싶다면 납품까지 약 30일 정도 소요되므로 빨리 결정해야 한다. 타일은 비교적 시공이 간편하고 시공 후 균열이나 변색이 없으며, 내구성이 내 · 외장재로 사용된다. 벽타일 규격은 250×400mm, 300×600mm, 바닥타일 규격은 200×200mm, 300×300mm이다.

화장실의 안목치수는 일반적으로 200×200mm 규격일 때 벽타일은 198mm일 때 벽줄눈치수는 2mm이며, 바닥은 196mm일 때 바닥줄눈치수는 4mm를 기준으로 나눈다.

주방바닥타일 및 대리석은 차가운 느낌을 줄 수 있으나 고급스럽고 호화로운 분위기도 연출할 수 있고, 만약 맨발로 다닐 때 피곤감을 느낀다면 설치하는 것을 고려해야 한다.

타일의 종류

건축주는 타일을 고르는데 고민을 많이 한다. 세입자세대는 대중적이고 유행을 덜 타고 오염이 덜 되는 타일로 선택하고, 주인세대 타일 선택의 기준은 최신 유행하는 타일을 선택하고 단독주택과 달리 점포주택은 건물의 가치를 상승시키는 투자라는 개념으로 접근해야 한다.

폴리싱타일은 인조대리석 효과에 다양한 색상과 디자인 기능을 하고 색조타일의 파스텔 톤 색상은 베란다 바닥으로 사용한다.

대리석타일은 천연대리석이 취약하여 강도를 높인 타일이며 대리석에 비해 단가가 저렴하고 가벼워 현관 및 거실바닥에 사용한다.

내벽용 타일은 정사각형, 직사각형, 보더타일을 주로 사용하며 다양한 색상과 형태를 가진 아름다운 외관에는 청소가 용이한 시유타일을 사용하며, 바닥타일은 정사각형과 직사각형을 주로 사용하고 충격에 강하고 보행이 편한 타일이 좋다.

바닥타일은 유약을 바른 타일보다 유약을 바르지 않는 타일로 많이 사용하고, 일반적으로 두께가 두껍고 표면이 미끄럽지 않게 요철모양으로 가공한 타일이며 색상은 반점을 넣어서 돌과 같은 느낌이 나게 하거나 벽돌계통의 갈색이나 베이지색을 많이 사용한다.

모자이크타일은 표면 너비가 90cm 이하이고, 내벽과 바닥에 사용하며 원형, 정사각형, 직사각형, 정육각형, 타원형이 있으며, 형상과 색상을 가진 타일이고 미끄럼 방지를 위해 무유모자이크타일도 있다.

코너타일은 벽과 바닥, 기둥의 구석 모서리, 걸레받이에 사용하기 위한 특수타일이며, 태피스트리 타일은 직물무늬 모양이 나는 타일이다. 보더타일은 가늘고 길게 된 타일로 특수한 장식적 봉형의 시유품으로 색상이 다양하여 벽의 중간띠돌림, 걸레받이, 갓둘레 테두리 장식용으로 사용한다.

합성수지 테라조타일은 색상이 다양하며, 현장가공이 어렵고 미끄럼 문제 발생으로 외부공간이나 현관 앞에는 시공하지 않는다.

논슬립타일(안전관리 시행규칙 4조) 미끄럼 방지용으로 표면에 홈을 파거나 요철을 두어 내마모성을 강하게 유화처리한 도기질타일로 건조 및 습윤마찰계수를 0.5 이상으로 규정을 준수해야 한다.

특수타일은 디지털기술로 자신이 원하는 이미지를 세라믹타일 하나에 그림을 원한다면 벽 전체에 그림을 넣는 타일을 제작하여 사용할 수도 있다.

타일 재질

자기질타일은 점토질 원료에 다량의 암석과 배합하여 1,230℃~1,460℃까지 고온에서 만들며 흡수율이 거의 없고 강도가 높으며 견고하여 두드리면 금속성의 맑은소리가 나고 내장용, 외장용, 바닥재, 모자이크타일로 사용되며 색상은 주로 백색이다.

석기질타일은 석암점토를 원료로 하며, 1,160℃~1,350℃ 정도의 고온에서 만들고 흡수율이 적으며 강도가 비교적 약하고 일반적으로 유색의 불투명으로 내구성이 높아 외장용과 바닥용으로 사용한다.

점토질타일은 소량의 암석을 배합하여 1,100℃~1,230℃ 정도의 고온에서 만들며 흡수율이 좋고 다공질로서 경도가 낮으며 표면의 마모와 충격에 약하며 백색과 유색으로 내장용으로 사용한다.

타일시공 시 유의사항

주방벽타일은 주방 창문을 중심으로 상부장과 하부장에 간섭되지 않도록 시공하고 주방창을 기준으로 타일나누기는 온장타일 또는 조각타일로 시공한다. 화장실 타일은 모르타르 방수시공 후 1주일 이상 양생하고 타일붙이기 전에 수직, 수평, 직각 여부를 확인한 후에 수평 기준실은 매 장마다 띄우고 수직 기준실은 최소 4장 이내마다 설치한다.

모르타르는 건비빔한 후 3시간 이내, 물반죽 후 1시간 이내에 사용하고, 줄눈파기는 3시간 경과 후에 치장줄눈은 24시간 경과 후 시공한다. 타일줄눈 시공 후 바로 닦아내지 않으면 입주 시에 잘 닦아지지 않으며 직사광선을 피하고, 2℃ 이하인 경우 급열보온으로 양생하며, 적정온도 20℃를 유지해야 한다.

타일시공 후 3일간 진동 및 보행을 금지하고 화장실의 안목치수는 일반적으로 벽타일 198mm, 바닥타일 196mm, 바닥 4mm, 벽줄눈 2mm이고, 만약 욕조를 설치한다면 재시공방지 및 책임소재를 명백히 하기 위해 타일작업자에게 설치를 맡기는 것이 좋다. 제품 보관 온도가 10℃의 실내보관 3개월 이상된 제품 사용을 금지하고 바탕면은 완전히 건조시킨 후 시공한다.

화장실과 주방벽타일은 줄눈간격이 좁은 것이 좋으므로 타일 단면이 각진 것을 사용하여야 모서리의 줄눈폭이 작게 보여 보기에 좋다. 벽체 배부름, 욕조 기울어짐, 바닥 역구배, 문틀 부위 등은 바로 시공하지 않고 나중에 재시공 시 범위가 증가하므로 관리해야 한다.

문틀과 타일이 맞닿는 경우 문틀 변형 및 문짝을 개폐할 때의 충격으로 타일이 깨질 수 있으며, 타일뒤채움은 시멘트가루를 뿌리거나 모르타르로 채울 경우 백화현상의 발생원이 된다. 그리고 떠붙임할 때 수분이 적으면 부착강도가 약할 수 있으므로 타일 뒷면에 물을 축여준다.

떠붙임 시 주의사항은 모르타르 충전 불량으로 공간이 발생하여 위생도기 부착 시 타일이 파손될 수 있으므로 타일 상부에서 뒤채움으로 빈틈이 없도록 사춤해야 한다.

천장틀 및 위생기구설치 시 충격으로 타일이 파손되는 경우가 있다. 반드시 모르타르에 공간이 없도록 철저히 충전해준다.

떠붙임은 모르타르 배합비율의 부착력이 떨어질 때 입주 후 시간이 경과되면 대량으로 타일이 탈락되는 박리현상 사례가 있고, 겨울철 타일시공 시에도 타일이 역시 시간이 지나면 대량 탈락될 수 있다. 기온이 2℃ 이하일 때는 시공을 안하는 게 좋으나 만약 공사를 해야 한다면 급열보온에 양생해야 한다. 타일의 줄눈오염 제거는 염산으로 사용하면 제거되지만 타일이 벗겨지므로 주의해야 한다.

위치별 타일시공

세대별 현관바닥은 스테인리스 실 마감선부터 마루귀틀까지 가능하면 온장처리하고 무늬타일은 중앙에 오도록 하고 신발장 면적을 제외한 부분에서 균형을 맞춘다. 종방향나누기는 마루틀에서 현관문틀쪽으로 나누고 횡방향나누기는 신발장 끝선과 벽체의 끝선을 기준으로 중앙에서 양쪽으로 나누기한다.

베란다 바닥은 타일줄눈 및 벽체 접합부의 줄눈과다를 방지하기 위해 육안으로 확인하고, 설비작업자에게 오수드레인 위치를 확인하며, 설비 오수드레인의 규격은 대부분 직사각형으로 타일치수와 규격이 상이한 경우가 많아 타일나누기를 잘해야 한다.

베란다의 평면이 달라지는 경우 그 부위에서 양방향으로 타일나누기하고 세탁기 설치 부분에는 10cm 정도 높여 시공하며, 실내에서 바라볼 때 베란다 턱에서 내부벽 쪽으로 온장처리하여야 시각적으로 보기가 좋다.

화장실 바닥은 바닥고르기 모르타르는 충격방지 목적도 있으나 적당한 배합률로 하며 벽과 만나는 바닥선은 수평이 되게 하고, 특히 양변기 설치 부분은 바닥선이 수평이 되게 하고 급격한 구배를 주지 말며 완만하게 유지하여 넘어지는 것을 방지한다.

계단벽타일은 타일 뒷면에 붙임모르타르를 바르고 벽의 아래에서 위로 붙어야 하고 충분히 누르거나 두드려 빈틈이 생기지 않도록 눌러 붙인다. 모르타르 두께는 15mm~20mm가 표준이며, 만약 고무망치로 두드리는 횟수가 과다하면 내부 모르타르강도가 약해져 탈락이 발생할 수 있다.

타일의 줄눈은 가로와 세로가 일정한 모양의 통줄눈과 세로만 엇갈리게 하는 치장줄눈으로 나누어진다. 통줄눈은 균열이 잘 생기지 않고 무게에 관계 없는 작은 타일에서 많이 시공되고 작은 타일을 엇갈리게 치장줄눈으로 시공하면 외관이 너저분해져 큰 타일에만 치장줄눈 시공이 좋다.

잠깐만요 **공사뒷이야기**

지금까지 발견된 유물 가운데 최초의 타일은 BC 3000년 전 이집트 사카라 피라미드에서 청색타일이 발견되었다. 중동에서 실크로드를 거쳐 중국, 고려의 도기로 발전했고 유럽으로 수출되었다.

지금은 디자인과 기술력을 한 단계 발전시킨 이탈리아와 스페인이 세계 타일시장을 주도하고 역으로 동양으로 수출하고 있다.

화가 르노와르는 “그림 그리는 일이 즐기는 일이 되지 못한다면 나는 그림을 그리지 않겠다. 눈이 즐거워야 하고 벽에 장식할 수 있는 가능한 화려하게 그림을 그려야 한다.” 말했다. 그래서 동탄의 어느 건물 건축 시 계단 벽타일에 르노와르 명화타일을 붙였다.

나중에 구경하러 온 지인 왈 “촌스럽다” 그 이후로 계단벽에 명화타일을 쓰지 않았다. 지금도 촌스럽다는 기준이 무엇인지 모르겠지만 그러나 명화를 자주 보고 사랑하자.

잘 나가던 은행직원이 갑자기 사표를 내고 화가가 된 고갱이 그린 ‘테이블 위의 과일’ 그림과 법조계에 근무하다가 화가가 된 보나르가 그린 ‘안락의자와 여인’의 그림은 1975년 이탈리아의 자동차공장에서 일하는 던 토리노는 술값을 아껴 퇴근길에 기차역 분실물 경매장에서 3만 5천 원에 구입했다. 부엌에 걸어놓고 44년이 지난 후에 그의 아들이 혹시나 하고 감정평가해보니 도난당했던 명화였다. 두 그림의 감정평가액은 400억이다.

부모로부터 내려와 지금까지 벽에 무심하게 걸려 있는 그림이 있다면 감정평가를 받아보기 바란다.

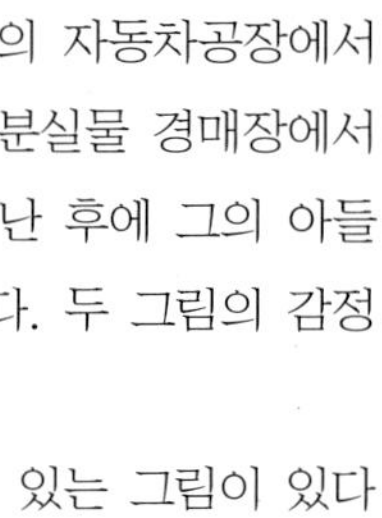

에어컨 설치

외장재 공사가 끝난 후에 에어컨 배관과 실외기를 설치하면 마감도 힘들고 건물 외벽에 배관이 설치되어 미관상 좋지 않아 에어컨 배관은 외장재와 골조 사이에 매입시키는 것을 고려하고, 특히 설계도면에 에어컨 설치 위치를 미리 표시하여 골조공사 시 배관을 매입해야 마감이 깔끔하고 좋다.

주거 내부에 설치할 곳을 설계도면에 미리 콘센트 위치와 배수관, 실외기 연결관을 표시해야 방통칠 때 에어컨 배수관을 설치하고 실외기 배관은 미장 또는 내장목공사 시 매입해야 깔끔한 내부마감이 될 수 있다. 필터에 먼지가 끼면 냉방효율이 5% 정도 떨어지고 각종 병균이 발생하여 아토피의 주범이 될 수 있으므로 청소를 해준다.

태양광

빛에너지를 직접 모아 전기에너지로 변환하는 기술인데, 장점은 에너지원이 무제한이며 소리가 나지 않으며 유지보수 및 설치가 쉬우며, 수명은 약 20년 이상이다. 단점은 지역별 일사량에 의존하므로 에너지밀도가 낮아 설치면적이 커야 하고 설치장소가 한정적이며 설치비용이 고가이지만 주택용은 3kW이며 기존 전기료에 약 70% 정도의 절감효과가 있다.

태양광설치 조건은 그림자의 영향을 받지 않는 정방향 설치가 원칙이지만 건축물의 디자인 등에 부합되도록 현장여건에 따라 설치할 수 있고 주변에 일사량을 저해하는 장애물이 없어야 하며 오전 9시~오후 4시 사이에 그림자가 없어야 한다.

설치 시 유의사항은 유지보수가 편하게 작업 공간 및 발판을 설치해야 하며, 기초콘크리트 앵커볼트 부분은 아연도금처리로 녹방지처리를 해야 한다.

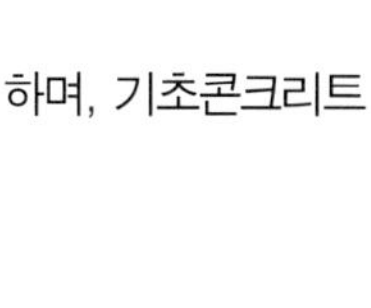

잠깐만요 **경험의 한수**

택지지구 내의 난방은 개별 난방이고 도시가스공급으로 가스레인지와 가스보일러 설치로 취사와 난방을 하므로 겨울에 가스요금이 많이 나온다.

전기로 사용하는 온·냉방 겸용 시스템 에어컨을 설치하여 가스비 부담에서 해방되자. 태양광 설치비는 약 1천 만 원대이고 정부에서 태양광 설치 지원금 약 30~50%가 나오며 주인세대만 태양광 혜택을 본다. 환경보호 및 자연친화적인 태양광을 설치하여 하나뿐인 지구를 보호하자. 그리고 경험상 앞으로 가스레인지는 점차 사라질 것이다. 앞으로는 전기레인지나 제3의 레인지가 나타나게 될 것이다.

도장공사

계단벽 및 화장실과 발코니 타일공사가 끝난 후 표면에 피막을 형성하여 물체를 보호하고 미적인 느낌을 주는 것으로 원재료의 특징, 용도, 성질, 용법, 등을 알고 시공 부위에 맞는 페인트를 선정한다.

특히 건축주가 알아야 할 사항은 페인트 선정 시 자연친화적인 제품 등 다양한 종류가 있고 가게마다 가격편차가 매우 심하므로 여러 가게를 방문조사한 후 선택하는 것이 좋다.

장소에 적합하고 합리적인 공정이 이루어지지 않으면 고도의 품질과 도장의 효과를 보지 못한다. 거실 천장은 흰색 페인트로 반사율이 제일 좋고 천장이 벽보다 밝으면 천장이 높고 시원하게 보인다. 1/2~1/3씩 겹쳐지도록 칠하고 도막이 너무 두껍지 않도록 바르며 엷게 몇 회로 나누어서 바르는 것이 이상적이고 충분히 건조경화한 다음 다른 곳을 바른다.

초벌과 재벌 및 정벌 색깔을 달리 칠하여 빠짐 없이 모든 부분을 3회 정도 칠할 수 있도록 진하게 칠한다. 천연식물성 무공해 페인트는 건강과 환경을 보호하며 변색이 없고 물이 흡수되지 않으며 유독성이 없다. 특히 냄새가 없고 내구성이 우수하여 아토피가 심한 어린이가 있는 건축주는 도장공사를 고려해 보는 것도 좋다.

콘크리트 미장면

수성 페인트는 석고, 안료, 접착제를 혼합한 것으로 사용할 때 물에 녹여 사용하고 점포주택 내부와 외부 마감재로 사용하고 경제성과 작업성이 우수하다. 작업 시 유의사항은 홈, 구멍, 갈라짐 등의 면 결점을 보수해야 한다.

기온이 5℃ 이하에 상대습도 85% 초과 시에 공사를 중단하고 눈, 비, 안개 및 강풍이나 황사 등으로 먼지 발생 시에도 공사를 중단하며, 도장면의 온도가 이슬점보다 3℃ 이상 높아야 하며 바탕면이 건조되지 않았을 때는 하자가 발생한다.

내후성이 좋아 햇빛과 빗물에 강하고 콘크리트면에 밀착이 우수하며 공해 대책용은 절약형의 도료이며 유성페인트보다 냄새가 없고 안전하고 위생적이나 단, 화기에 의한 폭발 우려가 있다. 유성페인트는 도막이 견고하고 내후성과 내수성이 좋고 건조가 빠르며 착색이 선명하여 주로 외부와 내부면, 목재와 철재에 사용한다.

철재구조물

외부 노출 부위에는 아크릴우레탄 페인트가 내후성, 내마모성, 세대별 현관문틀 내부에는 조합페인트는 경제성과 작업성이 우수하여 철재창호, 난간, 점검부 등에 사용하고 유의사항은 기름, 녹, 용접슬래그를 제거해야 한다.

철재도장은 녹제거가 중요한데, 만약 녹슨 위에 도장하면 내부에서 산화작용으로 도막이 갈라지거나 떨어지므로 습기 및 이슬, 성에 등이 있는지 확인하고 표면에 기름이 묻어 있을 때는 깨끗이 제거해야 한다.

세대별 현관문틀은 손톱으로 눌러보면 일반페인트는 탄성이 없어 잘 벗겨진다. 그러나 우레탄이나 에폭시는 탄성이 있어 도막이 잘 벗겨지지 않으며 복원력도 좋다.

특히 자주 깜박하고 빠트리는 부분은 현관문틀에 문을 달기 전에 미리 도장을 해야 문과 접촉되어 도장하기 어려운 부분까지도 도장할 수 있다.

목재와 기타 페인트

목재용 우레탄페인트는 래커보다 건조가 느리지만 유색, 투명, 유광, 무광 등이 가능하고 미장마루판, 장식가구, 창호에 사용한다. 그러나 벽지보다 약 3배 정도 더 가격이 비싸다.

기타 페인트 무늬코트는 복도에 사용하고, 고급 다채무늬는 무늬입자가 고급스러워 주로 고급주택에 사용한다. 낙서 방지 부위와 계단처럼 오염이 심한 곳에 유성 낙서방지 페인트로 시공하고 걸레받이 부위에는 유성 걸레받이 페인트를 사용한다.

내수성과 내오염성이 우수한 에폭시 코팅은 계단실이나 베란다에 있는 전기박스 및 옥상 바닥이나 승강기 기계실에 사용한다.

도료의 종류

페인트

페인트는 유성과 수성으로 나누어지며 유성페인트는 안료, 보일드오일, 희석재 등을 혼합하여 만든 것으로 역사가 가장 오래 되었으나 합성수지에 밀려 사용량이 많이 줄었다.

수성페인트는 안료, 아교, 물 등을 혼합하여 만든 것으로 무광택, 무취, 불연성이며 취급하기가 쉽고 건조도 빠르지만 내수성과 내구성이 떨어져 합성수지에 밀려 별로 사용하지 않는다. 그러나 에멀션페인트만이 칠한 면이 아름답고 피막에 먼지 등으로 오염된 것을 비눗물로 쉽게 제거할 수 있어 실내와 실외에 사용한다.

바니시

천연수지나 합성수지를 건성유와 혼합하여 가열하고 융합시켜 건조제를 용제로 녹인 도료이며, 건조가 빠르고 칠하면 매끄럽고 광택이 나며 투명막으로 되어 있어 실내 목재 부분의 투명마감 칠에 사용한다. 바니시는 용제를 사용하는 종류에 따라 유성바니시와 휘발성바니시로 나누어진다. 유성바니시는 무색 또는 담갈색의 투명도료이고, 나뭇결목재에 사용하여 아름답게 보이도록 한다. 휘발성바니시는 건조가 빠르며 굳고 단단하고 광택이 있으나 내열과 내광성이 없어서 마감용으로 쓰지 않고 주로 가구를 칠할 때 사용한다.

래커

니트로셀룰로오스와 섬유유도체인 합성수지, 가소제, 안료 등을 첨가하여 만든 도료이고 보통 래커는 건조가 빠르고 도막이 견고하여 광택이 좋으며 연마가 용이하지만 도막이 얇고 부착력이 약하지만 담색으로 우아한 광택이 있고 목재래커는 부착성이 좋고 도막의 외부충격에 강하고 우수하며 금속래커는 녹을 방지하는 성질을 가지며 광택을 보호한다.

래커에나멜은 보통 래커에 안료를 첨가한 불투명도료이고 도막이 단단하면서 광택과 연마성이 좋으나 단점으로 바탕칠을 잘못하면 도막이 얇아 떨어지기 쉽다. 주로 자동차도색에 사용한다.

에나멜페인트

바니시에 안료를 혼합하여 만든 유색불투명도료이고 건조가 빠르고 광택이 잘나며 사용하는 원료에 따라 유성에나멜, 합성수지에나멜, 알루미늄페인트 등이 있다. 유성에나멜은 유색불투명도료이고 건조시간은 더디지만 피막이 튼튼하고 광택이 있고 습기에 강하다. 합성수지에나멜은 유색불투명도료이고 건조가 빠르고 광택이 나며 주로 목재나 철재도장에 사용한다.

알루미늄페인트는 알루미늄분말을 안료와 혼합하여 만든 불투명도료이고 열반사력이 강하여 난방라디에이터에 칠하면 열은 발산효과가 있고 습기가 통과하기 어려워 내구성이 좋아진다.

합성수지 도료

합성수지를 용제에 희석하여 만든 합성수지 페인트와 합성수지를 건성유에 가열하고 용해시켜 만든 합성수지 바니시가 있으며 또 하나는 안료를 물로 용해시켜 합성수지 교착제와 혼합하여 만든 합성수지 수성페인트가 있다.

페놀수지도료는 콘크리트나 모르타르바탕면의 도장에 사용하고 에폭시 수지도료는 물과 화학약품에 강하고 접착성이 우수하고 단단하여 주차장 바닥이나 평지붕 바닥 등의 도장에 사용한다.

폴리에스테르 수지도료는 공기와 접촉하지 않아도 건조되므로 밀폐된 부분이나 깊은 곳에 유리하며 목재도료도 사용한다. 멜라민수지도료는 변색이 적고 철재도장에 사용한다.

합성수지 에멀션페인트는 콘크리트면, 모르타르면, 회반죽이나 석고보드바탕에 사용한다.

다채무늬코트

내부마감용 다채무늬도료는 건조가 빠르고 물세척이 가능하다. 무늬형태나 크기는 건축주가 직접 결정해야 한다. 두 가지 이상의 다채로운 표면을 형성하는 도료로 스프레이코팅제의 일종이며 도장면의 색상에 변화를 주어 미장효과를 증진시키는 목적이다.

콘크리트 및 모르타르 바름면에 뿜칠공사를 해주며 주로 내벽에 사용하고 시중에서는 무늬코트 또는 큐비코트라고도 한다.

도장 전에 잘 저어 무늬의 입자를 고르게 분산시키고 작업 전에 도장하지 않는 곳은 테이핑 처리해야 하며 시공하는 곳은 베란다 벽면과 계단 밑 부분에 사용한다.

복층무늬도료

건축주가 재료를 직접 선택해야 하며 합성수지와 색채안료와 혼합하여 입체무늬 모양을 내는 뿜칠용 도료로서 요철무늬를 형성하도록 하는 도료이며, 합성수지에 따라 수용성 복층무늬도료, 아크릴 복층무늬도료, 에폭시 복층무늬도료가 있다.

수용성 복층무늬도료는 입체감을 지닌 무늬로 내부용으로 사용하고 아크릴 복층무늬도료와 에폭시 복층무늬도료는 입체감을 지닌 무늬로 내 · 외부용으로 사용한다. 페인트작업자가 가지고 다니는 견본책에 색상과 요철무늬 견본을 보고 선택하고, 주로 베란다, 계단 밑이나 처마 밑 부분에 사용한다.

그밖의 특수도료

결로 방지용 도료는 외기에 면한 발코니 벽체나 천장면에 적용하고 결로와 내부 곰팡이 발생을 방지하기 위하여 사용하며 모르타르 찌꺼기와 균열 부위를 보수하고 백화를 제거한 후 결로 방지제는 스프레이드방식으로 초벌도장하고 롤러 룰을 사용하여 상도도장을 한다.

방균도료는 내곰팡이, 내세균성의 기능 도장이고, 결로가 발생하기 쉬운 곳과 물과 수증기가 자주 발생하는 곳, 바람이 잘 통하지 않는 곳에 사용한다.

결로가 자주 발생하는 시기는 12월부터 3월이나 우기인 6월부터 7월이고 신축건물은 공사 후 1년 또는 2년까지 발생한다. 또한 곰팡이가 좋아하는 환경은 온도 25~30℃이며 습도 80%~95%이다.

그밖에 도장한 도막이 잘 타지 않는 방화도료, 공공장소의 야간표시용 발광도료, 낙서를 물이나 합성세제로 세척할 수 있는 낙서방지용 도료가 있고, 화재발생 초기에 연소를 방지하고 지연시키는 효과가 있으며, 도막이 투명하고 견고한 방염도료가 있다.

작업순서

색상은 밝은 색에서 어두운 색으로, 동일 면은 엷은 색에서 진한 색으로, 수직면은 위에서 아래로 하고, 재질면은 수성에서 유성으로, 전체적인 순서는 벽체–각방–걸레받이 순으로 한다.

잠깐만요 **가다가 뒤돌아보았네!**

19세기 말에 납, 비소, 수은 등의 독성물질이 혼합된 페인트는 강한 독성 때문에 작업자에게 복통과 중풍, 심한 기침, 피곤, 우울증, 식욕부진, 환각, 실명, 심지어 정신병에 시달렸다. 그 당시 페인트 원색은 초록색, 밝은 청색, 탁한 회색뿐이었고 1940년 와서 산화티타늄을 혼합하여 순백색의 페인트와 타르와 역청을 혼합하여 검정색 페인트가 나왔다.

강열한 색채와 정열이 넘치는 그림을 그린 화가 반 고흐도 수은페인트를 주로 많이 사용했으며 중독으로 인한 정신병이 발생하여 권총으로 자살했다고 나는 주장한다.

1876년 과적으로 침몰하는 배가 많아 영국에서는 모든 배의 측면에 페인트로 그려야 한다고 법령이 통과된 후 페인트경계선이 안 보이면 출항을 못하게 했다. 그 이후 전 세계 모든 배는 지금처럼 배 옆면에 페인트가 칠해져 있다.(세월호사고 때문에 추가함)

잠깐만요 **경험의 한수**

거실의 천장은 페인트로 마감해야 집이 고급스럽게 보이지만 방의 천장은 따뜻한 분위기가 나는 도배지로 마감하는 게 좋다. 한동안 필름마감재가 유행하다가 다시 페인트마감이 유행되었고 가격은 비싸지만 친환경소재 페인트를 사용한다.

계단마구리는 다채무늬코트와 복층무늬코트를 사용하는데, 사용해보니 복층무늬코트는 입체적인 모양은 나지만 먼지가 잘 생기고 다채무늬코트보다 하자가 많고 요즘엔 계단에 타일을 안 붙이고 무늬코트로 코팅처리하여 마감하는 게 젊은 건축주 사이에 유행이지만 계단 타일시공 가격과 별 차이가 없다. 그 이유는 계단벽면을 정밀 미장하기 때문이다.

도장공사 시 깜박하고 시기를 놓쳐 마감이 깔끔하지 못한 부분이 발생할 수도 있으므로 꼭 챙겨야 한다. 세대별 현관문의 철재문틀을 에폭시계열에 페인트칠을 해 놓아야 현관문 설치 시 깔끔하고, 계단 창문을 달기 전 외부의 보이는 계단마구리 부분을 페인트 시공해야 미관상 수려해진다.

그리고 구경한다고 손으로 만져 흠집이 자주 발생된다. 페인트공사 후에는 가급적 하루 동안 출입금지 시킨다. 더구나 기관지에 안 좋고 냄새 때문에 머리도 아프다.

공사하도급업자 중 기침과 두통으로 고생하는 직종은 페인트 작업자들이며, 또한 시멘트 중독 때문에 피부병으로 고생하는 직종은 콘크리트타설 작업자나 미장하는 작업자들이 대부분이다.

가스보일러 설치

베란다벽에 고급다채무늬도료 작업이 끝나고 가스보일러를 설치해야 깔끔하게 마감되고, 보일러를 작동시켜 마루나 도배를 시공하기 전에 방바닥과 내벽의 습기를 완전히 말려야 한다.

창문을 자주 열어 주어 화학물질에 의해 눈이 아프거나 기침이 나는 등 유해한 새집증후군을 제거해야 한다.

설비작업자가 설치할 때 특히 주의할 점은 온수관과 냉수관 분배기를 바꾸어 설치하여 작동이 안 되는 경우가 종종 있어 설치 시 주의하고, 고장 시 전화하면 바로 오는 서비스가 좋은 제품으로 가스보일러를 선택한다.

가스보일러는 열효율이 90% 이상으로 높고 간편하며 깨끗하다. 난방면적에 맞는 용량이 벽걸이형으로 베란다에 설치한다. 온수난방의 단점은 예열시간이 길고 열용량이 크므로 온수순환시간이 길며, 한랭 시 난방을 정지하였을 경우 동결의 우려가 있고, 예열시간이 길므로 간헐난방에 매우 불리하다.

도배공사

벽지는 벽면에 시각적인 역할을 주는 중요한 요소이며, 시공이 간편하고 적은 비용으로 언제든지 재시공이 가능하다. 인간의 정서적 안정과 변화에 영향을 주며 공간에 리듬을 부여하고 효과적인 공간연출이 가능하여 실내구성에 가장 중요한 요소이다.

벽지는 내부공사 중 마감면이 가장 넓다. 세입자세대는 일반 종이벽지로 도배는 30대가 선호하는 색으로 선택한다. 그리고 주인세대는 실크벽지 등 고급사양으로 선택하고 가장 넓은 면을 차지하는 벽 면적을 기준으로 하여 다른 마감재를 선택한다.

벽, 바닥, 천장 등의 각방과 거실 등 다른 요소와 충분한 조화를 이루도록 무늬나 색채를 선택하고, 실내에 포인트 벽지를 사용하여 활기찬 분위기를 연출한다. 개구부가 많거나 가구가 많을 때는 차분한 색을 선택하며 가구가 한색이면 벽은 난색으로 가구가 난색이면 벽은 한색이나 무채색으로 건축주가 선택한다.

선택 요령

도배지의 색상에 따라 집안 분위기가 좌우되므로 도배지 선택 시 견본을 보고 선택하며, 포인트 부분은 아트월과 주방 포인트 타일 주변에 조명과 마감재의 주조색에 조화되도록 선택한다. 바닥재 색에 벽지는 동색계열의 경우 명도 대비를 줄 수 있게 벽지를 한 톤 밝은 색으로 사용해야 안정감을 준다.

천장의 경우 반대로 벽지는 한 톤 밝은 색을 사용해야 실내가 한층 더 넓게 보이는 효과가 있고 흰색에 가까운 밝은 색으로 선택한다.

특히 건축주는 세입자가 이사간 후 새로운 세입자가 입주 전에 도배를 새로 해줄 것을 요구할 수 있으므로 너무 비싼 도배지를 선택하지 말라.

벽지 고르는 요령

두께가 얇은 민무늬 벽지는 도배바탕면이 노출된 것은 고르지 말고, 광택이 많은 것도 도배 이은면이 번들거리므로 고르지 않는다. 펄, 엠보싱처리된 벽지는 손으로 문질러서 묻어나는지 확인 후 고른다.

포인트 벽지나 큰 무늬의 경우 수평무늬는 가급적 피하고 수직무늬를 선택하는 것이 시공하기가 쉽고 재료 손실이 적다.

거실과 침실 등의 휴식, 수면, 식사, 생활하는 공간은 감각적인 색깔과 부드러운 촉감의 분위기를 줄 수 있는 벽지로 선택한다.

침실은 건축주가 좋아하는 색으로 개성 있고 안락한 분위기를 연출하기 위해 누웠을 때 천장은 화려한 색을 피하고 바닥보다 두드러지는 색은 피한다. 좁은 방일 때는 밝은 색을 사용하여 넓어 보이게 하며 무늬가 너무 크고 요란하면 좁게 느껴지므로 피하는 것이 좋다.

아동방은 순색으로 색 면적이 너무 크면 안정감이 떨어지므로 안정감 있는 중간색조나 무채색을 사용한다. 그리고 한쪽 면에 포인트 벽지를 사용해본다. 부엌의 벽은 타일, 벽지, 목재보다는 음식냄새나 오염되기 쉬우므로 비닐계 벽지를 사용한다.

건축주는 가능하다면 시공업자나 인테리어업자에게 모든 것을 맡기지 말고 주요마감재나 도배지 등은 직접 선택해보는 즐거움을 느껴보라고 강력 추천하고 싶다.

잠깐만요 **가다가 뒤돌아보았네!**

중국 후한시대(50년~120년)에 종이발명으로 굳이 담벼락에 그림을 그릴 필요가 없어졌다.

15세기경에 유럽에서 종이의 대량생산 제조기술이 개발되어 대중적으로 보급되기 시작했다. 프랑스 루이 11세는 여행을 다닐 때마다 벽에 걸면 되는 이동식 벽지를 가지고 다녔다.

현대 벽지의 아버지, 프랑스인 장 미셸 파피용은 무늬가 연결되게 맞춰 붙이는 벽지를 개발했다. 그 당시의 벽지색상은 흑색잉크를 사용한 검정색목판화였다.

1750년도 런던에서는 방 하나를 도배하는 데 좋은 집 1년 동안에 지불할 수 있는 월세만큼 비싼 가격이었다.

1830년도에는 벽지 표면에 색을 입히기 위해 비소, 납, 안티몬이 첨가되면서 사람들이 아프기 시작했다.

1893년 영국에서 벽지의 80%는 비소가 함유된 에메랄드녹색의 벽지였는데 녹색벽지를 바른 방은 빈대가 없었고 더구나 사향 냄새까지 풍겼다.

당연히 사람들은 중금속에 중독이 되어 고생했고 그 시절에 별장이라는 용어도 생기게 되었다.

1969년 국가에서 배급했던 밀가루로 수제비를 해먹었던 신동초등학교 시절에 나의 집 벽지는 신문지였다. 그래도 한글도 배우고 세상도 읽었다. 그 당시 신문은 다용도였다. 화장실에서는 닦았고, 벽에는 붙이고, 정육점에서는 고기를 포장했다.

단점은 돼지고기에 신문기사가 인쇄된다는 것이었고, 코도 풀었는데 신문잉크가 코에 묻어 까맣게 된다는 것이었다. 그것도 부족해서 약 10cm×10cm로 절단해서 사용했다.

도배 시 유의사항

시간이 경과되면서 색이 변한다면 생산 시기를 확인하고 방바닥이나 벽의 미장면이 제대로 건조되지 않으면 곰팡이가 발생한다. 실내온도 10℃~15℃ 이상으로 유지하고, 표면은 전자습도계로 측정수치가 7~12% 이상일 때 도배해야 한다.

동절기에는 도배공사를 하지 않는 것이 원칙이다. 만약 부득이하게 공사하려면 도배착수 2일 동안 엇비슷한 온도를 유지하고 도배완료 후 2~3일까지 실내온도를 유지해야 한다. 난방과 환기를 동시에 해주어야 곰팡이나 얼룩이 생기는 것을 방지하며, 녹 발생 부위인 석고보드의 고정못과 전기박스 등은 방청도료로 바탕처리한다.

벽지의 종류

직물벽지는 실을 뽑아 만든 벽지로 색채무늬의 흡음성과 촉감이 좋으며, 고급도배지로 주로 사용한다. 비닐벽지는 방수성이 좋아 주방 및 욕실의 타일 대용으로 사용하며 더러워지면 물세척이 가능하나 열에 약하다.

종이벽지는 종이에 무늬나 색채를 프린트한 것으로 비교적 가격이 싸므로 많이 사용하고, 발포벽지는 벽지 위에 플라스틱기포를 뿜어 만든 것으로 종이벽지에 비해 탄력성과 흡음성이 좋으며 물로도 세척이 가능하다. 갈포벽지는 가로에는 면사로 세로에는 칡넝쿨의 줄기 및 잎, 천연갈잎, 파초엽, 갈대줄기 등을 사용하여 자연적인 운치가 있다.

곰팡이 대책

벽지 표면의 곰팡이는 세제로 씻어내고 석고보드나 모르타르일 때는 곰팡이 부분을 깎아내고 곰팡이 방지제를 넣어 마감해야 한다. 석고보드의 건조가 불충분하면 곰팡이가 발생하므로 석고보드에 작은 구멍을 뚫고 건조 후에는 구멍을 메운다.

창문을 자주 열어 환기시켜주고 결로수가 생기면 부지런히 닦아내고 붙박이장은 외기노출벽면에 설치하지 않고 내벽에 설치한다.

곰팡이방지제는 롤러나 붓으로 간단히 도포하는 것만으로도 벽체 깊숙이 침투하여 곰팡이가 살균되며 장기간 벽체에 저항성을 지켜준다. 특히 마감공정 전 석고보드나 목재면 또는 콘크리트면 등에 우수한 곰팡이방지제를 사용하면 효과를 얻을 수 있다.

하자원인과 대책

도배지 변색과 곰팡이 발생의 원인은 미장면이 미건조상태에서 도배했기 때문이고, 배관 누수나 배관 부위에 결로가 발생했으며, 그 대책은 바탕면을 건조시킨 후 재시공하고 누수 부위를 찾아내어 보수하고 배관에 보온조치를 취한다.

도배 들뜸과 갈라짐 발생의 원인은 초배지를 봉투바름 시공함으로써 발생하거나 급격한 난방에 의해 갈라짐이 발생했으며, 그 대책은 난방 시 내부와 외부 문을 오픈시켜 놓는다.

이음매 터짐의 원인은 부분적으로 급속 건조되어 터짐현상이 발생했으며, 그 대책은 도배 후에 풀이 완전히 건조될 때까지 창문여는 것을 금지한다.

갓둘레 들뜸의 원인은 도배한 풀의 접착력이 부족하거나 밀착시공이 불량이며, 그 대책은 풀의 품질을 확인하고 정밀 재시공한다.

전기스위치 및 콘센트 주위의 뜯김은 전기작업자의 불성실한 시공이며 그 대책은 전기기구 부착 시 손으로 뜯지 말고 칼로 오리도록 부탁한다.

필름마감재

요즘에 유행하는 페인트로 마감하는 게 좋으나 필름마감재의 장단점을 소개한다. 장점은 공사비가 저렴하며 타 공정과 병행 가능하고 시공 부위의 재질이나 구조에 구애받지 않으며 충격과 마찰, 그리고 긁힘의 표현강도도 뛰어나고 내구성이 좋다. 중첩시공이 가능하며 하자보수가 용이하다.

단점은 무늬목에 비해 자연질감과 내구성 면에서 고급스러움이 떨어지며 벽지와 다르게 피부접촉에 거부감은 있으나 벽지의 다양함과 페인트의 색상조합을 얻을 수 있다. 그리고 시공 장소의 성격과 구조에 따라 시공 선택이 제한되며, 흡음과 보온성능이 없고, PVC재질이라 친환경 소재가 될 수 없다.

실내인테리어

결국 인테리어는 가구의 모양보다는 주변과의 색상의 조화이다. 천장은 바닥 및 벽과 마찬가지로 바탕색을 어떻게 처리했느냐에 따라 집안 전체의 분위기가 좌우되고, 실내 분위기의 절반 이상은 벽체 색상을 통해 결정되며, 따뜻한 계열의 색은 밝고 명랑한 느낌을 주는 것으로 선택한다. 밝은 중성계통의 색은 명랑하고 안정된 느낌을 주며 전체적으로 채도가 낮고 명도가 높은 밝은 색이 가장 적합하다.

바닥은 벽과 구별되는 색조가 좋고 동색계열일 때 명도 대비를 벽보다 한 톤 어두운 색을 사용해야 안정감을 준다. 천장은 흰색계통이 실내가 한층 더 넓어 보이며, 가구는 방바닥과 벽의 분위기를 고려하여 공간기능과 목적에 맞추어 색상을 결정한다. 만약 포인트를 주고 싶다면 벽과 방바닥 색상은 달리하고 색조는 동일하게 하거나 가장 비슷한 색상을 선택하여 안정감을 추구한다.

창과 문은 대비가 크지 않은 색으로 밝은 색상이 좋으며, 벽이 밝은 색일 때는 벽보다 명도가 낮거나 채도가 높은 어두운 색으로 결정한다.

잠깐만요 **공사 뒷이야기**

재료를 직접 선택하고 자재비도 직접 지급한다면 가장 큰 문제는 공사지연과 분쟁이 많이 발생하는 부분이다.

인터넷으로 재료를 구입하거나 시공업자까지 선정하면 실물과 다르거나 숙련도가 떨어져 공사가 지연되는 경우가 있다.

건축주가 재료를 직접 구매 시 시공사와 상담하며, 서로 책임소재를 명백히 해야 한다. 유지나 하자보수 문제까지 확인해야 한다.

인터넷에서 만나서 같은 시기에 건축을 의뢰한 두 젊은 건축주 이야기이다. 추천한 물건과 시공사를 믿지 못해서 건축주가 직접 구입한 방식으로 인터넷에서 무조건 싼 시공업자와 재료를 선정하여 공사했다. 10일이면 끝날 외장목재 시공에 무려 2달 정도 걸려 다음 공정을 진행하지 못했다. 더욱이 날씨까지 추워져 방수공사를 다음 연도로 연기했으며, 봄에 다시 공사해주었다.

잠깐만요 **경험의 한수**

표준화된 규격품으로 사용한다. 차후 리모델링하고 싶을 때 비용이 절감되며 리모델링이 쉬운 구조의 화장실과 자연스러운 동선에 주방을 배치해야 나중에 작업이 수월하다. 생활의 변화에 대응하기 쉬운 제품을 선택하며 제품이 중단되었을 때 다른 품목으로 교체가 용이한 제품을 선택한다.

지금까지 공사 후 입주한 건축주에게 가장 많이 듣는 말은 수납공간이 부족하다고 호소하여 그 대책으로 4층 복도계단에 수납장을 설치하여 문제점을 해결해주었다. 4층에서 물 내리는 소리가 들린다는 민원접수 후에는 오·배수주름관을 설치하여 소음을 해결해주었다. 창문이 너무 작으면 채광과 통풍이 나빠진다. 방의 창문은 2개가 환기에 좋으나 창문이 많으면 가구를 놓을 수 없다.

시공 시에 창문 크기와 위치에 대하여 건축주와 사전협의를 충분히 했다. 스위치와 콘센트 위치가 여닫이문이나 가구 뒤에 설치되어 쓸모없게 될 수 있으므로 미장 시 변경을 했다. 현관 방화문은 복도가 좁아 계단쪽으로 열리는 것을 안으로 열리게 변경했다.

조명의 위치 때문에 가구배치를 못할 수도 있거나 거실의 층고가 너무 높아 조명교체가 어려울 때는 수명이 긴 수은등으로 설치했다. 내장목수에게 부탁하여 조명 위치를 벽걸이형으로 교체하기도 했다.

인테리어 스타일

클래식한 이미지는 화려하고 중후하며 럭셔리하고 품격 있는 화려한 패턴에 큰 몰딩장식에 전통꽃무늬나 페이즐러 무늬벽지를 사용하는 경우이고, 대리석은 수공예 패브릭 색상은 골드의 짙은 무늬목 아이보리색이 있다.

모던한 이미지는 실용적 · 절제적 · 도회적 · 세련미 등 시크하고 단순간결하며 직선적이다. 현대적 패턴목재나 금속, 대리석타일의 일종이며, 색상은 무채색계열 아이보리, 브라운계열이 있다.

내추럴한 이미지는 여유롭고 자연주의적이고, 간결하며 단순하고 절제된 선과 형태에 금속, 식물소재인 나무가 있으며 색상은 아이보리, 베이지, 그린계열이 있다.

미니멀한 이미지는 절제된 도회지의 세련되고 시크하며 단순간결, 직선적, 기하학적 패턴에 목재와 금속과 대리석타일이 있으며 색상은 무채색에 회색계통이 있다.

캐주얼한 이미지는 경쾌하고 신선한 컬러가 있는 유리가 있으며 색상은 오렌지, 파랑, 빨강,녹색 등의 원색이 있다.

오리엔탈 이미지는 동양적, 평온함, 중후함에 단순간결, 절제된 선에 천연소재, 무늬목, 면, 식물소재는 주로 나무이며 색상은 백색, 무채색, 나무무늬 등이 있다. 자연색, 우아한 색, 세련된 색, 캐주얼한 색, 현대적인 색, 클래식한 색 중 건축주가 선호하는 색상을 선택하되 3색 이상은 사용하지 않는다.

잠깐만요 **경험의 한수**

필름마감재는 5년 전만해도 많이 사용되었으나 일단은 주택의 고급스러움이 떨어져 요즘엔 잘 사용하지 않는다. 그 공간을 페인트로 대신 마감하기를 추천한다. 요즘엔 한발 더 나아가 벽지마감 부분도 페인트가 대신하게 되었고, 다양한 도장의 종류와 기술의 발전으로 주거공간을 고급스럽게 연출할 수 있다. 또한 히노키 목재를 마감재로 사용하기를 추천한다. 벽면 전체를 하지 말고 하단부에 1미터 정도로 설치하고, 거실 천장에도 설치하면 한옥 같은 분위기를 연출할 수 있고 나무냄새도 좋고 습기조절로 결로도 방지할 수 있다.

진정한 인테리어의 기본은 '비우는 것부터 시작해야 한다.'

기여도가 없는 물건들을 집밖으로 몰아내야만 비로소 인테리어가 완성되는 것이다.

조명과 색채

도배가 끝나면 조명기구를 설치하며 조명은 실내환경의 명도, 위치, 형태, 그리고 빛의 양과 질에 영향을 미치기 때문에 건축주의 선택이 매우 중요하다. 집안의 전체적인 분위기가 좌우되고 자신의 개성과 가족적 분위기 및 경제성까지 고려하여 융통성 있게 선택한다. 그리고 조명기구의 위치에 맞게 가구도 배치해야 한다.

백열등

휘도가 높고 열방사가 많으며 광색은 적색이고 배광 제어가 용이하며 비교적 좁은 장소의 전반조명과 집중조명으로 사용되며 표면온도가 높고 발열이 크다. 색감이 다르게 보이는 데 빨강과 노랑은 더 강조되고 흰색과 푸른색 계통의 색은 침체되어 보인다. 붉은색이 많고 설비비가 저렴하나 유지비가 비싸며 수명은 1,000시간에서 2,000시간이며 화장실, 주방, 책상, 아트월 등의 집중조명하는 곳에 설치한다.

형광등

형광등 조명 아래서는 색감이 다르게 보이는 데 파랑색과 녹색은 강조되며, 푸른색은 선명하고 보다 서늘하게 보이고, 빨강색은 흐릿하게 보인다. 저휘도이고 광색 조절이 용이하고 옥내 · 외 전반조명과 국부조명에 적합하며 간접조명으로 무드조명을 연출할 수 있다.

주광색은 선명한 광색과 서늘한 느낌을 주며 백색은 효율은 높으나 색감이 서로 다르게 보이는 것이 낮기 때문에 광색을 중시하지 않는 조명을 선택한다. 연색계통 선형은 3파장으로 효율은 백색처럼 높고 어느 정도의 충실성을 유지해주면서 색감이 선명하게 강조된다.

청색이 많고 설치비나 유지비가 저렴하며 수명은 7,500시간에서 10,000시간이며, 실내온도에 따라 색상이 변한다. 방, 거실, 주방을 조용히 밝혀주는 배경조명으로 사용된다.

기타 등

수은등은 연색이 좋지 않고 수명은 6,000시간부터 12,000시간이나 점등 및 재점등 시 안정되기까지 5분~10분 정도 걸린다. 천장이 높은 거실에 설치한다.

메탈할로이드등은 연색성이 좋고 설치비가 저렴하며 유지비가 싸고 수은등과 비슷한 특성을 가지며 연색성이 요구되는 옥외조명에 설치한다. 단일 광원으로 전체를 조명하는 것보다 2종류 이상의 광원을 혼합하여 사용하는 것이 다르게 보이는 현상을 막을 수 있다.

조명은 색채나 밝기, 조명기구의 종류 및 설치방법에 따라 사용자의 시각적, 생리적 느낌의 변화가 달라지고 실내공간의 밝기가 균등하면 지루하고 단조로운 느낌을 주므로 전체조명과 국부조명을 병행한다. 조명기구 형태뿐만 아니라 광원의 종류, 배광 및 기구스타일은 공간목적에 맞게 배치한다.

잠깐만요 **공사 뒷이야기**

조명기구는 건축주가 직접 선택해야 한다. 그러나 조명가게마다 가격의 편차가 엄청나게 심하다. 한 곳만 가지 말고 여러 군데 다니고 가능하다면 청계천 세운상가 쪽에 가서 구경해라.

조명기구를 설치할 때쯤 부동산업자가 상가임대를 놓는 조건에 대하여 건축주에게 묻는다. 대부분 처음엔 벌레와 쥐가 많이 생겨 식당은 안 된다고 하고 깔끔하고 분위기 좋은 음식냄새도 없는 커피전문점을 제일 선호하거나 유명브랜드업종이 들어오길 바란다. 그리고 임대료 산정에 있어 주변의 건물과 비교하고 주변 건축주끼리 모여 임대료 산정에 대하여 논의도 한다.

건축주간 임대료를 더 받으려는 눈치작전이 시작된다. 식당에서 발생한 재미있는 이야기가 있다.

뉴욕의 한 식당에서 달걀을 깨트리지 않고 훔쳐가는 범인을 잡고자 몰래 숨어서 지켜보았다. 잠시 후 쥐 한 마리가 달걀을 네 발로 꼭 감싸 안더니 옆으로 굴러서 등을 바닥에 대고 눕자 다른 쥐 한 마리가 그놈의 꼬리를 물고 잡아당겨서 굴로 들어가는 것을 볼 수 있었다.

조명의 종류 선택

구조상 광원의 교환이나 청소 등 보수유지가 좋으며 전체적인 분위기와 조화로운 형태의 색채와 재료를 선택한다. 전체조명은 실내 전체를 밝고 온화한 분위기로 균일한 조도가 되도록 하고 빛을 일정하게 분산시킨다.

국부조명은 작고 정해진 공간에 높은 조도로 조명하기 위하여 집중시키는 것이며, 거실의 스탠드에 주로 사용한다. 장식조명은 가구 자체가 예술품 같은 분위기를 살려주는 역할로 펜던트, 샹들리에, 브래킷 등이 있으므로 건축주의 취향에 맞는 것으로 선택하고 설치되는 기쁨을 느껴보자.

현관

조명은 부드럽게 확산시켜 구석까지 밝게 비추며 조도범위를 높여 따뜻한 이미지를 연출하고 색채는 넓은 공간감과 밝고 깨끗한 느낌이 나도록 명도가 높은 배색으로 선택한다. 바닥은 더러움이 쉽게 눈에 띄지 않도록 저명도, 저채도의 색채로 배치한다.

부드러운 확산광으로 하며 현관에 있는 사람의 얼굴에 잘 조명되고 신발을 벗을 때 그림자에 방해가 되지 않는 위치에 설치하고 벽부등을 신발장 반대편에 설치하여 신발장 안까지 조명할 수 있게 한다.

주방

전체 조명은 직접조명을 사용하고 식탁을 중심으로 펜던트를 사용하여 부분조명방식으로 식욕을 돋우어줄 수 있는 것으로 선택하고, 전체는 형광등으로 부분조명은 할로겐이나 백열등을 사용하고 형광등은 작업대 위나 선반 밑 부분에 설치한다.

매입형은 다운라이트라고 하며 천장에 매입하여 빛이 수직이며, 펜던트는 천장에 매달아 다는 방식이다. 직부형은 천장등이며 배광이 효과적이고 빛이 직접 보여서 매입형보다 눈부심이 많으나 조명효율이 좋다. 벽부형은 벽체에 다는 것으로 브래킷이라 하고 장식성이 좋으며, 이동형으로는 테이블스탠드와 플로어스탠드가 있다.

침실

편하며 분위기 있는 조명을 선택하고 커튼조명이나 밸런스조명 등이 효과적이며 전체조명은 형광등으로 국부조명인 테이블스탠드는 할로겐이나 백열등을 사용한다. 눈이 부시지 않는 확산조명으로 하고 벽부등과 플로어스탠드를 간접조명으로 병행하여 조명연출을 한다.

화장실

욕실의 규모가 작을 경우에는 세면대 위에 거울을 중심으로 방습 브래킷을 설치하고, 규모가 클 경우에는 별도의 방습전등을 설치한다. 백열등이나 유백색 형광등을 사용하며 화장을 위한 국부조명의 경우에는 거울 양쪽에 백열등의 벽부등을 달아 얼굴을 밝게 비추도록 한다.

거실

다목적 기능을 요하는 공간이지만 일반적으로 휴식 및 손님접대, 독서, 가사 등에 맞게 아늑하고 밝은 분위기의 부드러운 조명을 선택한다. 직접조명과 간접조명을 병용하며 국부조명은 플로어스탠드와 테이블스탠드 등을 사용하고 건축주의 취향에 맞는 조명을 사용한다.

조명의 특징

직접조명과 반직접조명의 장점은 조명률이 좋고 감광이 적고 자외선 조명이 가능하고 설치비가 싸며 집중적으로 밝게 할 때 유리하다. 단점으로 글로브를 사용하지 않을 경우 눈부심이 크고 음영이 강하며, 밝고 어두움의 차이도 크다.

간접조명과 반간접조명의 장점은 균일한 조명과 빛이 부드러워 눈의 피로가 적으며, 단점은 조명효율이 나쁘고 침울한 분위기와 먼지가 쌓여 감광된다. 쾌적한 조명의 조건은 적당한 조도와 적당한 그림자의 눈부심을 방지할 수 있는 조명을 선택한다.

거실의 천장이 너무 높아 전구를 교체하지 못하고 사는 건축주들을 너무 많이 보았다. 조명기구 설치는 수명이 긴 것으로 선택하고 전구 교체방법까지도 고려하여 설치해야 한다.

잠깐만요 **가다가 뒤돌아보았네!**

1700년대 조명의 형태는 수지양초와 밀랍양초였다. 가장 쉽고 값싸게 만들 수 있는 것이 동물기름으로 만든 수지기름이었는데 부패가 잘 되어 오래된 것은 코를 들 수 없을 정도로 악취가 심했다. 밀랍양초는 냄새도 없고 불빛도 안정적이었으며 수지양초보다 4배나 비싸 주로 왕족이나 부자들만 사용했다.

1787년 스위스 물리학자 에메 아르강은 지금 형태의 램프모양과 비슷하고 불빛 조절장치까지 있어 빛의 밝기가 크게 향상되었다. 아르강 램프 하나가 양초 6개와 맞먹는 조명을 제공하였다.

모든 연료 중 가장 환하게 불빛을 내는 연료는 향유고래기름이었고 멸종 위기에 가까스로 살아남게 된 것은 1846년 의사인 게스너가 석탄을 가스로 만드는 과정에서 나오는 쓸모 없는 끈적끈적한 찌꺼기를 가지고 시험하던 중에 증류과정에서 우연히 등유를 만들었기 때문이다.

등유는 수백만의 가정에서 등잔불의 연료로 각광을 받았지만 대도시의 부유층들과 공장, 상점, 거리에는 가스등을 사용했다. 가스의 단점은 두통과 구토가 발생했으며, 금속이 부식되거나 식물이 시들었다. 그리고 가장 무서운 것은 가스밸브를 닫지 않아 폭발위험이 있었지만 램프보다 20배 밝은 빛을 낸다는 유혹 때문에 모든 단점을 감수했다.

1877년 조지프 스완은 뉴캐슬에서 새로운 전기백열등을 대중에게 공개했고 자기 집에만 전구를 설치했지만 돈 냄새를 잘 맞는 천재 에디슨은 전기공급에 필요한 발전소를 만들고 상업화에 눈을 돌렸다.

에디슨과 열심히 일했던 직원들은 전기배선, 스탠드와 스위치까지 전기설비를 고안하고 만들었다. 그러나 전기배선을 하다가 감전사로 죽거나 전구가 터지거나 배선을 잘못하여 화재가 발생하여 전기수급자들은 전기공급 취소 사태가 발생했다.

1900년도에 플러그와 천장의 전등까지 사다리를 타고 올라가 플러그를 꽂아야 했지만 마침내 콘센트가 발명되어 벽에 콘센트를 설치하였고, 전기도 표준화되어 화재 및 감전에서 안전해졌고 가전제품도 편리하게 사용하게 되었다.

1969년 제3한강교를 놓기 전에 지금의 강남구 신사동은 전기가 안 들어와 호야등불 밑에서 공부했고 심지를 늦게 갈아주면 유리관에 검댕이 쌓였고 호야병 닦는 담당은 나였다.

한강 건너편 한남동에 전기가 들어오면서 야경이 정말 아름다웠다. 제3한강교 개통 때 다리를 타고 전기도 개통되었다. 개통식 때 박정희 대통령이 온다하여 학생들이 동원되었고, 선생님, 학교친구들과 잘 보이지도 않는 다리 위의 사람을 보고 다리 아래에서 태극기를 열심히 흔들었다.

환기

호흡에 필요한 산소를 적절히 공급하여 인체의 쾌적성을 높이고 내부공간의 오염 피해를 최소화하고, 내부의 결로를 방지한다. 환기방법은 온도차에 의한 환기, 바람에 의한 환기, 환기통에 의한 환기, 후드에 의한 강제환기가 있다. 실내가 난방되고 있다면 실외의 공기는 아래쪽으로 유입되고 실내공기는 위로 상승하여 바깥으로 나오며 이것이 온도차에 의한 환기라고 한다.

창문에 상하로 설치하면 고온의 실내공기는 실외의 온도차로 인해 밖으로 나가고 같은 양의 실외공기가 실내로 들어오게 된다. 실내공기 오염도가 외부보다 약 다섯 배 가량이 높다는 보고가 있다. 만약 자연환기가 힘든 공간이라면 필터교환용 강제공기정화기 설치를 고려해본다.

실내의 공기조건

실내의 공기조건이란 온도는 가열과 냉각이고, 습도는 가습과 감습이며 공기청정도는 진애, 세균, 탄산가스, 일산화탄소 정도를 말한다. 실내온도 측정 위치는 바닥에서 1.5m 높이의 외벽으로부터 1m 이상 떨어진 곳에서 측정한다. 쾌적한 온도는 16℃~28℃이고 습도는 여름에는 40~70%이며 겨울에는 40~50%로 습도가 낮을수록 춥게 느껴진다.

실내공기의 오염과 호흡

직접적인 원인은 호흡, 기온상승, 습도 증가, 각종 병균 증식의 원인이 있고, 간접적인 원인으로는 흡연, 의복의 먼지, 냉·난방기와 가전제품 사용 등이 있다. 성인남자 호흡횟수는 누워 있을 때 14~15회/min, 서 있거나 앉아 있을 때 16~20회/min이고, 성인여자 호흡횟수가 남자보다 많고, 어린이 호흡횟수는 20~25회/min이다.

신체온도에 따른 반응

10℃에서는 손끝이 굳기 시작한다. 17℃는 몸이 찬 기운을 느끼기 시작하고 18℃는 양호한 상태의 온도이며, 21℃는 휴식할 때 가장 적정한 실내온도이다. 24℃는 육체적 태만이 오는 온도이고, 26℃는 복사열이 반사하는 온도이다. 29℃는 정신적 활동이 둔화되고 반응이 늦으며 착오가 시작되는 온도이다.

소음

필요하지 않는 사람에게는 음악도 공해가 될 수 있고 듣는 측의 심리적 · 생리적 상태나 가치관, 음에 대한 선호도에 따라 달라져 받아들이는 입장에서 모든 음이 소음이 될 수도 있다. 공기 중에 전파되는 공기소음과 구조체로 전해져 소음으로 전파되는 고체소음이 있다. 급수나 배수관의 유속이 빨라져 엘보 및 밸브를 통과할 때 유체의 충돌에 의한 소음 발생은 내부주름관을 사용하여 소음을 방지할 수 있다. 층간 소음은 부드러운 바닥표면재나 뜬구조와 같은 완충층으로 바닥충격음을 차단할 수가 있다.

창문은 이중문, 벽, 천장에 다공식 방음 텍스를 사용하고 복도의 출입문을 엇갈리게 설계하며 바닥에 리놀륨과 코르크를 깐다. 그리고 벽, 바닥, 천장, 흡음재를 설치한다. 창과 문 주위에는 틈새로 소음이 발생하므로 코킹처리한다.

마루 선택 요령

사람의 신체와 가장 많이 접하는 부분으로 비교적 평활한 표면이 좋지만 지나치게 미끄러운 것은 피로를 가중시키고 서로 다른 마찰계수를 갖는 것은 좋지 않다. 사람과 가구 등이 견딜 수 있는 내력과 충격에 의한 압력 및 파괴나 균열이 발생하지 않고 긁힘이나 마모가 발생하지 않는 것으로 선택한다. 열에 의한 변색이나 변형이 안 되며 동결과 융해에 따른 파손이 없어야 하고 물과 불에 변형과 변질이 잘 생기지 않는 것을 선택한다. 청소하기 쉬우며 사람의 생리작용에 미치는 빛은 적당한 반사나 적당한 광택으로 눈부심이 없어야 한다.

차갑고 더운 것 등에 촉감이 적당해야 하고 색채나 모양, 질감, 형태, 크기 등에 보기가 좋으며 보행 시 미끄러짐을 적당히 느껴야 하며, 시공이 용이하고 공사기간이 짧을 것, 대량생산으로 구입과 보수가 편하며 가격이 저렴한 것으로 선택한다.

마루공사

도배가 끝나면 마루를 시공해야 하며 가구공사는 바닥이 끝난 후 설치해야 마감이 좋으며 탄력성이 있고 시공이 용이하며 미끄러움이 적고 외관이 좋은 것으로 선택해야 한다.

바닥과 벽의 명암 대비를 크게 하면 뚜렷한 느낌을 주는 방이 되고 작게 하면 여유롭고 느긋한 분위기가 된다.

세입자세대는 테코타일(PVC마루)로 하여 습기와 흠집에 강하고 보수가 용이하며, 가격도 저렴하며, 반영구적이라 세입자가 이사올 때마다 장판을 교체할 일이 없어 좋다.

강화마루는 맨 밑면에 방습크라프트지, 경질섬유판, 천연원목무늬목에 멜라민수지를 합성·부착한 제품으로 무늬목에 따라 다양한질감과 색상이 나타난다. 여러 층의 표면판 장점은 내마모성, 내구성이 우수하고, 가격이 비교적 저렴하며 시공 교체가 간편하지만 단점은 수분과 열전도율에 약하다.

원목마루는 천연목재를 인공·건조시킨 후 마구리면을 제혀쪽매로 만든 마루판이고, 수종은 단풍나무, 참나무, 자작나무 등을 사용하고 대부분 수입품이다. 다른 마루에 비해 가격이 비싸고 수분에 의해 변형이 생기기 쉽지만 습도 조절 능력과 색상이 뛰어나다. 표면 손상 시 연마 가능하고 열전도율은 우수하나 표면강도가 약해 흠집이 잘 난다.

온돌마루는 합판을 바탕재로 그 표면에 0.1mm~1.1mm까지 두께로 무늬를 접착시킨 후 합성수지계 도료로 코팅처리하여 만든 마루판이다. 온도와 습도에 의한 수축, 팽창, 뒤틀림을 최소화하면서 원목의 무늬 및 질감을 느낄 수 있게 만든 제품이다. 단점은 내구성이 약하고 변색이 잘 되며 습기조절 능력은 떨어진다. 특히 접착된 무늬목의 긁힘, 습기, 기름 등에 변색이 발생할 수 있다.

강화마루는 접착제로 배합된 미세한 목분을 고압압축 가공한 고밀도 섬유판을 바탕으로 표면에 1mm 미만 두께의 무늬목 등을 접착시켜 만든 마루판이다. 다양한 디자인과 색상을 연출할 수 있다. 충격에 강하고 물청소하기 쉬운 표면방수층성이 있다. 단점은 자연스러운 목재의 질감이 떨어지고 물기에 의해 팽창하고 동절기에는 수축으로 틈새가 발생한다.

마루시공 시 유의사항은 바닥에 습기가 있으면 바닥의 습기가 도배벽지로 올라와 벽지에 얼룩이 생긴다. 바닥에 난방이 필요한 경우에는 시공 3시간 전에 난방을 중지해야 한다. 그리고 바닥온도가 32℃ 이상이 되지 않도록 한다.

바닥시공 전에 바닥의 균열이나 홈 파인 부분은 바닥보수재로 보수하고 바닥면에 먼지나 기름 등의 이물질이 있으면 하자가 발생한다.

걸레받이 부분의 수평과 틈새가 있는지 확인하고 틈새를 실리콘으로 마감하면 습기 배출이 차단되어 하자가 발생할 수도 있다. 시공이 완료되면 온돌마루는 흠집 방지를 위해 골판지를 갈아야 한다. 접착재가 마를 때까지 하루 동안 출입금지시키고 시공 후 3일간 충분히 환기시킨다.

색상의 종류

오크(oak, 참나무)는 가장 대중적이고 유행을 타지 않으며 클래식하고 자연스러운 색상이다. 체리(cherry, 벚나무)는 무늿결이 강하여 가구나 실내마감재로 주로 사용하며 화려하고 현대적인 색상이다.

비치(beech, 너도밤나무)는 타 마감재와의 색상조합이 좋으며 나뭇결은 옅고 부드럽고 단정한 색상이다.

메이플(maple, 단풍나무)은 시각적으로 공간이 확장된 느낌을 주고 오염에는 약하지만 밝고 산뜻한 색상이다.

월넛(walnut, 호두나무)은 타 마감재와 색상조합에 주의해야 하고, 독특한 분위기를 연출하기 좋은 짙고 무게감 있는 색상이다.

티크(teak)는 검정나뭇결이 고풍스러운 분위기가 나며 대중적 인기가 있는 색상이며 부드럽고 자연스러운 색상이다.

가구시공 및 배치

골조가 끝나면 여러 종류의 책자나 견본주택을 보고 선택한다. 그림보다는 실물을 보고 선택하며 견본주택에 가서 실물을 보고 고르는 게 가장 좋고, 가구제작업자와 충분히 의견을 나눈 후에 제작하는 것이 좋으며 마루공사가 끝난 후 설치한다.

건축주는 신발장, 붙박이장, 드레스장, 싱크대, 기타 장 등의 건축주가 필요한 가구는 제작하거나 기존에 사용했던 가구를 방과 거실에 배치한다. 아마도 건축주가 가장 바쁜 일정이 될 것이다. 설계도면에 있는 실내재료 마감표와 실내재료 마감상세도에 준하여 자재의 규격이나 자재미달 여부를 확인하고 부적절하게 시공되지 않는지 챙겨야 한다.

분양받은 아파트는 가구의 종류와 배치를 자유롭게 못하지만 신축주택은 자신의 취향에 맞는 가구나 색상을 선택하고 배치해보는 즐거움을 느낄 수 있는 기회이므로 절대로 놓치지 말라.

잠깐만요 **경험의 한수**

광교에서 만난 내가 존경하는 최 사부님의 공사현장에서 생긴 일이다. 세입자세대에 붙박이장을 설치한다고 한다. 나는 "하지마세요"했으나 "아니야 세입자에게 최고의 시설을 제공할거야"고집을 피우셨다. 세입자가 이사왔고 다음날 새 장롱이 밖에 버려졌다. 세입자가 새 장롱을 가져왔는데 붙박이장은 버릴 수 없어 아깝지만 새 장롱을 버린 것이다.

또 유선방송 가구 수 전부 가입하면 할인해준다고 가입한다고 했다. 사부님 자유롭게 가입하게 "가입하지마세요"했다. "아니야 세입자에게 조금이라도 부담을 줄여 주어야 해. 함께 가입하면 저렴하다"고 또 고집하면서 통합가입했다. 그런데 5가구 세입자 중에 1가구가 성인채널을 몰래 시청하여 요금이 많이 나왔다. 각 세대를 다니면서 물어보았으나 범인은 나타나지 않았다.

승강기 안에 유선채널 보실 때 말씀하라고 안내장도 써놓았는데 그래도 계속 몰래 성인채널을 시청했고, 결국 통합가입을 해지하였다. 우리 사부님이 어떤 분인지 짐작했을 것이다. 한 고집하는 "최 씨이다". 아마도 고려말기 최 영 장군 이후에 생긴 것이 아닐까. 그래도 최 사부님 존경합니다.

주방

세입자세대는 신발장 및 주방 바탕면은 주거공간이 넓어 보이는 하얀색 계통이 좋고, 가격도 저렴하며 튼튼하고 잘 부서지지 않는 목재를 사용하는 것이 좋으며, 종류로는 하이그로시 계통으로 추천하고 싶다.

주인세대는 작업의 편의를 위한 기능도 중요하지만 디자인과 색상까지도 고려하고 주방의 크기와 집안의 분위기를 고려하여 선택한다. 가족수와 직업, 나이, 취미, 주부의 취향, 손님의 방문횟수 등을 고려한 주방 크기와 스타일 및 작업대를 선택하고, 식탁 위치와 크기도 결정한다.

가구에 내장시킬 가전제품의 종류와 크기에 따라 주방가구를 제작하고 주부의 키에 맞는 싱크대를 주문제작한 후 구입해야 한다. 주방가구는 10년 정도 사용하므로 A/S가 가능한 업체로 선정하는 것이 좋으며 냉장고, 개수대, 작업대, 가열대 등의 식탁 위치에 맞는 형태의 주방가구를 선택한다.

상판 종류

인조대리석의 원료는 panel형(아크릴수지+천연석)과 Mold형(불포화폴리에스테르수지+천연석)과 BMC형(합성수지+천연석)이 있으며, 두께는 12mm 이상이다. 50% 이상 천연석을 원료로 한 아크릴계의 다양한 색상에 직선과 곡선 등의 다양한 마감이 가능하며 단점은 흠집이 생기기 쉽고 내열성에 황색으로 변하는 현상이 발생한다.

엔지니어스톤은 합성수지+천연석에 20mm 이상의 인조대리석으로 한 종류로 90% 이상 천연석원료로 이루어졌다. 천연석의 외관을 띠며 천연석에 비해 컬러가 균일하며 인장강도의 질감과 내열성이 우수하며 흠집에도 강하다. 단점은 이음매를 줄눈처리해야 하므로 미관상의 문제가 발생할 수 있어 상판 결정 전에 줄눈의 색상도 같이 결정해야 한다.

문짝 마감

멤브레인는 합성수지 비닐수지 중고가의 가구 문짝으로 사용되고 장점은 문짝 형태에 따라 다양하게 가공 가능하며 단점은 온도변화에 들뜸 하자가 발생할 수 있다. 고광택도장은 도료이며 고가의 가구 문짝에 사용되며 장점은 디자인과 질감이 일반도장에 비해 뛰어나고 단점은 품질관리가 안 될 경우에는 면이 거칠고 조잡하다.

무늬목은 고가 가구의 질감 및 디자인이며 단점은 무늬목 자재에 부착 시 사용하는 본드의 부착 이탈로 탈락할 수 있다.

손잡이 종류

알루미늄성형재는 모서리의 날카로움을 없애기 위해 마감재로 부착하여 부드럽게 곡선처리하고 종류로는 스마트바와 피닉스바가 있다.

매립형은 반매립손잡이는 주방용 문짝의 안쪽에 설치하고 완전매립손잡이는 알루미늄재질로 전 면에 가공한 후 삽입하는 반매립형의 아연도금이 있으며 단점으로는 문짝의 두께가 얇아 파손될 우려가 있다.

일반부착형은 손잡이 전면을 절곡형태로 가공하여 부드러운 디자인을 강조했고, 2구형 알루미늄으로 되어 있다. 장식손잡이형은 부드러운 감촉과 절곡형태의 미려한 디자인을 강조했으며 1, 2구용은 세라믹 아연도금으로 되어 있다.

주방가구

주부의 작업동선과 기능이 편리하고 많은 가전제품이 배치되는 공간을 확보하고 배수와 소방, 환기, 전기, 설비시설 등이 집중된다. 설계변경 시 다른 공정에 미치는 영향이 크므로 다른 공정과 변경되는 부분의 공사일정을 사전에 협의한 후 변경해야 한다.

주방은 물건의 종류가 가장 많고 어질러지기 쉬우므로 효율적인 수납장이 필요하다. 싱크대 위의 큰 상부장은 최대한 수납하기에는 너무 높아 이용횟수가 적다. 따라서 주방 옆 베란다에 수납장을 설치하여 자주 사용하지 않는 주방기구와 접시 등을 보관한다.

주방배치도 (주방주사용자의 행동특성과 신체 사이즈에 맞게 제작)

개수대와 가스대의 소요치수 600mm 사이에 조리공간은 현재 거주하는 곳을 기준으로 좀 더 개선된 싱크대를 만든다. 개수대와 냉장고는 소요치수 1,100mm 사이에 식재료 준비대를 설치한다. 또한 코너장의 수납활용도를 고려하여 문짝 폭은 400mm 이상으로 한다.

냉장고 문의 서랍 개폐를 고려하여 냉장고 옆 공간은 400mm 이상을 확보하며 가스대와 이격거리 150mm 이상, 가스대와 가스라인의 이격거리 300mm 이상으로 한다.

가스레인지대는 작업대보다 50mm 낮게 사용자의 키나 슬리퍼를 신고 작업하는지 여부까지 고려하여 결정하고 주방가구 설치 시기는 주방벽타일과 천장 및 벽의 도배 전 공정을 완료한 후 시공해야 마감이 좋다.

타 업종과 협의사항

골조공사 전에 레인지후드 위치와 배관설치, 전기를 사용하는 곳과 콘센트 배치, 설계도면에 전기, 가스설비 배관 위치가 없거나 작업자의 부주의로 빠트리거나 위치가 다른 곳에 이동하여 설치될 때는 타 업종과 사전에 협의해야 혼란이 없고 시간이 단축된다.

만약 건축주가 주방이나 전기, 가스 등의 위치를 바꾸고 싶다면 모든 작업자가 볼 수 있게 사전에 빨강색 래커로 건물벽이나 바닥에 표시하여 위치를 변경하도록 한다.

방바닥 미장 전에 배수라인, 온수분배기, 아일랜드식탁 등의 콘센트 위치를 결정해야 한다. 천장 가배공사 전에 주방등과 식탁등은 현장에서 직접 표시하여 변경한다. 특히 아일랜드식탁일 때 전기레인지를 방바닥에 미리 빼놓아 설치해야 마감이 좋으며, 요즘에는 무공해와 청소도 간편하고 가스누출사고에도 안전한 전기레인지가 유행이다. 그리고 태양광을 설치한 집이라면 비싼 전기료에서도 해방될 수 있으므로 적극 추천한다.

기타 유의사항

도시가스 라인은 주방 및 발코니쪽에 노출을 최소화하여 설치하며, 전기콘센트는 전자제품의 다양화와 주방제품의 지속적인 개발로 설치 위치를 예상하고, 여유있게 확보하며, 사람들은 자기만의 습관과 행동반경을 가지고 있어 현재 거주하는 집을 기준으로 하여 계획하는 것이 가장 좋다.

배수관 봉수높이는 50mm 이상 되어야 악취를 방지할 수 있고, 연결 부위의 악취방지 캡에 고무패킹까지 포함한 설치 여부와 부착상태를 확인한다.

주방가구의 주요하자는 싱크대 벽장 몸체와 문짝의 흠집과 변형되거나 배수 파이프와 찌꺼기 거름통이 파손됐는지 확인한다. 싱크대 서랍의 변형과 작동 여부를 확인하고, 조리기구 걸이상태와 싱크대 규격이 설계도면과 차이나는지 여부도 확인한다.

배수용 호수의 고정 여부와 싱크대 볼 접합부에 고무패킹의 시공 불량으로 누수되는 여부를 확인한다. 싱크대 안의 수도관 볼트를 조인 부분이 느슨하여 물이 새어나와 아래층에 물이 새는 경우가 많다.

기타 가구

신발장과 현관장, 드레스룸, 붙박이장, 사용성과 기능성을 고려하여 가족구성원수와 취미에 맞는 수납장 모양, 크기로 주문제작한다.

화장대는 여성의 무릎높이를 감안하여 최소높이 600mm를 기준으로 제작하고 가장 좋은 방법은 지금 살고 있는 집을 중심으로 생각하고 판단해야 실패가 적다.

발코니 선반은 결로로 인한 자재변경 등을 감안하여 외기에 직접 면하는 곳을 피하여 설치한다.

붙박이장 색상은 마루와 벽의 색상을 고려하고 안정감을 추구하고 싶다면 색상을 동일하게 하거나 비슷한 색상으로 선택한다.

신발장

좁고 긴 문짝은 휨현상이 생길 수 있으므로 가구형태 개선 및 문짝을 보강하고 신발장 내부에 분전반이 설치되므로 전기시공자와 사전에 상의하여 제작하는 것이 좋다. 걸레받이 시공 후 신발장이 시공되므로 틈이 발생하고 수직상태가 불량할 수 있으므로 걸레받이 시공 후 신발장 설치하는 것을 고려해본다.

신발장의 깊이 부족으로 신발수납이 어려운 경우가 발생할 수 있고, 개인의 신발 종류가 다양해져 신발수납공간이 부족할 수 있으므로 가능하면 크게 만들고 신발장이나 현관문 개폐 시 주변 시설물에 부딪치는 것을 확인하고 신발장 하부 오염과 신발이 걸리는지, 그리고 미관상 좋고 사용의 편리함을 고려하여 설치한다.

외기와 직접 닿는 뒷면과 측면과 벽체는 10~30mm 정도의 틈새를 두어 통풍 및 환기를 유도하고 결로를 방지한다.

다시 한 번 더 강조하는데, 요즘엔 개인당 신발의 종류와 개수가 많이 늘어나 신발장의 수납공간이 부족하여 바닥에 널려 있는 것을 자주 보게 된다. 신발장은 가능하면 크게 제작한다.

하자

설계의 하자는 시공하기에 부적절한 도면과 시방서와 도면이 불일치하며, 주택건물임에도 설계도면은 상가건물의 전기, 설비도면인 경우, 설계도면과 시공된 건물이 현저하게 차이나는 경우이다.

시공단계 하자는 자재 및 재료의 규격과 성능이 미달되거나 시공에 정밀성 부족 등이다. 원가를 감축하기 위해 공사를 무리하게 단축하거나 공사기간이 부족하거나 시공자의 전문지식 부족으로 현장여건에 부적절한 시공을 하는 경우이다.

시공상 하자에는 출입문짝은 도어록, 경첩, 문짝홈, 욕조는 홈, 벽판, 바닥홈 등이 파손되고, 세면기와 양변기 등이 흔들리며, 수전거리 및 휴지걸이와 화장거울의 고정상태가 불량하고, 천장의 오·배수관 연결과 혼합수전 연결이 불량하다.

바닥 트레인 주위 처리 부주의로 누수되고, 배수트랩이 막히며, 양변기 배수가 불량하고 전기배선이 설치되지 않아 전기레인지나 에어컨 등 전기배선이 없다.

베란다에 세탁기와 가스보일러 전선 위치와 콘센트가 너무 떨어져 있거나 각각 설치가 안 되어 전기선이 늘어져 있다. 베란다 부분의 습기나 냉기로 페인트에 크랙이 생기며 신발장의 수평이 안 맞아 문이 저절로 열리거나 안 닫힌다. 주방이나 화장실에 실리콘이 빠져 있다. 화장실이나 베란다 줄눈매진 데가 일부 떨어져 있다. 바닥이나 벽면에 습기가 있어 도배지에 곰팡이가 발견되었다.

거실바닥과 욕실바닥의 높이 차이로 화장실문 개폐 시 슬리퍼가 걸리고 화장실과 계단벽 타일 벽면을 두드리면 소리가 나며 타일코너면에 줄눈이 탈락되었고 걸레받이가 휘어지고, 가스레인지 측면 타일이 열로 인해 들뜸현상이 발생하고 설비배관에서 물소리가 들린다. 난방 시 가스보일러나 배관에서 소리가 들리며 수도꼭지 고무패킹이 불량하여 물이 새고 창문 개폐 시 소리가 나며 뻑뻑하다.

특히 건축주가 받고자 하는 하자보수이행증권은 준공이 떨어졌는데 하자보수를 무시하고 시공자의 연락을 끊는 경우는 거의 없다. 수십만 원이면 하자보수이행증권 발행이 가능하므로 건축주가 요구하면 부담 없이 발행해줄 것이다.

잠깐만요 **경험의 한수**

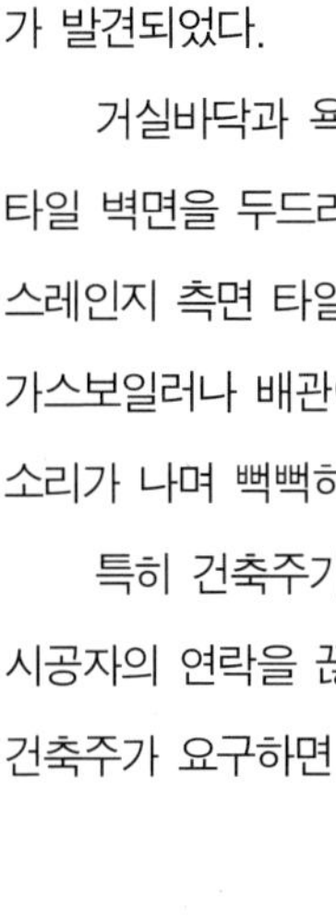

건축주는 가구제작 시 가구제작업자와 현재 거주하는 집을 방문하여 사전에 조사하는 것이 좋다. 공사가 끝나고 입주한 건축주의 부인들과 대화를 해보면 수납장이 너무 부족하다고 한결같이 말한다.

수납공간을 찾아 만들어라. 특히 계단 내부에 수납장을 설치하고, 승강기가 있을 때는 현관문 위치를 조정하여 계단의 공간이용을 적극 활용하고, 기성품이 저렴하지만 규격품이라서 자녀들의 신체적 특성이나 특수교육 목적에 맞는 책상 및 서재는 직접 주문제작해 보는 것도 좋다.

붙박이장을 설치할지 아니면 집에서 쓰던 가구를 가져올지 건물골조를 만들 때부터 계산해야 하며, 붙박이장을 만들 때 주인세대는 가능하면 고급형으로 한다. 세입자세대는 원룸일 때는 붙박이장을 설치하고, 투룸 이상일 때는 설치하지 말고 베란다 안에 선반이나 수납장을 설치하는 것이 좋다.

잠깐만요 **가다가 뒤돌아보았네!**

인테리어 관련 책을 보면 자주 거론되는 또 한 명의 인물이 있다. 1754년 잉글랜드 출신인 토머스 치펀데일은 최초로 인테리어업자이자 가구제조업자였다.

40명의 직원을 두고 의자, 책상, 화장대, 탁자, 거울, 서랍장, 의자 모양이 특이한 소파라는 신상품도 발명했다. 더구나 철거나 폐기물처리하고 도배, 카펫, 가구수리 및 배치까지 했다. 그는 인테리어가구 책자를 처음으로 펴냈는데, 원근법에 명암까지 완벽하게 표현하였다. 그는 뛰어난 가구업자였지만 사업가 기질은 없었다.

그의 이름을 도용한 모조가구의 난립으로 신용과 돈은 멀어져갔다, 더구나 그의 고객들은 물품대금까지 지연시키거나 주지 않아 직원 월급날만 되면 좌불안석이었다.

한시도 편안하게 살지 못했고 거의 빈털터리로 조용히 사망했다.

"돈은 떠나고 인테리어책 속에 그의 이름만 남았다."

만약에 그가 만든 가구를 지금 소장하고 있다면 수억대의 금액으로 팔리게 될 것이다.

"저자가 초창기 시공사 대표로 있을 때 건축주가 사소한 하자를 빌미로 건축비를 안 주어 납품업자와 작업자의 쌍욕을 듣고, 고통당한 내 모습이 떠올라 마음이 쓰리고 아프다."

기타 마감공사

• 주차장 • 보도블록공사 • 토목공사 • 화단공사 • 결로
• 마음으로 집을 짓는다 • 입주청소

비계가 철거되면 차도에 있는 가스본관에서 가스선로와 연결하고 가스배관이 매입되어야 한다. 설비나 전기작업자, 건물 주변의 공간 여건에 맞춰 포클레인 종류를 선택하여 불러야 한다. 주차장을 공사할 때는 수도와 오 · 배수관을 연결하고 오수관로 연결 전과 후의 사진을 촬영해 놓아야 하고, 준공서류에 사진이 첨부되어야 한다. 전기와 통신맨홀을 설치하고 건물 앞의 인도블록과 경계석이 깨진 곳을 교체해야 한다.

가스안전공사에서는 비계가 모두 철수되어야 가스관로를 연결하고 도시가스가 공급되면 가스보일러를 작동시켜 방바닥을 건조시켜야 한다. 포클레인은 폐기물차에 실어 보내고 주변을 깨끗이 정리한다. 그리고 화단조성과 주차장을 만들 수 있도록 토목공사를 해놓아야 한다.

레미콘 한 차 6루베 정도를 경계석 및 보도 주변 통신전기맨홀, 주차장공사 시 사용하고, 특히 경계석은 포천석과 시멘트형틀석이 있는데, 보이지 않는 뒤 블록과 옆 건물의 경계석은 시멘트형틀석으로 깐다.

주차장과 화단은 포천석경계석으로 깔고 인도와 차도의 경계석이 파손된 것을 교체하고, 건물 주변에 옆집, 주차장, 화단, 인도, 현관출입구 등의 구분경계선을 만들어 놓아야 하며, 특히 차가 들어가는 부분에는 차도와 인도경계석과 보도블록을 낮추어서 놓아야 한다.

주차장

신도시는 대부분 자연배수가 준공에 필요한 조건사항이므로 바닥에 콘크리트를 칠 수 없고 에폭시 등도 공사할 수 없으며, 자연배수가 되는 투수벽돌을 사용해야 한다.

겨울철 바닥에 자갈을 넣고 중장비로 다져도 날씨 풀리는 봄이 되면 땅이 함몰되는 해빙현상 때문에 무조건 하자가 발생하므로 반드시 땅이 다 녹은 봄에 재시공을 계획하는 것이 좋다. 동절기공사 시 토양 내 수분이 얼면서 토양의 팽창으로 토지가 부풀어오르며 해빙기에 녹으면서 침하되는 현상이 발생한다.

건축주에게 충분히 설명하고 시공해야 분쟁이 없으며, 가장 좋은 공사법은 바닥의 자갈 위에 와이어메시를 깔고 콘크리트치는 것이 가장 좋다. 필자 개인의 생각은 주차장 대지평수가 약 10평 정도 차지하는 부분에 자연배수 때문에 콘크리트 타설을 못한다는 것은 잘못된 건축행정이라 생각한다.

잔디블록은 허가조건에 조경의 기준면적이 적용되려면 주차장 바닥에 잔디블록을 설치하는 것도 잘못된 법이라 생각한다. 하이힐 신고 걷다가 넘어져 발목을 다치는 것을 보았다. 설계사와 상의하여 중정에 화단 설치 면적을 늘리는 방법을 찾아보아야 하며, 주차장은 잔디블록으로 하지 말고 가능하면 투수블록으로 주차장을 만들어라.

비가 흡수되는 투수블록은 강도가 약하여 2~3년이나 공사했던 현장에 가보면 주차장 바닥이 갈라지는 현상이 발생되었다. 처음에 건물터파기공사를 할 때 보도블록을 걷어 놓았다가 재활용하는 것이 좋으며, 자원보호도 되고 폐기물이 나오지 않아 공사비도 절약된다.

주차장이나 화단공사는 경계석을 먼저 깔면 생각보다 공사가 쉽다.

보도블록공사

신도시에서 택지는 해당 관청에서 토목준공이 떨어질 때까지 택지 토목공사를 한 하도급 회사에서 관리하고, 토목시설의 하자발생 시 토목공사 하도급업체에 가서 하자보수를 받을 수 있다. 관할 부서가 토목회사이다보니 준공서류 첨부가 좀 더 복잡하고 어렵다.

토목공사를 한 하도급업체가 상하수도, 오·우수 배수관과 공사현장 앞의 인도와 차도의 도로면 상태를 확인한다. 인도블록 및 경계석이 깨졌거나 흠집 및 오염되었다면 새 것으로 교체해야 하고 차도의 도로면에 하자가 발생했다면 보수해야 하고 주변의 쓰레기와 건축자재도 모두 치워야 한다. 건물 앞 빗물하수구 안의 이물질을 제거해야 하며, 오수관로 연결을 확인하며 연결된 사진도 첨부해야 한다.

신도시 택지 내 토목공사 하도급업체 직원 두 명이 방문해 확인하고, 만약 보수지시가 떨어지면 통과될 때까지 계속 검사받아야 한다. 보수 여부가 확인되면 도로복구 확인서에 하도급업체 담당자의 확인란에 서명해야 한다. 아마도 도로복구 확인 서류가 해당 구청에 제출하는 모든 서류 중 가장 어려운 준공서류일 것이다.

토목공사

주차장공사 때 포클레인과 지게차가 동원되는데, 하루에 주변의 기타 마무리공사까지 다 해야 하므로 계획을 잘 수립해야 한다. 전기시공자는 통신맨홀과 수도맨홀의 주차장 바닥면과 수평구배를 잘 맞추어 설치해야 하고, 설비는 오수배수관 홈통에 연결하며 홈통 주변이 함몰되지 않도록 다지기를 잘 해야 한다.

주변의 공사쓰레기와 공사 후 남아 있는 건축자재는 모두 치워놓고 다음날 주차장과 화단 조성공사를 할 수 있게 터파기공사 때 모아두었던 잔토로 나무를 심을 수 있게 화단을 만들어 놓아야 한다.

주변에 있는 가설재와 기타 건축폐기물의 건축자재 등 사람의 힘으로 못하는 것을 중장비가 있을 때 다 치워야 한다. 건축구조상 빗물우수관이 현관에 들어가는 통로에 있다면 빗물이 떨어져 겨울철 땅이 얼어 미끄러지는 사고 방지를 위해 우수관 밑에 트렌치설치를 고려해야 한다.

판교 신도시 주차장 및 주차대수 설치기준 (지자체 조례에 따라 다름)

1) 근린시설의 연면적에 따라 확보한 주차대수를 더한 대수 이상 설치하고, 해당 택지는 지자체의 주차장 장치 및 관례 조례 적용.
2) 단독주택 내 부설주차장은 자주식 주차장으로 확보한다.
3) 주차장 출입구와 도로가 접하는 부분에는 1mm 이상 가각전제.
4) 주차장 포장은 투수성포장을 원칙으로 한다.
5) 바닥은 석재와 굵은자갈로 다지고 투수블록으로 설치한다.
6) 경사로 직선의 구배는 1/6(약 17%) 이하로 해야 하고, 바닥은 미끄러지지 않는 구조로 한다.
7) 주거용 차고면적은 일반적으로 1대당 3m×6m 정도이다.
8) 자동차 한쪽 측면 사이는 20~30cm 이상으로 이격한다.

화단공사

화단은 주차장을 만들 때 같이 해야 한다. 외벽공사 후 남아 있는 미장벽돌이 있다면 벽돌로 화단을 쌓고 만약에 벽돌이 없다면 경계석으로 화단을 만든다.

4층에 중정이 있어 그곳에 화단을 조성할 수 있다면 화단조성할 때 배수가 잘 되도록 배수판 위에 부직포를 깔고 건물의 하중 방지를 위해 인조흙(부조토)으로 화단깊이의 약 반절 정도로 흙을 잘 섞어 깔아 마무리한다. 되메우기 시 남겨 놓은 잔토로 화단조성에 사용하고 폐기물을 처리하며 주변을 깨끗이 정리한다.

조경계획 (판교 기준으로 설명)

가) 조경면적 : 법정 = 266m² (대지면적) × 5% = 13.3m² 계획(6.91%) = 18.37m².

나) 본수 : 가) 관목(m² 당 1본) 13.3 × 1본 = 13.3본 (계획 ; 14본) 철쭉, 회양목.

나) 교목(m² 당 0.2본) 13.3 × 0.2본 = 2.66본 (계획 4본) 스트로브잣나무, 감나무.

준공 시 필요한 나무를 심어야 준공 가능하며, 점포주택은 전원주택 조경에 비하여 건축비에서 차지하는 비율이 작다. 상가주택은 준공 후 1층 상가가 임대된 후에는 조경이 1층 상가 세입자의 영업에 필요한 적치물을 설치 · 사용하므로 조경의 역할을 제대로 못 한다고 보면 된다.

주인세대 중정에 전원주택의 느낌을 가질 수 있게 화단을 조성해본다. 단, 택지에 따라 또는 분양조건에 따라 중정에 화단조성을 못하는 택지지구도 있다.

잠깐만요 **경험의 한수**

신도시 내의 주택은 주차장 안에 수도, 통신, 전기 등의 맨홀을 설치하는 게 대부분인데, 겨울철만 되면 동파되는 수도맨홀은 복도나 계단 옆에 배치하고 통신 및 전기맨홀은 자동차의 압력이나 장마시 주차장에 부분침하가 발생할 수 있으므로 화단 옆이나 기타 장소에 배치할 수 있도록 설계도면에 반영하는 게 좋다.

화단조성은 준공에 필요한 허가용 나무만 심되 너무 고가의 나무를 심지마라. 초기에 토지 형질상태의 불량과 주변의 건축공사로 인해 나무가 고사하는 경우를 자주 보았다. 따라서 거주하면서 형질을 좋게 한 후 식재하는 게 좋겠다.

결로

준공 후 하자가 가장 많이 발생하는 것이 결로이고, 공사가 끝난 후 민원전화가 제일 많은 것도 결로이다. 결로 주제 하나로 일본에서 책이 나올 정도이다. 경험상 결로로 인해 건축주에게 가장 많은 민원전화의 시련을 받아본 경험 때문에 공부를 했다. 나의 지식을 총동원해서 결로 방지에 도움을 주고 싶다.

표면 결로

단열시공이 불량하거나 시공 후 미건조상태, 단열하기 어려운 보, 수평기둥이고, 전기콘센트 및 통신박스 주위에 결로방지제를 설치해야 한다.

외기에 직접 면하는 보 측면이나 슬래브 하부에 단열재를 시공하고, 상층과 하층의 외부 노출 부위 천장 및 바닥 부위는 단열재 시공한다.

다락방 지붕 슬래브에 접하는 벽체 상부는 단열재 시공하며, 외벽에 면한 받침장, 드레스룸, 천장 상부층에 단열재 시공하고, 각 세대 현관문은 PVC방습판 시공으로 결로를 방지한다. 건물구조상 발코니 수납장에 결로가 발생할 수도 있다. 습기에 취약한 파티클보드보다는 습기에 강한 목재를 사용한다.

일반 결로

일반적인 결로는 냉방과 난방으로 인한 실내 습도변화와 겨울철에 사용하는 가습기, 주방에서 요리하거나 화장실의 더운물 사용 등으로 수증기가 발생하여 결로가 생기고, 여름철에는 장마로 인해 간헐적으로 결로가 생긴다. 주로 많이 생기는 곳은 외기에 접한 신발장, 붙박이장, 드레스룸, 현관문 주위, 천장, 지하실, 장롱 뒤에 생긴다.

특히 철근콘크리트조 신축건물일 때 건물의 외 · 내장재마감으로 인해 콘크리트 속에 습기가 남아 있어 수막현상이 생기는데, 건물완공 후 1년 이상 지나야 습기가 건조되어 콘크리트가 습기를 흡수하는 능력이 생긴다. 이 기간에는 겨울철 결로가 발생되므로 철저한 환기나 습기조절에 더 신경써야 한다.

원인

실내 · 외온도차가 클수록 많이 발생하고, 가정에서 호흡, 조리, 세탁, 목욕, 기타 요인으로 하루에 약 12리터의 습기가 발생한다. 생활습관에 따른 환기 부족으로 주로 창문을 닫는 야간에 많이 발생하며, 단열이 어려운 보, 기둥, 수평기둥 시공 후 미건조상태에 따른 결로도 발생하며, 특히 원룸거주자는 외출 시 창문이 닫혀 있어 환기 부족으로 결로가 많이 발생한다.

경험에 의하면 원룸거주자 중 여성 거주자인 경우 남성 거주자보다 결로가 많이 발생하는데, 아무래도 안전상 창문을 닫고, 요리도 남성보다 많이 하고, 물을 많이 사용해서 그런 것 같다. 특히 원룸사업자는 강제환기시설이나 제습기를 설치하는 것이 좋을 것이다.

대책

환기시설을 갖추거나 환기를 자주 시키고, 원룸은 강제환기시설이 이젠 필수이다. 외출 시 창문을 조금 열어두며, 부엌과 화장실에서 발생하는 수증기를 외부로 배출시킨다.

수증기가 발생하는 가습기나 난방기구 사용을 억제하며, 외부와 내부의 단열계획을 수립하여 시공을 완벽하게 한다. 생활환경을 개선하여 실내습도를 낮추고 따뜻한 낮에는 창문을 열어두는 개방형 생활습관을 갖는다. 또한 북향이나 외벽쪽에 붙박이장 및 가구 설치로 인하여 공기순환을 차단하지 않도록 한다.

요즘에 성능도 좋고 사용도 편한 이동식 제습기가 많이 출시되었으므로 제습기의 사용도 고려해본다.

행동지침

실내에서 세탁물 등은 가능하면 건조시키지 않고 실내수조나 식물을 줄이도록 하며, 가습기 사용은 최소한으로 한다. 더운물로 목욕할 때 화장실문을 열지 않거나 난방기에 주전자 등을 올려놓지 않으며, 밀폐형 난방기를 사용한다.

조리 시 후드를 작동시키고 북향 벽이나 바닥에 붙박이장 및 가구를 놓지 않는다. 그리고 벽장 속에도 벽이나 바닥에 붙여서 물건을 놓지 않는다. 환기구 가까이에 물건을 놓지 않고 실내 적정온도는 겨울철 20~23℃에 여름철 25~28℃를 유지하도록 한다.

현관문틀 주변의 결로는 옹벽과 철제문틀 사이에 틈새의 모르타르사춤 부족과 문틀 주변에 단열재를 사용하지 않아 생긴다. 특히 모르타르사춤 시공 시 우레탄이나 단열시멘트를 첨가하여 사춤한다. 주방 수전에 결로 및 동파가 발생할 때는 외벽에 면하는 수전을 단단히 고정시키거나 배관보온재를 수전엘보까지 2겹으로 감싼다.

결로방지 자재의 종류

마그네슘보드는 벽체, 천장에 사용하고 장점은 평탄성이 확보되지만 단점은 파손 시 보수가 어렵고 골조매립 시 시공한다. 폴리프로필렌판은 천장과 벽체에 사용한다. 장점은 습기와 결로에 강하지만 단점은 들뜸이 우려되고 도배 시 면처리로 시공한다.

잠깐만요 공사 뒷이야기

민속촌 근처에서 원룸을 공사한 후 1년 전에 입주했다. 201호는 엄마와 아들 두 명이 사는 세입자로 결로가 생겨 붙박이장도 옮기고 단열처리도 다시 했다. 그러나 생활방식이 변하지 않아 계속 결로가 생겼는데, 이유는 모르겠지만 강아지를 키우고 난 후부터 결로가 감쪽같이 사라졌다.

두 번째 202호 무용하는 미모의 여성세입자였는데, 건물 외기와도 접촉하는 부분이 아닌 중간 위치라서 그런지 민원전화가 없었는데, 2년쯤 지난 후에 전화가 와서 가보니 애인이 생겨 요리도 하고, 욕실문을 닫지 않고 목욕함으로써 수증기로 인한 결로가 발생했다.

요즘에 나의 공사는 외부단열을 잘못하여 생기는 결로는 별로 없다. 옛날에 창호지를 붙인 창문이 있을 때 결로는 없었다. 단지 방에 있던 요강이나 주전자의 물이 얼었을 뿐이다.

여름에 겨울파카입고 있으니 땀을 배출할 수 없는 그런 환경의 건물이기 때문이다. 미래에는 새로운 건축기술로 결로가 없는 자연친화적인 건축물은 반드시 나올 것이다.

발포폴리스티렌은 천장매립으로 사용한다. 평탄성이 확보되고 파손 우려가 있지만 천장마감 때 시공한다. 단열 모르타르는 벽체나 천장에 사용한다. 특징은 시공이 용이하지만 도배의 어려움이 있으므로 도배 시 시공한다.

실내환경

실외보다 실내에 머무는 시간이 많아져 에너지절약과 단열로 건물의 기밀화 및 자연환기가 부족하고 도심에서는 대기오염 때문에 실내공기질 개선이 환경문제로 발생했다. 실내공기는 온도분포와 바람속도에 의해 쾌적한 느낌을 주는 중요한 요소이고, 실내공기의 질에도 영향을 미친다. 실내온도는 벽에서 1m 거리에 바닥에서는 1.5m 높이를 호흡선온도라고 한다.

자동문 설치

센서와 전동장치에 의해 자동으로 개폐되는 도어엔진, 컨트롤유닛박스, 레일행거롤러 등 3종으로 구성되어 있다. 거주자가 입출시 전파가 차단되면 자동으로 문이 열리고 닫히도록 되어 있고, 비상 시에는 수동으로 작동할 수 있어야 한다. 미닫이문 형식이며, 문짝은 12mm 강화유리가 사용된다. 그리고 부감지기 적용으로 화재나 비상 시에 대비하고, 도어 하중에 적합한 모터로 선정한다.

좌측에서 우측 개폐센서방식으로 선택하며, 문 개폐 위치와 비디오폰 얼굴 각도 위치를 선정하여 설치한다. 번호 키를 설치하여 자동문이 열리게 하는데 각 세입자들에게 출입카드를 하나씩 나눠준다.

잠깐만요 **가다가 뒤돌아보았네!**

고구려를 두 번 침략하여 을지문덕에게 크게 혼나고 지나친 토목사업과 운하사업으로 나라를 망하게 했으며 지나친 노역으로 수나라 백성들에게도 수양제의 인기는 바닥이었다.

수양제시절에 왕립도서관에서 일하던 서고지기가 양손으로 책을 들고 문을 여닫기가 너무 힘들어 수없는 시행착오 끝에 발로 작동하는 자동문을 처음으로 발명했다.

도저히 믿을 수 없지만 중국 황제 중 처음이자 마지막으로 한 여자만 죽을 때까지 사랑했던 남자였다.

"다 나쁠 순 없나보다."

사랑은 바람인 것 같습니다. 나는 그곳에 서 있고 싶으나 바람이 불어 떠나가고 나는 그곳에 떠나고 싶으나 바람이 불지 않아 못 떠나고 아마도 사랑은 저의 의지가 전혀 반영되지 않는 신의 고유권한인가 봅니다.

자물쇠는 이란에서 6000년 전 유물에서 발견되었고 7세기경 영국의 자물쇠제조공이 현대의 번호자물쇠의 원형인 번호 키를 발명했다.

1989년 공무원 재직시절에 강동구 둔촌동 반지하 원룸에 살았었다. 현관문을 자물쇠로 잠가 놓으면 자물쇠를 부수고 들어와 집을 어질러 놓고 방만 더럽게 했다.

현관문에 자물쇠가 달려 있다는 것은 그 안에 상당한 가치가 높은 것이 있다는 암시가 될 수도 있었다. 그래서 '아무것도 없어요.' 라는 글씨를 써서 안내장을 현관문에 붙여 놓아도 아무런 소용이 없었다. 그 이후로도 빈집털이범은 자물쇠를 7번이나 더 부셨다. 결국 현관문에 자물쇠 설치를 포기했다. 현관문은 당기면 그냥 열렸다. 그 다음부터 빈집털이범이 안 들어왔고 청소를 할 필요가 없었다.

아마도 집안에 사람이 있다고 생각했거나 주인이 언제 올지도 모른다고 생각했을 것이다.

친환경주택

자연채광면적을 크게 하며 에너지를 절약하고 고온다습한 여름 기후에 대응하기 위해 자연통풍까지 고려해야 한다. 지역의 바람특성을 파악하여 겨울철 바람은 막고 여름철 바람은 효과적으로 이용한다.

천연자원인 기존의 토양이 유실되지 않도록 보전하고 지하수 보전과 홍수를 방지할 수 있는 계획을 한다. 토지가 경사든 평면이든 최대한 그 상태로 유지된 건축을 한다. 친환경 녹지공간 확보를 위해 지하주차장을 만들고 지상에는 녹지공간으로 활용한다. 특히 경사지에 위치한 대지를 적극 활용한다.

평지붕을 권장하여 옥상에 정원을 조성한다. 건물 안의 복사열방지와 녹지공간을 확대하여 공기정화 역할을 하게 한다. 친환경 건축재료 사용하여 고단열 · 고기밀 시공으로 환기에 문제점이 발생할 수 있으므로 바람이 통하는 곳에 창문을 설치하여 자연환기되도록 한다. 내장재 선택은 오염 발생이 적은 재료를 사용하여 쾌적하고 건강한 실내환경을 조성한다. 자연에너지를 이용한 건축은 태양광에너지와 지열에너지를 활용함으로써 공해와 비싼 에너지 냉난방비용 문제에서 자유로울 수 있다.

저자가 본 미래에 주택

3D로 건물을 복재하여 만들거나 공장에서 주택의 골조부터 내장까지 다 만들어 자동차로 목적지에 내려놓으면 바로 거주할 수 있다고 한다. 빠르고 저렴하게 신축되는 미래의 건축물이라 할 수 있다. 실제로 미국에서 시공하는 것도 보았다. 그러나 대중화되기는 힘들 것이다. 잠시 주목은 받겠지만 조만간에 사라질 것이다.

인간의 속성을 파악하지 못한 주택이기 때문이다. 인간은 주택의 과시성, 차별성, 안전성, 재산가치성 등을 만족해야 움직인다. 최근 큰 공사현장에서 일하다 보면 하루가 다르게 새로운 건설기계가 개발되고 사용되는 것을 보았다. 사람을 대신해서 로봇이 투입되는 그때부터 저렴하고 기형적인 모양의 건축물들이 생겨나게 될 것이다.

잠깐만요 **가다가 뒤돌아보았네!**

진정한 친환경은 내가 살던 곳에 흔적을 남기는 않고 자유롭게 이동할 수 있는 몽고유목민 주거형태인 유르트가 아닐까 생각한다. 현실적으로 불가능하지만 최소한의 공간만 파괴하고 환경을 보호하여 후손에게 자랑스럽게 넘겨주자.

신혼여행지로 유명한 인도양 모리셔스 섬에서 수백만 년 동안 괴롭히는 놈 없이 편하게 살다보니 도도새는 힘들게 날지 않아도 잘 뛰지 않아도 잘 먹고 잘 살 수가 있었다. 그러나 치명적인 약점이 있었는데 동료의 비명소리에 순진하고 차마 외면하지 못하는 착한 천성을 가진 도도새는 1680년 잠시 휴가차 섬에 도착한 유럽선원들이 한 마리 잡아서 목을 비틀어 울게 했다.

이때 도도새들은 무슨 일인가 하고 뒤뚱거리며 모여들었고, 선원들은 도도새를 닥치는 대로 죽였고 도도새의 비명소리에 동료들은 계속해서 모여들었다. 그래서 이 지구에서 멸종되었다. 더욱 놀라운 것은 도도새는 잔뼈도 많고 고기 맛도 없었다. 단지 재미로 다 죽였다.

달걀의 200배 그 안에서 태어난 코끼리새는 키가 3m에 몸무게는 500kg이었다. 17세기 마다가스타르 섬에 들어온 유럽선원들은 쉽게 구할 수 있고 요리하기도 편하며 맛도 있는 알을 코끼리새 몰래 훔쳐 먹었다.

더욱 놀라운 것은 단단한 알을 재미로 깨고 누가 단단한 알을 빨리 깨는지 내기도 했다. 그래서 멸종되었다.

15세기부터 18세기까지 유럽인들은 세계 여러 곳을 돌아다니면서 자연을 훼손시켰다. 그래도 마지막 유럽의 양심가인 훔 볼트는 "재수가 좋아 많이 번 돈을 조건 없이 나누어 쓴다는 정신이 필요하다."고 말했고, 스페인에 멸망한 잉카문명에 눈물 흘린 그 사나이 때문에 유럽인들을 아주 조금씩 용서했다.

마음으로 집을 짓는다

도살업을 3년 하면 죽기 전에 불쌍하게 쳐다보는 소 눈동자로부터 자유로워진다. 이때쯤이면 뼈와 살 사이를 찾아 칼을 움직일 때 강약조절하며 살을 발라낼 수가 있다. 이 정도 실력자는 1년에 한 번 칼을 바꾼다. 뼈와 근육 부위를 힘으로만 하기 때문이다.

진정한 고수는 집에 누워 마음으로 수없이 소를 잡아본 사람이며 뼈와 살 사이의 틈새 부위를 귀신같이 찾아낸다. 그는 10년 동안 수없이 소를 잡았어도 칼은 조금도 무디어지지 않는다. 그런 사람들을 우리는 '진정한 고수' 라고 한다.

복도의 타일 종류는, 화장실 변기가 문을 열 때 좌변기에 닿을 것 같아, 복도 창에서 비가 샐 것 같아, 도배로 할까, 페인트로 할까, 비데기를 설치할까, 그쪽이 너무 어두워 조명을 달아야 해, 아무래도 베란다에 물이 샐 것 같아, 이중방수해야겠어, 싱크대가 너무 높아, 주차장은 어떤 것으로 시공할까, 수도가 수압이 약해 걱정이야, 그곳에 콘센트가 잘못되었어, 잠자기 전 침대에 누워서 수없이 집을 짓고, 부수고, 이동하고, 붙이고, 연결한다.

건축주들도 아마 공사를 시작하게 되면 수없이 마음으로 집을 짓게 된다. 정말로 살을 빼고 싶다면 건축을 해라. 살이 쏙 빠진다. 그리고 저자는 건축을 하면서 소원이 생겼다. 돈에 쫓기지 않고 신뢰가 쌓인 환경에서, 대한민국에서 최고로 좋은 집을 짓고 싶다.

입주청소

새집에 입주 전에는 보일러를 작동시켜 문을 자주 열어 환기시켜야 새집 냄새를 없앨 수 있고, 충분히 건조시켜야 결로도 방지할 수 있다.

요즘은 건축기술이 더 고밀도 · 고단열로 새집증후군과 결로, 집먼지증후군, 아토피 등의 문제가 발생할 수 있다.

만약 원룸건축을 하는 건축주는 반드시 공기정화시설을 설치하여 결로에서 해방되고, 민원전화에서 자유롭게 되자. 입주전문으로 청소하는 업체에 맡기는 게 좋으며, 청소용역은 나중에 계단청소 및 주변청소도 같이 맡기면 입주청소까지 꼼꼼히 해줄 것이다.

준공 서류 준비 (광교택지지구 기준)

전기사용필증, 도로복구확인서, 보일러설치확인서, 스티로폼성능품질성능표, 폐기물처리확인서, 승강기점검표, 주차장 사진, 주소판 제작 후 건물 부착 사진, 고용보험납부증명서 등, 시공사가 서류를 준비해서 설계사에 보낸다.

공사감리

건축허가를 받은 건축물은 원칙적으로 계약에 의해 건축사를 공사감리자로 정해야 할 의무가 있다. 시공사의 공사과정을 감독관리하게 함으로써 불법건축물 방지보다는 양질의 건축물을 만드는 데 목적이 있다.

업무내용은 설계도서에 따라 적합하게 시공했는지 여부를 확인하고 건축자재의 관계법령 기준에 적합한지 여부도 확인한다. 건축물과 대지가 관계법령에 적합하도록 시공자나 건축주에게 지도하고 시공계획 및 공사관리의 적정 여부를 확인한다.

안전관리지도와 공정표를 확인하며, 상세시공도면을 검토 · 확인하고, 품질시험 성과를 검토 · 확인한다. 그리고 설계변경의 적정성 여부를 검토 · 확인하며, 기타 공사감리계약에 의해 확인한다.

에필로그

공사장에서 사용되는 공사용어는 일본어, 영어 등의 불확실한 발음을 알아듣고 이해될 때까지 많은 시간이 필요했습니다. 또한 처음 건축을 접하는 의뢰자의 눈높이에 맞추는 것도 어려웠고, 누구나 쉽게 접할 수 있게 표현하는 것이 가장 힘들었던 여정이었습니다.

공사 중 경험이나 참고자료를 통해 얻은 지식과 가르침은 나와 전혀 관계없는 사람들에게도 아는 지식을 다 전하겠다는 생각으로 즐겁게 집필했습니다. 건물에서 편하고 안전하게 사용하는 모든 의식주는 선배들의 수많은 시행착오와 고생, 경험에서 나온 것으로 이루어졌습니다.

우리가 편하게 누리는 모든 것에 항상 고맙고 선배제현에게 감사하게 생각합니다. 뒤에 오는 후배들에게 더 나은 유산을 남겨야 한다고 생각도 했습니다.

자신의 입장을 내세우지 않고 어떤 관점에 의하지 않고 세상을 본다면 자신은 그 세계에 융화될 수가 있습니다. 저자의 편향된 지식이 이 세상에 조용히 숨어 있고 침묵하면서 세상의 균형을 지켜주는 진정한 고수들에게 겸손하지 못한 점이 있더라도 너그럽게 봐 주기를 바랍니다.

건축이란 탄생이고 사라지기도 하는 인생이라고 생각합니다. 때로는 좋을 수도 나쁠 수도 있다는 것과 지나와서 뒤돌아보면 나의 그릇만큼 건물이 만들어진다는 진리를 뼈저리게 알게 되었습니다. 독자분들도 지금까지 같이 읽고 걸어주셔서 감사합니다.

독자들의 성원으로 책이 완판되어 개정판을 출간하게 되었습니다. 정말이지 무식했기에 겁없이 용감하게 진심을 다 담아 집필했던 것 같습니다. 그리고 감사합니다.

"집은 지혜로 말미암아 건축되고 명철로 말미암아 견고하게 되며"

-잠언 24장 3절-

참고문헌

- 조준현 · 조민석 공저, 『실내건축재료』, 기문당
- 김용만, 김영민 외 2명, 『건축계획각론』, 서우
- 한국토지공사건설관리처, 『공사감독핸드북』, LH공사
- 안동훈, 이재국 외 1명, 『건축 재료학』, 예문사
- 빌 브라이슨 저, 『거의 모든 것의 역사, 거의 모든 사생활의 역사』, 까치글방
- 미셸리발 저, 『역사상 가장 위대한 발명』, 예담
- 토머스 J. 크로웰 저, 『역사를 수놓은 발명 250가지』, 현암사
- 『건축 재료학』, 문운당
- 황용운 저, 『삶과 행복을 담은 주거건축의 이해』, 서우
- 프렌치 저, 『건축의 유혹 힐러리』, 예담
- 피에르 제르마 저, 최현주 · 김혜경 옮김, 『세상을 바꾼 최초들』, 하늘연못
- 이승원 저, 『사라진 직업의 역사』, 자음과 모음
- 한지은 저, 『서울스토리』, 청어람미디어
- 장림종 · 박진희 저, 『대한민국 아파트발굴사』, 효형
- 다니엘 푸러 저, 『화장실의 작은역사』, 들녘
- 베르나르 베르베르 저, 『상상력 사전』, 열린책들
- 전남일 저, 『한국주거공간사』, 돌베개
- 사가와 아키라 저, 『최고의 집을 만드는 공간배치의 교과서』, 더숲
- 수전 프라인켈 저, 『플라스틱사회』, (주)을유문화사
- 송창영 저, 『공동주택하자관리 이론과 실무』, 예문사
- 권영필 저, 『건축기계설비』, 대가
- 신치웅 외 12명 공저, 『빌딩설비백과』, 기문당

정 창 길

• 서울시와 지방자치공무원 명예퇴직
• 동탄신도시, 보라신도시, 보은시, 판교신도시, 광교신도시 등에서 토성산업개발 대표로 건설
• 용접학교 수료
• 형틀목공학교 수료
• 위례신도시 아파트현장, 수진역 대우오피스텔현장, 광주시 대림아파트현장 등에서 형틀목수로 일함
• 기초부터 다시 배운 후 경기도 광주시에서 건설업 시작

e-mail : 1plus23@naver.com
tel : 011-414-0331(문자로 연락요망)

미래 건축주가 꼭 읽어야 할 필독서

재미있는 건축시공

2016년 3월 10일 1판 1쇄 인쇄
2016년 3월 15일 1판 1쇄 발행
2017년 10월 26일 2판 1쇄 발행

저 자	정 창 길
발 행 인	강 해 작
발 행 처	기 문 당
주 소	서울시 성동구 무학봉28길 4-1
전 화	02) 2295-6171(代)~5
팩 스	02) 2296-8188
출판등록	1976. 10. 7(1-44)
홈페이지	http://기문당 www.kimoondang.com
I S B N	978-89-6225-775-5 93540

정 가 **18,000원**

검인생략